教育硕士考研系列图书

333教育综合
应试解析

教育心理学分册　　主编　徐影

编委会 凯程教研室

北京理工大学出版社
BEIJING INSTITUTE OF TECHNOLOGY PRESS

版权专有　侵权必究

图书在版编目（CIP）数据

333教育综合应试解析.教育心理学分册/徐影主编.— 北京：北京理工大学出版社，2022.1（2023.4重印）

ISBN 978-7-5763-0894-5

Ⅰ.①3… Ⅱ.①徐… Ⅲ.①教育学–研究生–入学考试–自学参考资料 ②教育心理学–研究生–入学考试–自学参考资料 Ⅳ.①G40 ②G44

中国版本图书馆CIP数据核字（2022）第015450号

出版发行 / 北京理工大学出版社有限责任公司
社　　址 / 北京市海淀区中关村南大街5号
邮　　编 / 100081
电　　话 /（010）68914775（总编室）
　　　　　（010）82562903（教材售后服务热线）
　　　　　（010）68944723（其他图书服务热线）
网　　址 / http://www.bitpress.com.cn
经　　销 / 全国各地新华书店
印　　刷 / 河北鹏润印刷有限公司
开　　本 / 889毫米×1194毫米　1/16
印　　张 / 12.75
字　　数 / 340千字
版　　次 / 2022年1月第1版　2023年4月第3次印刷
定　　价 / 278.90元（共4册）

责任编辑/多海鹏
文案编辑/多海鹏
责任校对/周瑞红
责任印制/李志强

图书出现印装质量问题，请拨打售后服务热线，本社负责调换

目 录

- 第一章　教育心理学概述……………003
- 第二章　心理发展与教育……………007
  - 第一节　心理发展及其规律……………009
  - 第二节　认知发展理论与教育…………013
  - 第三节　人格发展理论与教育…………023
  - 第四节　社会性发展与教育……………030
  - 第五节　心理发展的差异性与教育……034
- 第三章　学习及其理论………………042
  - 第一节　学习概述………………………044
  - 第二节　行为主义的学习理论…………048
  - 第三节　认知主义的学习理论…………062
  - 第四节　人本主义的学习理论…………075
  - 第五节　建构主义的学习理论…………079
- 第四章　学习动机……………………087
  - 第一节　学习动机的概述………………088
  - 第二节　学习动机的主要理论…………092
  - 第三节　学习动机的培养与激发………104
- 第五章　知识的学习…………………110
  - 第一节　知识及知识获得的机制………111
  - 第二节　知识的理解……………………115
  - 第三节　知识的整合与应用……………118
  - 第四节　概念的转变……………………126
- 第六章　技能的形成…………………130
  - 第一节　技能及其作用…………………131
  - 第二节　心智技能的形成与培养………133
  - 第三节　操作技能的形成与训练………135
- 第七章　学习策略及其教学…………138
  - 第一节　学习策略的概念与结构………139
  - 第二节　认知策略及其教学……………141
  - 第三节　元认知策略及其教学…………147
  - 第四节　资源管理策略及其教学………150
- 第八章　问题解决能力与创造性的培养……154
  - 第一节　有关能力的基本理论…………155
  - 第二节　问题解决的实质与过程………160
  - 第三节　问题解决能力的培养…………162
  - 第四节　创造性及其培养………………167
- 第九章　社会规范学习与品德发展…173
  - 第一节　社会规范学习与品德发展的实质……174
  - 第二节　社会规范学习的心理过程……176
  - 第三节　品德的形成过程与培养………178
  - 第四节　品德不良的矫正………………185
  - 第五节　纪律、态度的学习……………187
- 第十章　心理健康及其教育…………191
  - 第一节　心理健康概述…………………191
  - 第二节　心理健康教育的目标与内容…193
  - 第三节　心理健康教育的途径与方法…195
- 参考文献………………………………197

---

① 本书按照知识的逻辑调整了大纲的章节名称和大纲知识点的顺序，但是不缺少大纲的任何一个知识点。依照本书的知识编排顺序学习，更符合知识的逻辑和学习的基本心理逻辑，也与凯程课程的授课方式保持一致。

教育心理学

学科框架

教育心理学
- 关于教育心理学概述 —— 第一章 教育心理学概述
- 关于心理发展与教育的关系 —— 第二章 心理发展与教育 ★★★★★
  - 心理发展规律：
    认知发展——皮亚杰、维果茨基的理论；
    人格发展——埃里克森、科尔伯格的理论；
    社会性发展——亲社会行为、攻击行为、同伴关系研究
  - 心理发展差异：认知、人格、性别等差异
- 关于"怎么教"的研究
  - 第三章 学习及其理论 ★★★★★
    - 行为主义学习理论
    - 认知主义学习理论
    - 人本主义学习理论
    - 建构主义学习理论
  - 第四章 学习动机 ★★★★★
    - 行为主义：强化理论
    - 人本主义：自由学习理论、需要层次理论
    - 认知主义：期望—价值理论、自我价值理论、成败归因理论、自我效能感理论
    - 建构主义：无
- 关于"教什么"的研究（助记：知技策，问品心）
  - 第五章 知识的学习 ★★★★★
  - 第六章 技能的形成 ★
  - 第七章 学习策略及其教学 ★★★
  - 第八章 问题解决能力与创造性的培养 ★★★★
  - 第九章 社会规范学习与品德发展
  - 第十章 心理健康及其教育 ★

章节考频图

章节	考频
第一章 教育心理学概述	15+
第二章 心理发展与教育	382+
第三章 学习及其理论	494+
第四章 学习动机	413+
第五章 知识的学习	205+
第六章 技能的形成	51+
第七章 学习策略及其教学	191+
第八章 问题解决能力与创造性的培养	349+
第九章 社会规范学习与品德发展	118+
第十章 心理健康及其教育	47+

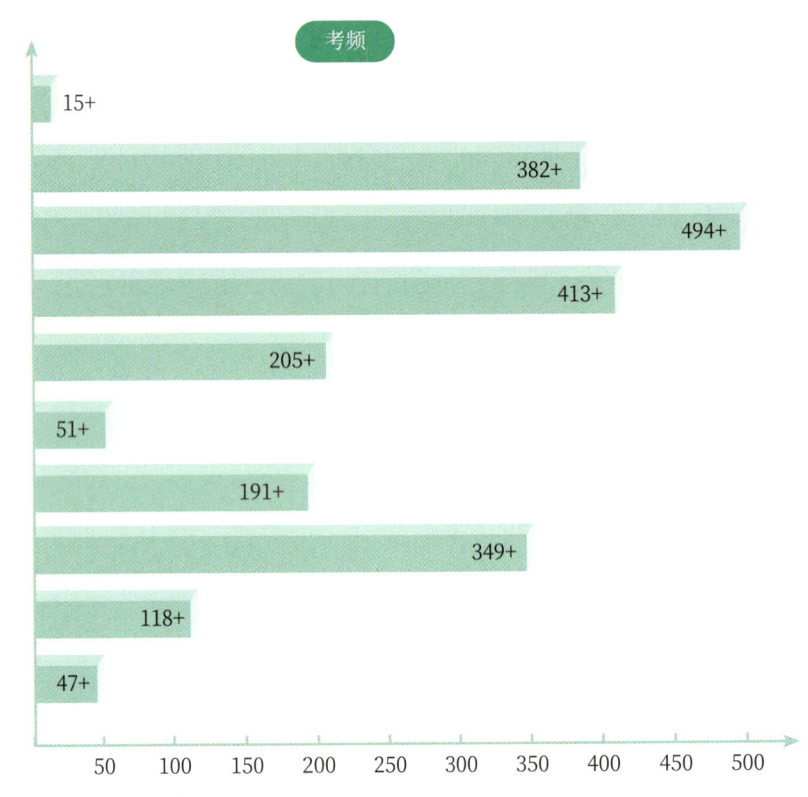

教育心理学高频知识点频次图

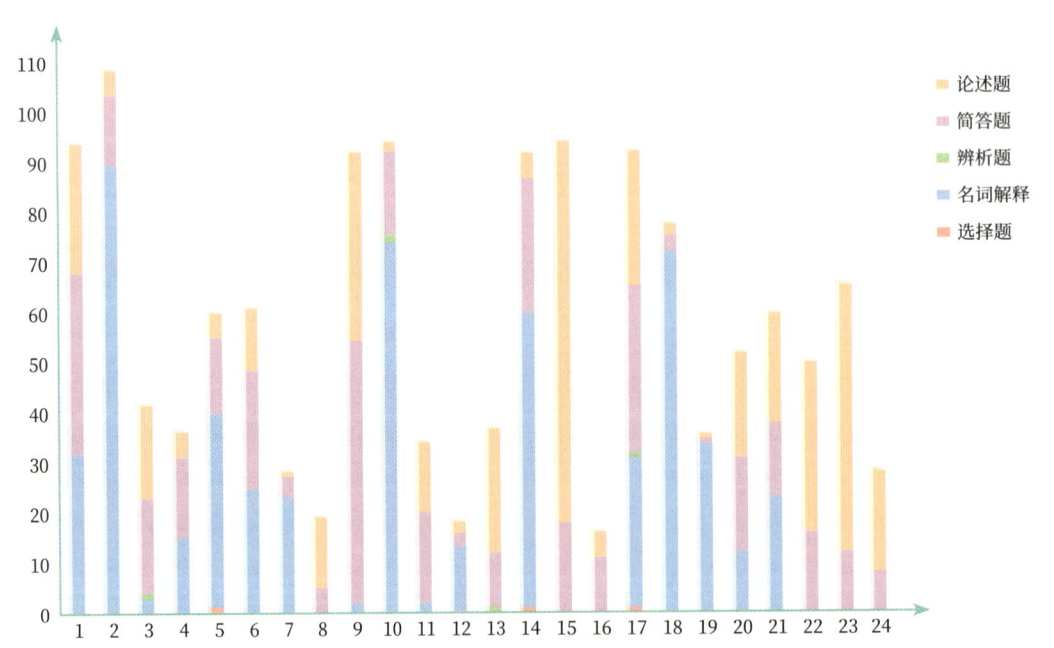

图例：论述题、简答题、辨析题、名词解释、选择题

1. 皮亚杰的认知发展阶段理论
2. 最近发展区
3. 科尔伯格的道德发展阶段理论
4. 观察学习
5. 发现学习
6. 有意义学习
7. 先行组织者
8. 人本主义的学习理论
9. 建构主义的学习观
10. 学习动机
11. 马斯洛的需要层次理论
12. 成就动机理论
13. 成败归因理论
14. 自我效能感
15. 学习动机的培养与激发
16. 知识理解的影响因素
17. 知识的迁移
18. 学习策略
19. 元认知
20. 加德纳的多元智能理论
21. 影响问题解决的因素
22. 问题解决能力的培养
23. 创造性的培养措施
24. 品德不良的矫正与教育

第一章 教育心理学概述

考情分析

考点1 教育心理学的研究对象和研究任务

考点2 教育心理学的发展

考点3 教育心理学的研究趋势

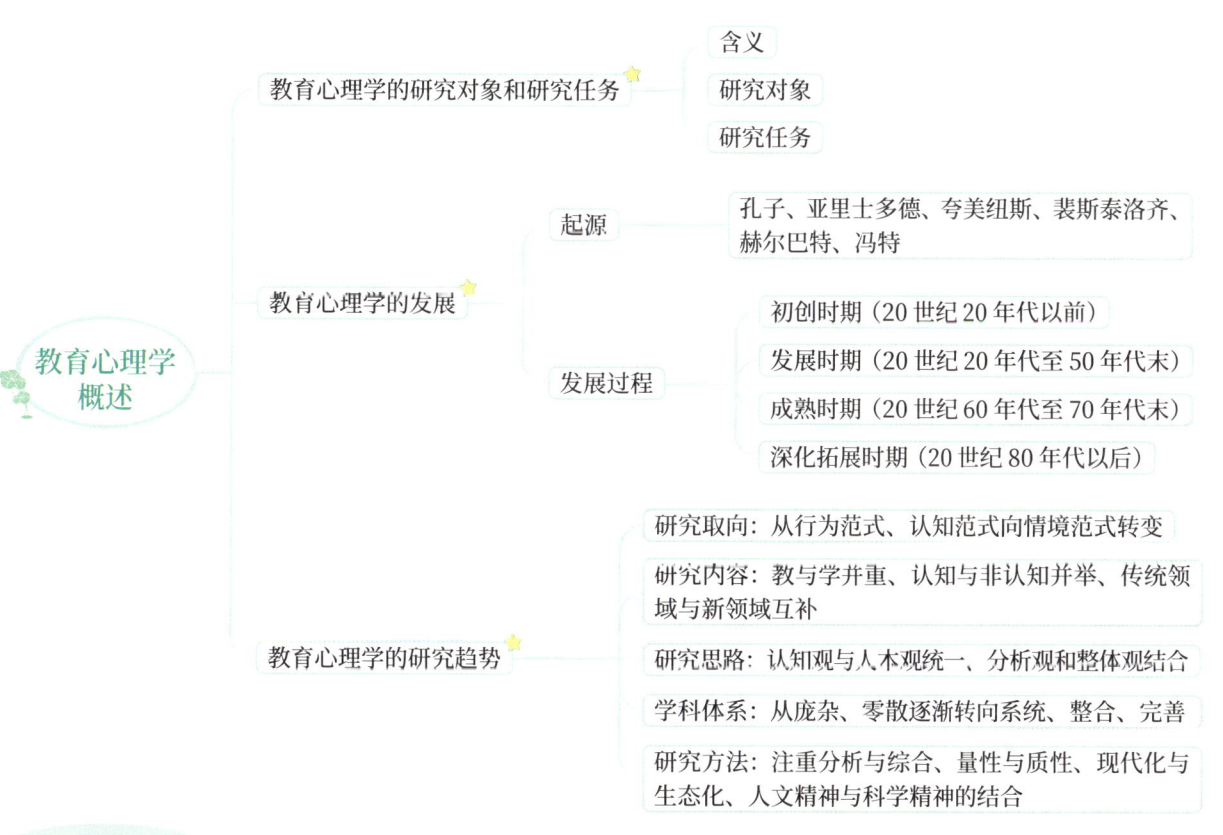

333考频

知识框架

教育心理学概述
- 教育心理学的研究对象和研究任务
  - 含义
  - 研究对象
  - 研究任务
- 教育心理学的发展
  - 起源：孔子、亚里士多德、夸美纽斯、裴斯泰洛齐、赫尔巴特、冯特
  - 发展过程
    - 初创时期（20世纪20年代以前）
    - 发展时期（20世纪20年代至50年代末）
    - 成熟时期（20世纪60年代至70年代末）
    - 深化拓展时期（20世纪80年代以后）
- 教育心理学的研究趋势
  - 研究取向：从行为范式、认知范式向情境范式转变
  - 研究内容：教与学并重、认知与非认知并举、传统领域与新领域互补
  - 研究思路：认知观与人本观统一、分析观和整体观结合
  - 学科体系：从庞杂、零散逐渐转向系统、整合、完善
  - 研究方法：注重分析与综合、量性与质性、现代化与生态化、人文精神与科学精神的结合

考点解析

★ 考点1 教育心理学的研究对象和研究任务② 5min搞定 （简：5↑学校）③

1. 教育心理学的含义 （名：5↑学校）

心理学是一门研究人类心理现象及其影响下的精神功能和行为活动的科学，兼顾突出的理论性和应

---

① 本章主要参考陈琦、刘儒德的《当代教育心理学》（第3版）第一章。
② 凯程认为，无须详细介绍心理学的概念，一来大纲不涉及此知识点，二来333考试不考查心理学的含义，考生从教育心理学的概念学起即可。
③ 年份、部分院校、题型均为简写，其中师范大学简写为师大，××大学省略大学二字，下同。

用（实践）性。教育心理学是心理学其中一个分支学科。

教育心理学是一门通过科学方法研究学与教相互作用的基本规律的科学，是应用心理学的一个分支。教育心理学的知识正是围绕学与教的相互作用过程而组织的，包括学生心理、学习心理、教学心理和教师心理四大部分内容。

2. 教育心理学的研究对象

（1）**学习心理**。学习理论是最核心的研究内容。此外，还研究具体领域的学习心理，包括学习动机及其激发，学习策略及其培养，各类知识和认知策略的学习，动作技能以及态度、品德和价值观的学习，正规和非正规教育环境中的学习。

（2）**教学心理**。以基本学习理论和具体学习心理的研究为基础，进一步研究如何设计和实施有效的教学，促进学习者的学习。并与各学科领域（如语言、数学、科学等）相结合，研究各类具体知识和技能的学习过程、教学策略和测评方法。

（3）**学生心理和教师心理**。教育心理学家对学生和教师这两类主体的心理进行了研究，包括学生的心理发展与教育的关系、学生的个体差异与因材施教的问题，以及教师的专业品质和专业发展。

3. 教育心理学的研究任务

（1）**理论探索任务**。从学科范畴看，教育心理学是心理科学和教育科学的交叉学科，其理论任务应兼顾这两个学科；从学科任务看，教育心理学既有理论学科的特点，又有应用学科的特点。

（2）**实践指导任务**。教育心理学以研究教与学情境中主体的心理规律为己任。主体的心理反应和变化总是由外部环境引起的，对青少年学生来说，其心理的反应和变化与社会尤其是学校的教育密切联系。

考点 2　教育心理学的发展　5min搞定

1. 教育心理学的起源

（1）**中国古代教育心理学思想**。

①**孔子**在学习心理方面提出"学而时习之，不亦说乎""志于学""不耻下问""每事问""学而不思则罔，思而不学则殆"等思想。

②**《学记》**是世界上最早的教育专著，书中提出了许多教学原则，如"教学相长""启发诱导""长善救失"等，这些都体现着教育心理学的思想。

（2）**西方古代教育心理学思想**。

亚里士多德堪称把古代哲学心理学与教育相结合的典范。他的《论灵魂》为德育、智育和体育的和谐发展提供了哲学和心理学的依据。

（3）**西方近代以来关于心理学与教育学的结合**。

①捷克的**夸美纽斯**提出教育应顺应人的自然本性，将教育适应自然作为教育的根本原则。

②瑞士的**裴斯泰洛齐**是第一个提出"教育心理学化"口号的人。

③德国的**赫尔巴特**是第一个明确提出将心理学作为教育学理论基础的人。他还提出了"意识阈"和"统觉团"的概念，并把统觉理论看作教育学的理论基础之一。

④德国的**冯特**于1879年建立了第一个心理学实验室，标志着科学心理学的诞生。冯特并没有直接研究教育心理学，但他的实验室实验对教育心理学家据此创建教育心理学的方法有很大影响。

总之，近代以来，在教育心理学诞生之前，科学心理学已经从哲学中分离出来，成为一门独立的学科，并在诸多领域取得了丰硕的成果。这些发展为教育心理学的诞生奠定了基础，教育心理学呼之欲出。

2. 教育心理学的发展过程

(1) 初创时期（20 世纪 20 年代以前）。

1903 年，**桑代克**出版了《教育心理学》，这是西方第一本以教育心理学命名的专著，标志着教育心理学的诞生。在此后的 30 多年里，美国的同类著作几乎都继承了这一体系。

(2) 发展时期（20 世纪 20 年代至 50 年代末）。

① 20 世纪 20 年代以后，**行为主义**占主导地位，强调心理学的客观性，重视实验研究。与此同时，**杜威**基于实用主义的"做中学"理念进行进步教育的教学改革，对教育产生了深远影响。

② 20 世纪 30 年代，**维果茨基**出版了《教育心理学》，主张将教育心理学作为一门独立的分支学科进行研究，强调教育与教学在儿童发展中的主导作用。

③ 1924 年，**廖世承**编写了我国第一本《教育心理学》教科书。

(3) 成熟时期（20 世纪 60 年代至 70 年代末）。

在这一时期，西方教育心理学比较注重结合教育实际，注重为学校教育服务。

① **20 世纪 60 年代初，认知心理学兴起**。布鲁纳发起结构主义课程改革运动，皮亚杰提出认知发展阶段理论，这些都要求结合学生心理的发展规律及特点改进教材、教法和教学手段。

② **20 世纪 60 年代，欧美掀起了一股人本主义思潮**。罗杰斯提出"以学生为中心"的主张，认为教师只是一个"使学习变得更加方便的人"。

③ **20 世纪 60 年代以后，苏联教育心理学日趋与发展心理学相结合**。赞科夫开展的"教学与发展"实验研究长达 15 年，直接推动了苏联的学制和课程改革。

(4) 深化拓展时期（20 世纪 80 年代以后）。

这一时期，教育心理学越来越注重与教学实践相结合，尤其是多媒体计算机的问世，促使教学心理学得到大发展。其主要表现在四个方面：

①**主动性**。研究如何使学生主动参与学与教的过程，对自身心理活动做更多的控制。

②**反思性**。研究如何促进学生从内部理解、建构和获得所学知识的意义。

③**合作性**。探讨如何将学生组织起来一起学习。

④**社会文化对学习的影响**。强调学习是在文化背景下产生的。

凯程助记

关于教育心理学最核心的考试要点：
1. 裴斯泰洛齐是第一个提出"教育心理学化"口号的人。
2. 赫尔巴特是第一个明确提出将心理学作为教育学理论基础的人。
3. 桑代克的《教育心理学》是西方第一本以教育心理学命名的专著，标志着教育心理学的诞生。

凯程提示

张大均的《教育心理学》（第三版）和陈琦、刘儒德的《当代教育心理学》（第 3 版）关于"教育心理学的发展"的写法不同，但考生不必细究，大致了解发展路径即可。由于两本教材上的阐述过于烦琐，且不是考试重点，此处凯程结合两本书的特点，重新做了梳理，更加简单、明了，方便学生记忆。

考点 3　教育心理学的研究趋势 ★5min搞定

(简：13 沈阳师大，14 山西师大，21 东北师大；论：22 湖州师范学院)

1. 在研究取向上，从行为范式、认知范式向情境范式转变

情境观将知识与学习看成是同现实活动和情境紧密联系的，而不是只存在于学习者头脑内部的过去情境化的实体，强调学习情境的真实性，强调社会因素、动机等对知识和策略获得的影响，强调用互动的观点去理解和解释学习的过程和结果。

2. 在研究内容上，强调教与学并重、认知与非认知并举、传统领域与新领域互补

未来的教育心理学研究将充分考虑研究的生态效度，即尽量在自然环境下，创设非参与式的研究情境，以探究现实教育教学过程中自然发生的心理与行为机制，从而使教育心理学的理论研究贴近教学实践，改变理论与实践脱节的现状。

3. 在研究思路上，强调认知观和人本观的统一、分析观和整体观的结合

人本主义教育心理学由于其本身的缺陷，无法对教育实践提供具体的指导。认知观教育心理学也有自己的缺陷，如对许多问题无能为力，而这些问题正是人本主义教育心理学致力于解决的，这就为认知观教育心理学和人本主义教育心理学的融合提供了可能。

4. 在学科体系上，从庞杂、零散逐渐转向系统、整合、完善

认知观对教育心理学这些问题的研究使教育心理学的学科体系日趋完善，改变了行为主义教育心理学理论中只包含学习理论的狭隘性。现代认知教育心理学家们对别人的理论不是一味地批判，而是采取友好的态度兼收并蓄，表现出一种可喜的整合趋势，这一趋势对教育心理学的发展具有重要意义。

5. 在研究方法上，注重分析与综合、量性与质性、现代化与生态化、人文精神与科学精神的结合

从教育心理学的发展历程来看，它的研究方法是不断创新、改造和完善的，且日趋科学化、客观化、人文化和生态化。

经典真题[①]

» 名词解释

教育心理学（14 西华师大、聊城，15 延安，18 吉林师大，19 青海师大，20 赣南师大、石河子）

» 简答题

1. 简述对教育心理学的理解。（17、18、22 湖北，19 石河子）
2. 简述教育心理学的研究趋势。（13 沈阳师大，14 山西师大，21 东北师大）

» 论述题　论述教育心理学的发展过程及未来研究趋势。（21 东北师大，22 湖州师范学院）

[①] 重要真题的答案均在《333 教育综合真题汇编与高频题库》，下同。

第二章　心理发展与教育[①]

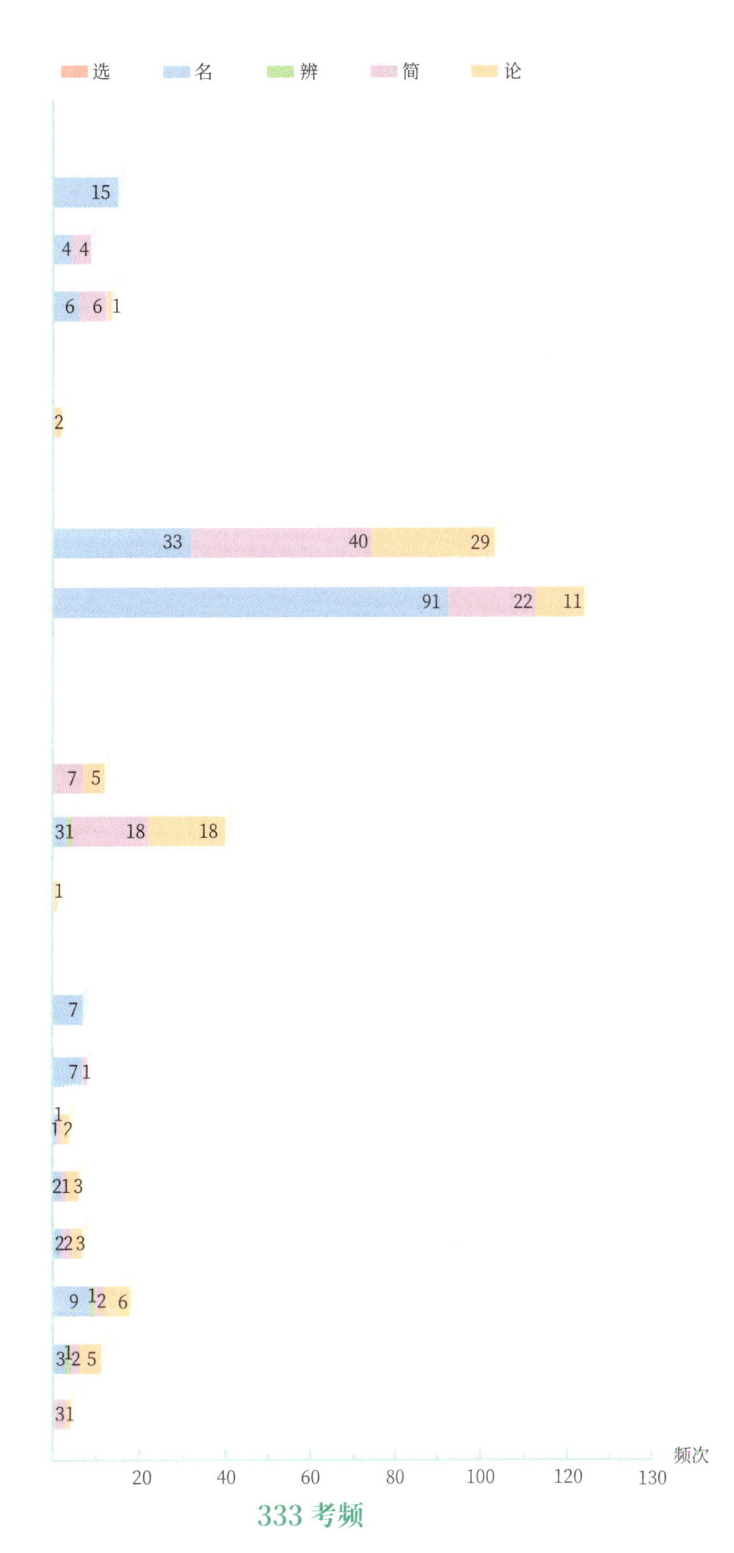

考情分析

第一节　心理发展及其规律
- 考点1　心理发展的内涵
- 考点2　认知发展的一般规律
- 考点3　人格发展的一般规律
- 考点4　社会性发展的一般规律
- 考点5　心理发展与教育的关系

第二节　认知发展理论与教育
- 考点1　皮亚杰的认知发展理论
- 考点2　维果茨基的文化历史发展理论
- 考点3　认知发展理论的教育启示

第三节　人格发展理论与教育
- 考点1　埃里克森的心理社会发展理论
- 考点2　科尔伯格的道德认知发展阶段理论
- 考点3　人格发展理论的教育启示

第四节　社会性发展与教育
- 考点1　社会性发展的内涵
- 考点2　亲社会行为的发展与教育
- 考点3　攻击行为及其改变方法
- 考点4　同伴关系的发展及培养

第五节　心理发展的差异性与教育
- 考点1　认知差异与教育
- 考点2　人格差异与教育
- 考点3　性别差异与教育

333 考频

[①] 本章主要参考陈琦、刘儒德的《当代教育心理学》(第3版)第二章、第三章与第十三章。

知识框架

- 心理发展与教育
  - 心理发展及其规律
    - 心理发展的内涵
    - 认知发展的一般规律
    - 人格发展的一般规律
    - 社会性发展的一般规律
    - 心理发展与教育的关系
  - 认知发展理论与教育
    - 皮亚杰的认知发展理论
      - 认知发展的实质
      - 影响认知发展的因素
      - 认知发展阶段理论
      - 认知发展与教学的关系
      - 皮亚杰认知发展理论的评价
    - 维果茨基的文化历史发展理论
      - 文化历史发展理论的主要观点
      - 心理发展的实质
      - 教学与认知发展的关系——最近发展区
      - 维果茨基的理论的教学应用
    - 认知发展理论的教育启示
  - 人格发展理论与教育
    - 埃里克森的心理社会发展理论
      - 心理社会发展的内涵
      - 埃里克森心理社会发展的八个阶段
      - 心理社会发展理论的教育应用
      - 心理社会发展理论的评价
    - 科尔伯格的道德认知发展阶段理论
      - 道德发展的实质
      - 道德发展的三水平六阶段
      - 科尔伯格道德认知发展阶段理论的评价
    - 人格发展理论的教育启示
  - 社会性发展与教育
    - 社会性发展的内涵
    - 亲社会行为的发展与教育
    - 攻击行为及其改变方法
    - 同伴关系的发展及培养
  - 心理发展的差异性与教育
    - 认知差异与教育
    - 人格差异与教育
    - 性别差异与教育

考点解析

第一节　心理发展及其规律 (简: 15江苏, 16内蒙古)

考点1　心理发展的内涵 ★★★ 2min搞定 (名: 10+学校)

心理发展是指个体从胚胎期经由出生、成熟、衰老一直到死亡的整个生命过程中所发生的持续而稳定的内在心理变化过程，主要包括认知发展、人格发展和社会性发展三个方面。

考点2　认知发展的一般规律 5min搞定 (简: 13河南)

1. 认知发展的内涵 (名: 13、15、19闽南师大, 23河南科技学院)

（1）**认知是个体获得知识、运用知识的过程**。它包括感知、记忆、思维、想象等心理活动。

（2）**认知过程就是信息加工的过程**。它是指人接受外界输入的信息，并将这些信息经过神经系统的加工处理，转换为内在的心理活动，进而支配人的行为。

（3）**认知发展是指个体在心理上表征世界、思考世界的方式的发展**。个体自出生后在适应环境的活动中，认知表征系统、对事物的认识以及面对问题情境时的思维方式与能力等都会随年龄增长而逐渐改变。

2. 认知发展的规律 (简: 13河南师大, 21南宁师大)

（1）**认知发展具有顺序性和连续性**。认知发展按一定的顺序展开，如从简单、具体向复杂、抽象发展，从无意识向有意识发展，从笼统向分化发展。儿童的认知发展遵循由远及近、由表及里、由片面到比较全面、由绝对到相对、由自我中心到去中心化的顺序，而且这些顺序又呈现出连续发展的特性。

（2）**认知发展具有阶段性和针对性**。认知发展的不同阶段表现出区别于其他阶段的典型特征和主要矛盾。认知发展在各个阶段都有发展的针对性，只有顺利解决了本阶段的任务，才能向新阶段过渡。

（3）**认知发展具有共同性和差异性**。人类既有共同的认知发展规律，又有个体间的差异，共性中有个性，个性中又有共性。

（4）**认知发展具有互补性和关联性**。互补性指如果认知的某一方面能力缺失了，会从其他认知能力上获得补充，如一个盲人的视觉受损，视觉认知能力有所缺失，他的触觉或其他某项认知能力就会获得补偿性的超常发展。这说明，各种认知能力之间是相互关联、相互促进、相互补充的。

（5）**认知发展具有不平衡性和关键期**。不平衡性指同一个体的认知能力在不同时间段发展的速度不同；在同一时间段，个体认知的不同方面发展的速度也不同。所以，我们要抓住各种认知能力发展的关键期，如人的视觉发展的关键期是婴儿出生到6个月，如果这个阶段没有促进视力发展，甚至使婴儿长期处于昏暗环境，就会影响个体视力的终身发展。

（6）**认知发展具有社会性**。认知能力的发展离不开一定社会环境的影响，换言之，是社会性、历史性和文化性在共同促进人的认知发展，这也体现了认知发展受遗传与环境的交互作用的影响。

3. 认知发展与教育的关系 (简: 14西北师大)

（1）**教育工作者必须按照认知发展的规律来进行教育**。认知发展理论揭示了认知发展的规律与特点，教育只有顺应认知发展的规律与特点，才能取得最佳教育效果。

（2）**教育能促进人的认知发展**。有效的教育教学活动对人的认知起主导和推动作用。

凯程提示

跨专业的考生可能很难形象地理解"什么是认知"。建议考生先通过了解"认知活动包括什么"来理解"什么是认知"。细心的考生会发现这些认知活动都需要用脑。在如今的心理学研究中，与认知相关的研究也都是对人们在各种认知活动下脑的特征进行分析。所以考生在刚开始学习的时候，可以把认知的关键词记为"用脑"。

考点3　人格发展的一般规律　5min搞定

1. 人格的内涵　（名：14扬州，16、18闽南师大，21沈阳，22华南师大，23湖南）

人格是指人所具有的与他人相区别的独特而稳定的思维方式和行为风格，也指一个人整体的精神面貌，是具有一定倾向性的和比较稳定的心理特征的总和。人格体现在一个人的思想、情感、情绪、性格、意志力、需要、动机、兴趣、价值观、世界观等方面。

2. 人格发展的规律　（简：5+学校）

（1）**人格发展具有顺序性和连续性**。人格发展如同认知发展一样，会呈现出一定的顺序和方向，并促使这种顺序产生连续性的发展。在本章第三节里，我们通过埃里克森[①]和科尔伯格的理论可以看出，人格各个方面的发展都存在顺序性和连续性。

（2）**人格发展具有阶段性和针对性**。人格发展如同认知发展一样，都具有阶段性和针对性。很多心理学家，如弗洛伊德、埃里克森和科尔伯格等，都提出了人格发展的阶段论，这些阶段论虽各有不同，但都证实了人格发展具有阶段性，且这些阶段各有任务，促使教育具有针对性。

（3）**人格发展具有共同性和差异性**。人格发展如同认知发展一样，既有人类共同的人格发展规律，又有个体间的人格差异，共性中有个性，个性中又有共性。这种差异性也恰恰说明了每个个体的人格都是独特的。

（4）**人格发展具有整体性和关联性**。人格是由多种成分构成的一个有机整体，具有内在统一的一致性，这说明人格的各个方面是相互关联的，如人的性格会影响情绪，兴趣会影响人的动机，等等。当一个人的人格结构在各方面彼此和谐统一时，他的人格就是健康的，否则，可能会出现适应困难，甚至出现人格分裂。

（5）**人格发展具有稳定性和可变性**。人格发展的稳定性是指一个人经常性地表现出某些固定的心理特点或品质，在不同场合、不同情境、不同时间都表现出某些共同的特点。个体的人格发展具有一定的稳定性，如人们常说的"江山易改，本性难移"；但有的个体的人格特质会随着环境的变化而发生变化，如有的小孩小时候活泼、爱动，长大了变得安静、稳重。

（6）**人格发展具有社会性**。人格发展如同认知发展一样，也离不开一定社会环境的影响，换言之，是社会性、历史性和文化性在共同促进人的人格发展，这也体现了人格发展受遗传与环境的交互作用的影响。

3. 人格发展与教育的关系（补充知识点）

（1）**教育工作者必须按照人格发展的规律来进行教育**。人格发展理论从一定程度上揭示了人格或者人格某一方面的发展规律和特点。所以，我们要重视利用人格发展的规律和特点进行人才培养。

（2）**教育能促进人的人格发展**。人格既受先天遗传因素的影响，又受后天环境和教育因素的影响。

[①] 因翻译问题，个别教材中会写成"艾里克森"，综合陈琦、刘儒德主编的《当代教育心理学》（第3版）的写法，凯程的资料中统一为"埃里克森"。

人格是一个非常复杂的系统，它具有一定的稳定性，一旦成型就很难改变，但这并不代表它不受环境和教育的影响，这种影响更大程度上是潜移默化的。

> **凯程提示**
> 很多考生认为，人格与性格是一回事，实际上这是两个不同的概念。人格是一个人生活成败、喜怒哀乐的根源，决定着一个人的生活方式，甚至命运；绝对不能将人格等同于性格，性格是人格的一部分。

> **凯程助记**
> 如何记住认知发展和人格发展的规律呢？仔细观察可以发现，二者的相同点很多。
> **相同点：** 顺序性和连续性、阶段性和针对性、共同性和差异性、关联性、社会性。
> **不同点：** 认知发展更强调互补性、不平衡性和关键期；人格发展更强调整体性、稳定性和可变性。
> 注意：①人格发展不存在互补性的说法，人格的各方面无法互补，只能关联。②其他规律，认知发展和人格发展均有，如人格发展也有不平衡性，认知发展也有可变性，但是我们正文写的是二者更强调哪一规律，尽可能给予考生一个更妥帖的解释。

考点 4　社会性发展的一般规律（补充知识点） 5min搞定

1. 社会性发展的内涵 （名：12浙江师大，15北师大，21湖州师范学院、北华）

社会性发展是指个体在其生物特性基础上，在与社会生活环境相互作用的过程中，掌握社会规范，形成社会技能，学习社会角色，获得社会性需要、态度、价值，发展社会行为，从而更好地适应社会环境。社会性发展的实质就是个体由自然人成长为社会人。社会性发展包含自我意识、情绪情感、社会行为和社会道德四个方面。

2. 社会性发展的一般规律

（1）**从整体上**，个体从生物人发展为文化人，从自然人发展为社会人。

（2）**从自我意识上**，个体从无意识发展到有意识，再发展到可控制的自我意识。

（3）**从情绪情感上**，个体从习得外在情绪发展到情绪情感的社会成分不断增多，再发展到表达和控制自己的情绪情感。

（4）**从社会行为上**，个体从模仿性的行为发展到自主自动的社会行为。

（5）**从社会道德上**，个体的道德行为从无律发展到他律，再发展到自律。

3. 社会性发展与教育的关系（补充知识点）

（1）**教育工作者必须按照社会性发展的规律来进行教育**。社会性发展的相关研究揭示了社会性发展的规律与特点，教育只有顺应社会性发展的规律与特点，才能取得最佳教育效果。

（2）**教育能促进人的社会性发展**。有效的教育教学活动对人的社会性发展起主导和推动作用。

考点 5　心理发展与教育的关系 2min搞定 （论：22中央民族、河南）

1. 心理发展是有效教育的背景和前提

虽然教育对个体身心发展起主导作用，但个体身心发展的规律又制约着教育主导作用的发挥，影响教育的效率，教育必须以个体心理发展的水平和特点为依据。

2. 有效的教育能促进个体心理的发展

一方面，教育要依据个体的心理发展状况和水平；另一方面，教育能极大地促进个体心理的发展，并对个体的心理发展起主导作用。

凯程助记

心理分类	含义	规律（相同点）	规律（不同点）	与教育的关系	相关理论（链接第二、三、四节）
认知	对知识、信息进行加工的过程	(1) 顺序性和连续性；(2) 阶段性和针对性；(3) 共同性和差异性；(4) 关联性；(5) 社会性	互补性、不平衡性和关键期	(1) 按照认知发展的规律来进行教育；(2) 教育能促进人的认知发展	(1) 皮亚杰的认知发展阶段理论；(2) 维果茨基的文化历史发展理论
人格	个体独特而稳定的思维方式和行为风格		整体性、稳定性和可变性	(1) 按照人格发展的规律来进行教育；(2) 教育能促进人的人格发展	(1) 埃里克森的心理社会发展理论；(2) 科尔伯格的道德认知发展阶段理论
社会性	个体由自然人成长为社会人	(1) 整体上，从自然人到社会人；(2) 自我意识上，从无意识到自我意识；(3) 情绪情感上，从外在习得到控制自我；(4) 社会行为上，从模仿到自主自动；(5) 社会道德上，从无律到自律		(1) 按照社会性发展的规律来进行教育；(2) 教育能促进人的社会性发展	(1) 亲社会行为；(2) 攻击行为；(3) 同伴关系

经典真题

›› 名词解释

1. 心理发展（10 首师大，11 扬州，12 西南，12、15、18 华南师大，12、18 四川、四川师大，13 湖南科技，15 华中师大，21 闽南师大、华东理工，23 辽宁师大）

2. 认知发展（13、15、19 闽南师大，23 河南科技学院）

3. 人格发展（14 扬州，16、18 闽南师大，21 沈阳）

4. 人格（22 华南师大，23 湖南）

›› 简答题

1. 简述认知发展的一般规律。（13 河南师大，21 南宁师大）

2. 简述人格发展的一般规律。（13 华中师大，14 河南师大、沈阳师大，22 天津师大，23 河南师大）

3. 简述心理发展的一般规律。（16 内蒙古师大）

4. 简述教育与认知发展的关系。（14 西北师大）

›› 论述题

1. 阐述心理发展与教育的关系。（22 中央民族）

2. 论述影响人格发展的因素。（22 齐齐哈尔）

3. 论述心理发展的影响因素以及如何用心理发展的规律来指导教学。（22 河南）

第二节 认知发展理论与教育

考点1 皮亚杰的认知发展理论 60min搞定

（名：17湖北，20南京；简：5+学校；论：15+学校）

皮亚杰是瑞士著名的发展心理学家。皮亚杰在妻子的协助下，对自己的三个孩子进行了大量的观察研究和实验研究，获得了大量的一手资料，对儿童的认知发展进行了深入而系统的研究，形成了极具影响力的儿童认知发展理论，并提出了建构主义思想。

1. 认知发展的实质

皮亚杰用图式、同化、顺应、平衡四个概念来解释认知发展这一复杂的过程。

（1）图式。（名：10+学校）

①含义：图式是指有组织的、可重复的行为或思维模式。皮亚杰常用"认知结构"这个词表示"图式"。

举例："用棍棒推动一个玩具"，这类动作经过重复和概括，形成一个"以某物推动某物"的图式，随后被运用到其他生活场景中。

②总结：图式实际上是个体在解决一类相似问题时所概括而成的比较固定的动作或思维模式。图式的发展水平是人的认知发展水平的重要标志。

（2）同化。（名：5+学校）

①含义：同化是指个体把新的刺激纳入已经形成的图式中的认知过程。

举例：婴儿已经建立的图式是"抓握物体"，当玩具距离婴儿比较远时，婴儿还做出抓握的动作，企图拿到玩具，这就是同化。

②总结：同化是图式发生量变的过程。它不能引起图式的质变，但影响图式的发展。同化过程受到个人已有图式限制，个体拥有的图式越多，同化事物的范围就越广泛；反之，同化事物的范围就相对狭窄。

（3）顺应。（名：5+学校）

①含义：顺应是儿童改变已有的图式或形成新图式来适应新刺激的认知过程。

举例：婴儿想得到远处的玩具，反复抓握，偶然地抓到床单一拉，床单上的玩具离婴儿近了，婴儿拿到了玩具。婴儿发现，拿到玩具的方式除了抓握，还可以借物取物，他以后拿到玩具的方式、方法就更多了，这就是顺应。

②总结：顺应是图式发生质变的过程。通过顺应，儿童的认知能力达到新的水平。

（4）平衡。

个体通过同化和顺应新刺激而达到图式与新刺激相适应的短暂的协调状态，这就是平衡。个体在平衡与不平衡的交替中不断建构和完善图式，实现认知发展。

凯程助记

图式 —— 同化（量变过程） / 顺应（质变过程） —— 平衡

2. 影响认知发展的因素 ⭐⭐⭐ （简：19哈师大）

（1）**成熟**：指机体的成长，特别是神经系统和内分泌系统的成熟。成熟不是智力发展的决定条件，只是机体发展的物质基础与前提条件。

（2）**练习与经验**：指个体对物体施加动作过程中的练习与习得的经验（不同于社会经验）的作用。它分为物理经验（个体作用于物体，获得有关物体特征的经验，如大小、轻重、颜色等）和逻辑数理经验（对动作之间相互协调关系的理解，如折叠衣服、推动小车等动作）两种。

（3）**社会经验**：指在社会环境中人与人之间的相互作用和社会文化的传递。如规则、法律、道德、价值、习俗和语言系统等方面的知识。

（4）**平衡化**：指个体在自身不断成熟的内部组织与环境相互作用过程中的自我调节。个体追寻平衡化是智力发展的内在动力。

> **凯程助记**
>
> 我长大了（成熟），一边练习玩弹弓，获得对物体的感觉（练习与经验），一边与刚认识的小妹妹交流，获得与他人交际的经验（社会经验），懂得了越来越多玩弹弓的技巧，掌握了越来越丰富的和他人相处的经验，生活越来越好（平衡化）。

3. 认知发展阶段理论 ⭐⭐⭐⭐⭐ （名：16山西、南昌；简：20+学校）

（1）**感知运动阶段（0～2岁）**。

①**儿童主要用口与手探索外部世界**。儿童通过探索感知觉与运动之间的关系来获得动作经验，而语言和表象尚未完全形成，不能用语言和抽象符号命名事物。

②**形成"客体永久性"概念**。当某一客体从儿童的视野中消失时，儿童知道该客体并非不存在。儿童在9～12个月时获得客体永久性。客体永久性是后期认知活动的基础。

（2）**前运算阶段（2～7岁）**。 （简：20西北师大）

运算是指个体心理内部的智力操作，即我们没有实际做某个动作，也能在头脑中想象完成某个动作的情形，并预见其结果。这一阶段的特点是：

①**具体形象性**。儿童在感知运动阶段获得的感觉运动行为模式，在这一阶段被内化为表象或形象模式，具有了符号功能，表象日益丰富。

②**言语和概念获得发展**。儿童的言语和概念以惊人的速度发展，但他们还不能很好地掌握概念的概括性和一般性。

③**泛灵论**。这一阶段的儿童认为外界的一切事物都有生命、感知、情感和人性。 （名：23大理）

举例：他们会说"你踩在小草身上，它会疼"。

④**自我中心主义**。儿童认为其他所有人跟自己都有相同的感受，表现为不为他人着想，一切以自我为中心。

⑤**集体的独白**。可能发生在儿童独处的时候，更多地发生在儿童群体中：每个儿童都热情地说着，但彼此之间没有任何真实的相互作用或者交谈。

⑥**思维的不可逆性和刻板性**。不可逆性指儿童进行思维运算时只能前推而不能后推。他们的思维具有刻板性，在注意事物的某一方面时往往忽略其他方面，也就是说本阶段儿童的认知活动具有相对具体性，还不能进行抽象的运算思维。

⑦**尚未获得物体守恒的概念**。守恒指不论物体形态如何变化，其质量是恒定不变的。这一阶段的儿童由于受直觉知觉活动的影响，还不能认识到这一点。

> **凯程拓展**
>
> **关于儿童尚未获得守恒概念的深度理解（数量守恒实验）**
>
> 前运算阶段的儿童会认为图（a）中的两排珠子数量相等，而认为图（b）中的两排珠子数量不等，一部分认为下面一排多，另一部分认为上面一排多。认为下面一排多的儿童只注意到下面一排比上面一排长，认为上面一排多的儿童只注意到上面一排比下面一排密，当他们用自己以往的经验，如"长的多"或"密的多"去比较时，就会得出以上结论。这表明，这一阶段的儿童在做出判断时只能运用一个标准或维度，尚不能同时运用两个维度。排列方式发生变化，儿童便不会认为它们的数量实际上是相同的，这也表明他们的思维是刻板的。
>
> 我们也将其叫作思维存在集中化的特征，儿童在做出判断时倾向于运用一个标准或维度，如长的多、密的多、高的多，还不能同时运用两个维度。
>
> ●●●●●●●●●●　　　●●●●●●●●●●
> ●●●●●●●●●●　　●　●　●　●　●　●　●　●　●　●
> 　　　　(a)　　　　　　　　　　　(b)

（3）具体运算阶段（7～11岁）。

这一阶段的儿童开始接受学校教育，他们的认知结构得到了重组和改造。

①**守恒性**。这一阶段儿童的认知结构已发生了重组和改造，思维具有一定的弹性，可以逆转。儿童能够进行合格的运算，获得了长度、体积、重量和面积等方面的守恒概念。合格的运算具有三个特征：

a. **同一性**：指认识到一个事物的总量既没有增加也没有减少，还是原来的总量。如一杯水倒在任何容器里，都是原来的一杯水。

b. **可逆性**：指运算可以朝一个方向进行，也可以朝反方向进行。如学生不仅理解2+5=7，还能理解7-5=2。

c. **补偿性**：指能同时看到物体总量在多个方面的变化，虽然在一个方面增加，但在另一个方面发生了同样量的减少，因此总量不变。如10个石头，不论是排成一排，还是堆成一堆，依然是10个石头，数量不会因为摆放形式的不同而发生变化。

②**去自我中心化**。儿童的思维开始逐渐去自我中心化（也叫去集中化），儿童越来越以社会为中心，越来越能够意识到别人的看法。去自我中心化是这一阶段儿童思维成熟的最大特征。

③**逻辑思维和群集运算**。儿童在这一时期已经学会了分类和排序，可以将不同事物归类到不同的集合里，并意识到不同集合之间或许有可能相互运算，这就是群集运算。但是这种运算需要具体事物的支持，这个阶段的儿童还不能进行抽象运算。

④**刻板地遵循规则**。本阶段儿童已经能理解原则和规则，但在实际生活中只能刻板地遵守规则，不敢改变。

（4）形式运算阶段（11岁至成年）。

儿童摆脱具体事物的束缚，利用语言符号在头脑中重建事物和过程来解决问题的运算，就叫作形式运算。

①**抽象思维获得发展**。抽象思维即不借助具体事物而进行的假设、推理、归纳、演绎、概括等思维能力。本阶段儿童的思维以命题形式进行，并能发现命题之间的关系；能进行假设性思维，采用逻辑推理、归纳或演绎的方式来解决问题；能理解符号的意义、隐喻和直喻；能做一定的概括。其思维发展已接近成人的水平。

②**青春期自我中心**。本阶段儿童不再刻板地遵守规则，经常会产生叛逆的思想和行为。

总之，皮亚杰认为所有儿童的认知发展都会依次经历这四个阶段。认知结构的发展是一个连续建构的过程，每一阶段都有独特的结构，前一阶段是后一阶段的基础。虽然不同的儿童会以不同的发展速度经历这几个阶段，但是都不可能跳过某一个发展阶段。

> **凯程提示**
>
> 考生在复习时要知道皮亚杰认知发展阶段理论中四个阶段的名称和不同阶段的标志性表现，并且在给出儿童的某种表现时能够说出这个儿童处于哪个发展阶段。

> **凯程助记**
>
> 助记1：皮亚杰的认知发展阶段理论
>
> | 阶段 | 特征 |
> | --- | --- |
> | 感知运动阶段（0~2岁） | (1) 儿童主要用口与手探索外部世界；(2) 形成"客体永久性"概念 |
> | 前运算阶段（2~7岁） | (1) 具体形象性；(2) 言语和概念获得发展；(3) 泛灵论；(4) 自我中心主义；(5) 集体的独白；(6) 思维的不可逆性和刻板性；(7) 尚未获得物体守恒的概念 |
> | 具体运算阶段（7~11岁） | (1) 守恒性（同一性、可逆性、补偿性）；(2) 去自我中心化；(3) 逻辑思维和群集运算；(4) 刻板地遵循规则 |
> | 形式运算阶段（11岁至成年） | (1) 抽象思维获得发展，思维以命题形式进行，已接近成人水平；(2) 青春期自我中心 |
>
> 助记2：
> (1)"感前具形"——感知运动阶段、前运算阶段、具体运算阶段、形式运算阶段。
> (2) 具体运算前面（前运算）的前面是感觉，具体运算的后面是形式。

4. 认知发展与教学的关系 ★★★

（1）**提供活动**。为了增进学生的活动经验，教师应该为他们提供大量丰富的、真实环境中发生的活动，让学生自发地与环境进行相互作用，去自主地发现知识。

（2）**创设最佳的难度**。根据皮亚杰的观点，认知发展是通过不平衡来促进的。因此，教师要在教学过程中经常制造一些使学生产生认知不平衡的问题，以促使他们的认知发展。

（3）**关注儿童的思维过程**。虽然每个人都知道儿童与成人在心理上存在很大差异，但是皮亚杰是率先详细描绘这种差异的科学家。在教学中，教师必须认识到儿童思考问题的方式与成人不同，并根据儿童当前的认知机能水平提供适宜的学习活动，只有这样，才能真正促进儿童的认知发展。

（4）**认识儿童认知发展水平的有限性**。教师需要认识各年龄阶段儿童认知发展所达到的水平，遵循儿童认知发展的顺序来设计课程，这样儿童在教学中才会更加主动。

（5）**让儿童多参与社会活动**。皮亚杰特别强调社会活动对儿童认知发展的作用，他认为环境教育重于知识教育。年幼儿童的自我中心主义表现为在活动中不能考虑他人的观点，只从自己的立场出发考虑问题，其中的原因主要是他们缺少与他人相互作用的机会。因此，随着儿童参与的社会活动的增多，他们逐渐能够认识到他人的观点与自己的不同。

5. 皮亚杰认知发展理论的评价（必要补充知识点）[①]★★★

（1）贡献。

皮亚杰揭示了个体心理发展的某些规律，提出了认知发展阶段理论。 他对各阶段认知发展的特点的阐述，对预测儿童的发展和实施正确的教育具有很大的启发性。

（2）局限。

①有人认为，皮亚杰的认知发展阶段的划分与特征描述都有错误之处。 多数人认为皮亚杰对儿童认知发展的估计不足，对各阶段的年龄划分也有绝对化的倾向，如有的学者认为学前儿童具有守恒能力。

②有人认为，皮亚杰的研究方法有问题。 仅凭观察和记录几个孩子的情况就得出结论，其结论的代表性令人怀疑。

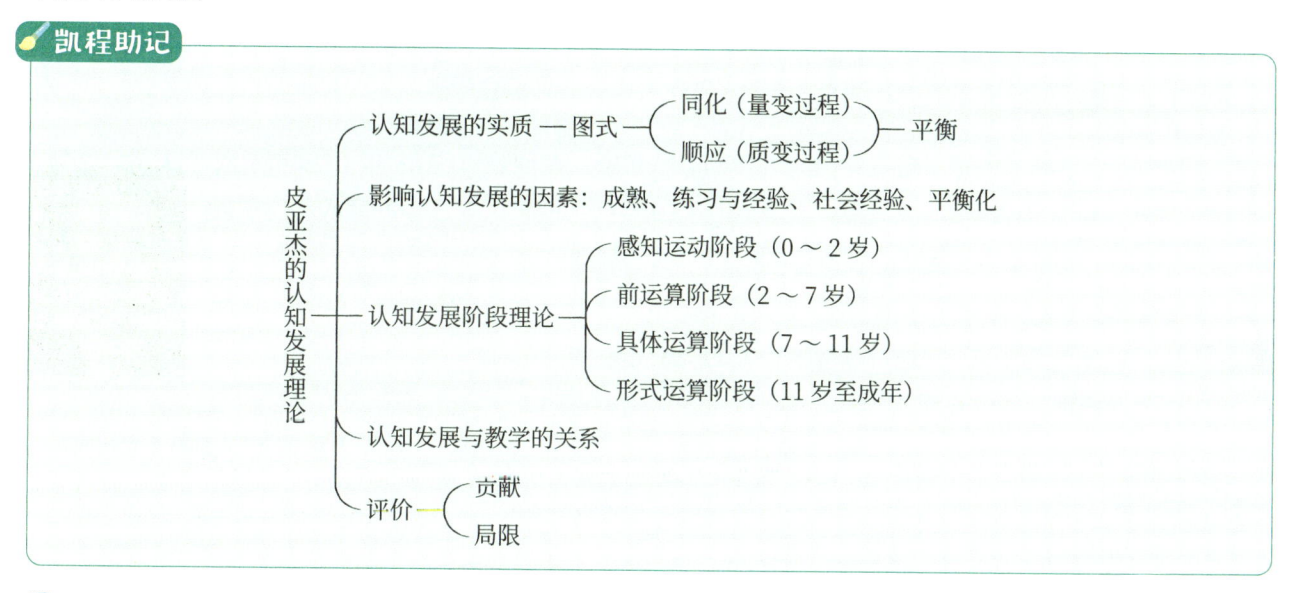

凯程助记

```
                        ┌ 认知发展的实质—图式 ┬ 同化（量变过程） ┐
                        │                    └ 顺应（质变过程） ┴ 平衡
                        │
                        ├ 影响认知发展的因素：成熟、练习与经验、社会经验、平衡化
皮亚杰的                 │
认知发展  ────────────── │                        ┌ 感知运动阶段（0~2岁）
理论                    ├ 认知发展阶段理论 ────── ├ 前运算阶段（2~7岁）
                        │                        ├ 具体运算阶段（7~11岁）
                        │                        └ 形式运算阶段（11岁至成年）
                        │
                        ├ 认知发展与教学的关系
                        │
                        └ 评价 ┬ 贡献
                               └ 局限
```

经典真题

›› 名词解释

1. 皮亚杰（17湖北，20南京）
2. 认知发展阶段（16南昌、山西）
3. 图式（10辽宁，12重庆，14宁波，15渤海，16中国海洋，20广西师大、成都，21西北师大、苏州，22安徽师大，23首师大、河北师大）
4. 同化（16东北，17西安外国语、中央民族，18湖南，20广西师大、苏州，21湖北师大，22长江）
5. 顺应（20淮北师大、河北，21福建师大、吉林师大、中央民族，22长江，23集美）
6. 守恒（10天津师大）
7. 皮亚杰的"泛灵论"（23大理）

›› 简答题

1. 简述皮亚杰的认知发展阶段理论。（11北京航空航天，12东北、山东，14四川师大，14、19广西，15江苏师大、中国海洋，16吉林师大、海南、广东技术师大、西南，16、23曲阜师大，17延安、西华、赣南师大，18、19河北，19石河子、聊城、云南，20鲁东、西北、宁夏，20、21太原师范学院，21新疆师大、三峡、南京信息工程、浙江海洋，22华东师大、洛阳师范学院、宁波，23延安）

[①] 建议考生认真学习此部分内容，333考试会考查对某理论的评价。虽然333大纲对此评价未做要求，但建议考生学习所有理论的评价。

2. 简述前运算阶段儿童思维发展的特点。（20 西北师大）

3. 简述认知发展与教学的关系。（14 湖北，16 天津，17 青岛，18 宁夏）

>> 论述题

1. 论述皮亚杰的认知发展阶段理论。（10 南京师大、苏州，12、14 哈师大，13 首师大，15、17 温州，16、18、23 内蒙古师大，16、18、20 山西师大，17 南宁师大，18 天津师大、青海、云南师大，19 曲阜师大，20 浙江海洋、天津外国语，21 淮北师大、吉林外国语、合肥师范学院，23 渤海、海南师大）

2. 论述皮亚杰的认知发展阶段论及其与教学的关系。（18 闽南师大，20 佛山科学技术学院）

3. 根据皮亚杰的认知发展阶段理论，如何促进学生的认识发展？（22 宝鸡文理学院）

4. 根据皮亚杰的认知发展理论，论述发展个体的认知能力需要遵循哪些教学原则？（23 沈阳师大）

考点2 维果茨基的文化历史发展理论 ★★★★★ 40min搞定（论：12 重庆，17 东北，23 阜阳师大）

苏联心理学家维果茨基是与皮亚杰同时代的心理学家，在他短暂的 38 年人生时光里，向人类贡献了丰硕的心理学研究成果。在 20 世纪 30 年代，他将认知过程的起源与发展置于人类文化历史的框架中，提出心理发展的文化历史发展理论。

维果茨基和鲁利亚、列昂节夫等人建立了文化历史学派，又称"维列鲁"学派。维果茨基是这个学派的创始人。这是当时俄国最大的一个心理学派别。

1. 文化历史发展理论的主要观点（简：12 四川，23 陕西师大）

维果茨基的文化历史发展理论包括相互关联的四个论点：**活动论、两种工具理论（即符号中介论）、两种心理机能理论和内化论**。

（1）活动论。

个体的心理发展起源于个体所参与的社会文化活动。社会个体主要的观念、概念、对世界的观点以及沟通方式都是由文化创造的，都是通过参与该文化下的活动形成的。

（2）两种工具理论（即符号中介论）。

人的心理活动与劳动活动都是以工具为中介的。人类在社会生活和生产过程中创造了两种工具：一种是物质生产工具；另一种是精神生产工具，即人类社会所特有的语言和符号系统。各种语言和符号系统从根本上改变了人的心理结构，形成了人类特有的、高级的、被中介的心理机能。

（3）两种心理机能理论。

①**低级心理机能：是动物进化的结果**，是个体早期以直接的方式与外界相互作用时表现出来的特征，如简单知觉、无意注意、自然记忆等。

②**高级心理机能：是历史发展的结果**，即以符号系统为中介的心理机能，如类别知觉、逻辑记忆、抽象思维、有意注意等。正是高级心理机能使得人类心理在本质上区别于动物，且人的高级心理机能也是在与社会的交互作用中形成的。

（4）内化论。（名：21 温州）

①**含义**：内化是指个体将外部实践活动转化为内部心理活动的过程。

举例：老师教小明折纸飞机，小明在下次自己折之前，心里会对折纸的过程有个预演。小明不用亲自做折纸活动，心里就能对自己说："先要这样折，然后那样折，接着再折几下，就可以折成一个纸飞机了。"

---

[1] 关于维果茨基的文化历史发展理论，参考陈琦、刘儒德的《当代教育心理学》（第3版）和张大均的《教育心理学》（第三版）。

小明将外部的折纸活动已经转化成内在的心理过程，这就是内化。

②**内化的关键：**语言发展中的自我中心言语对内化起到了关键作用。自我中心言语是一种非社会性言语，是2～7岁儿童特有的以自我为中心的意识的表现，这是由外部言语向内部言语转化的过渡形式。随着儿童的成熟，儿童从起初的倾听他人的讨论并与他人交流，转化为喃喃自语，再发展为耳语、口唇动作、内部言语和思维，从而完成内化过程。

③**内化的实现：**内化的过程不仅可以通过教学来实现，还可以通过日常的生活、游戏和劳动来实现。教育必须重视内化，促进学生从外部言语向内部言语转化，从外部的、对象的动作向内部的、心理的动作（即智力动作）转化，使其形成丰富的心理过程，促进其个性发展。

（5）**总结：**如果说皮亚杰认为认知是儿童自我建构的关于周围世界的认知图式，那么维果茨基就更加强调儿童的认知发展具有社会性。

> **凯程提示**
>
> 教学研究中提到的反思体验的理论依据就是内化论。反思体验是教师在学生自主探索和练习的基础上，引导学生对整节课的学习过程进行反思。外在的知识、技能等都必须通过学生的反思体验这一环节，才能内化为学生自身的东西。

2. 心理发展的实质　（简：17哈师大，19山西师大）

维果茨基认为，心理发展是指一个人的心理（从出生到成年）在环境与教育影响下，由低级心理机能逐渐向高级心理机能转化的过程。低级心理机能向高级心理机能发展的主要表现有以下五个方面：

（1）**随意机能的不断发展。**随意机能指心理活动的主动性、有意性，是由主体按照预定的目的自觉引发的。儿童心理活动的随意性越强，心理水平越高。

（2）**抽象—概括机能的提高。**随着词汇、语言的发展以及知识经验的增长，儿童各种心理机能的概括性和间接性得到发展，最终形成最高级的意识系统。

（3）**各种心理机能之间的关系不断变化、重组，形成间接的、以符号为中介的心理结构。**儿童的心理结构越复杂、越间接、越简缩，心理水平越高。

（4）**心理活动的个性化。**个性的形成是高级心理机能发展的重要标志，个性特点对其他机能的发展具有重要作用。

（5）**心理活动的社会文化历史制约性。**心理活动是社会文化历史发展的产物，是受社会规律制约的。随着年龄的增长，儿童不断地社会化，其心理发展才能趋向成熟，儿童才能成为社会的人。

> **凯程助记**
>
> 人的心理发展在文化历史作用下，低级心理机能 —— 劳动/活动、语言、符号系统（社会性交互）——→ 高级心理机能。

3. 教学与认知发展的关系——最近发展区　（名：80+学校；简：5+学校；论：10闽南师大，11海南师大，12湖南师大，21上海师大，23华中师大）

（1）**最近发展区的含义。**

在论述教学与发展的关系时，维果茨基提出一个重要的概念——最近发展区，即"实际的发展水平与潜在的发展水平之间的差距。前者由个体独立解决问题的能力而定，后者指在成人的指导下或与更有能力的同伴合作时解决问题的能力"。

(2) 教学与认知发展的关系。

①教学应当走在发展的前面。 维果茨基提出"教学应当走在发展的前面",这是他对教学与发展关系问题的最主要的理论。也就是说,教学决定着智力的发展,这种决定作用既表现在智力发展的内容、水平和智力活动的特点上,也表现在智力发展的速度上。

②教学应该考虑儿童现有的发展水平。 教学决定着儿童发展的内容、速度和水平等,教学要落在最近发展区内,带动学生发展。

③学习存在最佳期。 维果茨基认为,儿童在学习任何内容时,都有一个最佳年龄。教师在开始教学时要处于儿童的最佳期内。教学最佳期是由最近发展区决定的,而最近发展区本身是动态发展的,随着某一阶段教学过程的结束,最近发展区转化为现有发展水平,在此基础上又形成了一个高于原来最近发展区的新的最近发展区。因而教学最佳期也是不断发展变化的,并且教学最佳期也是因人而异的,教师要把握教学的适当时机。

④教学在创造最近发展区。 儿童的两种发展水平之间的差距是动态的。随着时间的推进,一些之前不能完成的任务逐渐被儿童掌握,取而代之的是更加复杂和困难的任务。所以,教学要不断地创造新的最近发展区,促进学生获得新发展。

(3) 最近发展区的作用。

①对学生:最近发展区为学生提供了发展的可能性。 维果茨基认为,学生很少能够从他们已经能够独立完成的任务中得到收获,相反,学生的发展主要是通过尝试那些只有在他人的协助和支持下才能完成的任务(即最近发展区中的任务)来实现的。简单地说,生活中的挑战可以促进学生的认知发展。从本质上说,一个学生的最近发展区从认知上限定着他或她能够学习的内容。

②对教师:最近发展区也为教师提供了教学的作用范围。 a. 教师应该为学生布置那些只有在别人的帮助下才能被他们成功完成的任务。b. 这种帮助必须来自具备更高技能的个体,比如成人或高年级学生。c. 能力相当的学生之间的合作也能够使得困难的任务得到解决。d. 教学还需要给具有不同最近发展区的学生安排不同的任务,以使所有学生都能够受到最有利于自身认知发展的挑战。

③对教学:教师要注重学生的最近发展区,并不断创造新的最近发展区。 一方面,它可以决定学生发展的内容、水平和速度等;另一方面,它也创造着最近发展区,因为学生的两种发展水平之间的差距是动态的,它取决于教学如何帮助学生掌握知识并促进其内化。教学需要注重学生的最近发展区,把学生潜在的发展水平变成实际的发展水平,同时不断创造新的最近发展区。只要教学充分考虑到学生已有的发展水平,而且能根据学生的最近发展区给他们提出更高的发展要求,就一定能够促进他们的发展。

> **凯程助记**
>
> 最近发展区 ← 教学 —— 可能的发展水平
> —— 现有的发展水平

4. 维果茨基的理论的教学应用(必要补充知识点) ★★★★★

维果茨基的思想体系是当今建构主义发展的重要基石,启发教育研究者对学习和教学进行了大量理论建设和实践探索。

(1) 支架式教学。 (名:22吉林,23苏州;简:18杭州师大)

含义: 教学支架实际上就是教学者在最近发展区内给学生提供的适当的指导和支持,以帮助学生理解知识。随着学生对知识的领悟越来越多，教师的指导成分要逐渐减少，最终使学生达到独立发现知识的程度。其主要环节如下：

①**进入情境**：将学生引入一定的问题情境，并提供必要的解决问题的工具。

②**搭脚手架**：这是教师引导学生探索问题情境的阶段。

③**独立探索**：教师放手让学生自己决定探索问题的方向，选择自己的方法，独立进行探索。

④**协作学习**：通过学生与学生之间、学生与教师之间的协商讨论，可以共享独立探索的成就，共同解决独立探索过程中所遇到的问题。

⑤**效果评价**：包括学生个人的自我评价和学习小组对个人的学习评价，这种评价依然是与问题探索过程融为一体的，不能仅用脱离问题解决过程的所谓客观性测验（标准化测验）来评价这种教学的效果。

举例：在数学课上，针对如何总结三角形的面积公式的问题，教师可以在学生发现两个完全相同的三角形可以组成一个平行四边形时，引导学生利用平行四边形面积公式推出三角形面积公式，即"三角形面积＝底×高÷2"。一旦新公式形成，以后在解决三角形面积的问题时，就不需再进行公式推导。利用平行四边形面积推导三角形面积这一过程就是学生学习新知识的支架，学生获得新公式后，这一支架就可以较少使用，甚至省略了。

(2) **交互式教学**。

含义：交互式教学体现了最近发展区内的相互作用。这种相互作用的实质是教师和学生共同协作的认知活动，使教师和学生的认知结构得到精细加工和重新构建。简而言之，教学活动开始时，教师示范所要完成的活动或策略，然后，教师和学生将轮流扮演教师角色演练这些活动或策略，最后师生之间进行相互对话，加深对知识的理解。交互式教学包括教师和学生小组之间的相互对话。

举例：在数学课上，教师针对课程学习内容，先讲解了一道例题，然后又布置了与例题相似的其他练习题。接下来，由学生充当教师角色，来讲解自己的答题思路。教师在倾听中找出学生有问题的地方，帮助学生及时更正，从而帮助学生建构新知识。

(3) **情境式教学**。（简：23 渤海；论：23 首师大）

含义：情境式教学指让学习者在一定情境的活动中完成学习。第一，这种教学应使学习在与现实环境相似的情境中发生，以解决学生在现实生活中遇到的问题为目标；第二，这种教学过程应与现实的问题解决过程相类似，教师不应把知识直接讲授给学生，而是要指导学生经过探索获得知识。其实，不论是社会建构主义还是认知建构主义，都主张情境式教学。

举例：在学习"绿色植物的呼吸作用"时，刘老师并没有在上课一开始就向学生讲述本节内容的生物概念和知识要点，而是对学生说："同学们，在我们日常生活中有没有经历过这样的生活现象，买回来的苹果在家里存放太久了，就没有甜美的滋味了；甘薯在经历了一个冬天之后，重量会变轻；把手伸进潮湿的种子堆，会觉得有些烫手……你们知不知道产生这些现象的原因是什么呢？"这些真实情境中的问题带动了学生的思考，促使课堂围绕这个初始问题不断深入。

(4) **合作学习**。

含义：合作学习指同一小组的学生通过合作共事，共同完成小组的学习目标。合作学习的目的不仅包括培养学生主动求知的能力，还包括发展学生在合作过程中的人际交往能力。

举例：教师让每个小组的学生去调查任意三种公共场所的秩序和规则，各小组学生明确分工、友好合作、互帮互助，在调查和讨论中彼此取长补短。当各个小组的学习成果得到展示时，又增强了组员的成就感，他们的多项能力都在小组合作的过程中得到了锻炼和培养。

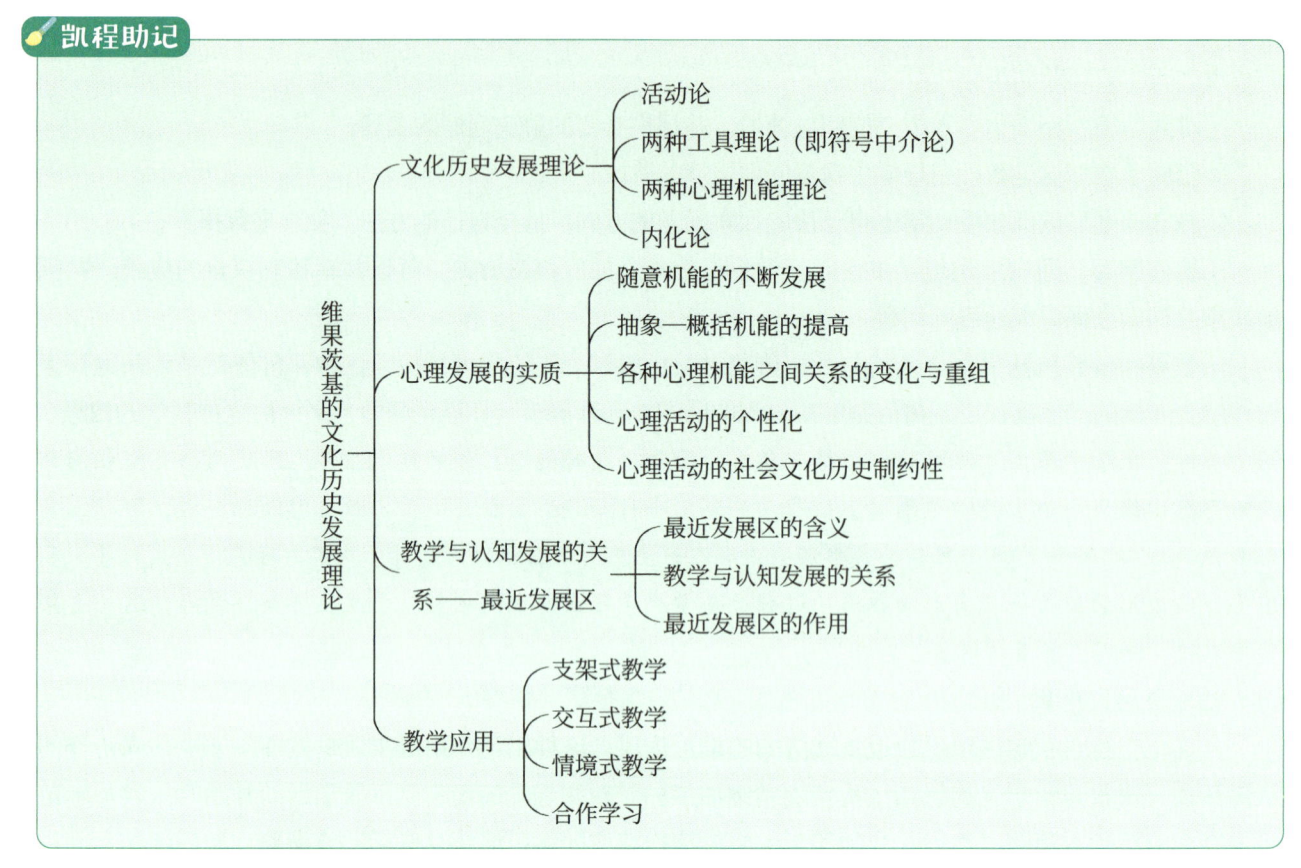

凯程助记

维果茨基的文化历史发展理论
- 文化历史发展理论
  - 活动论
  - 两种工具理论（即符号中介论）
  - 两种心理机能理论
  - 内化论
- 心理发展的实质
  - 随意机能的不断发展
  - 抽象—概括机能的提高
  - 各种心理机能之间关系的变化与重组
  - 心理活动的个性化
  - 心理活动的社会文化历史制约性
- 教学与认知发展的关系——最近发展区
  - 最近发展区的含义
  - 教学与认知发展的关系
  - 最近发展区的作用
- 教学应用
  - 支架式教学
  - 交互式教学
  - 情境式教学
  - 合作学习

考点3　认知发展理论的教育启示 ☆☆☆ 2min搞定

认知发展理论与教育密切联系，对现代教育影响巨大，对于我国当前和今后的教育改革和发展的重要启发意义体现在如下几个方面：

(1) 教育目标应该是提高学生的认知能力。教育的目标并不在于增加知识量，而在于提高学生对知识的理解能力。要给学生足够的时间去吸收、理解所学的知识。

(2) 教学内容应适应学生（教育对象）的认知发展水平。每个学生的认知发展水平和已有知识经验都有很大差异，教师要通过观察学生在解决问题时的表现，来确定每个学生的认知发展水平，以保证所实施的教学与学生的认知发展水平相匹配。

(3) 教学在学生的"最近发展区"开展最有效。教学要走在学生发展的前面，要创造最近发展区，以促进学生的发展。教学还需要给具有不同最近发展区的学生安排不同的任务，使得所有学生都能够接受到最有利于自身认知发展的挑战。

(4) 教学应充分发挥学生的主动性和能动性。教育者应该树立新的知识观、学习观和教学观，为学生提供适宜的环境，精心选择教育内容并组织教学，引导学生积极主动地探索，促进其认知发展。

经典真题

>> **名词解释**

1. 内化（21温州）　　　　　　　　2. 支架式教学（22吉林，23苏州）

3. 最近发展区（10山东师大，10、13、14、16南京师大，11华东师大、首师大、天津，11、14、23北师大，12、15、23湖北，12、16、17、18陕西师大，13、16扬州，13、18安徽师大，14东北师大、淮北师大、湖南科技、天津师大，14、15四川师大，14、15、19聊城，14、16江苏师大，15杭州师大，15、16、17辽宁师大，16苏州、西北师大，16、17贵州师大，17、23宁夏，17广西民族、西安外国语、宁波，17、23宁夏，18上海师大、福建师大、合肥师范学院、中南民族、江汉，18、19中国海洋，19大理、重庆师大、青海师大，19、20云南，19、23宝鸡文理学院，20江西师大、南京、云南师大、赣南师大、四川轻化工，21海南师大、华南师大、华东师大、淮北师大、天津师大、湖南科技、曲阜师大、山西师大、吉林外国语、南京信息工程、青岛、信阳师范学院、黄冈师范学院、西藏，22华东师大、辽宁师大、湖南、西华师大，23中央民族、新疆师大、延安、沈阳）

4. 情境教学法（23渤海）

》简答题

1. 简述维果茨基的最近发展区带给我们的教育启示。/ 简述最近发展区。（14山西师大，14、20湖南，15、16上海师大，18杭州师大、西北师大，19河北、汕头、河南，20云南师大，21中央民族、云南民族，23安徽师大）

2. 简述维果茨基关于心理发展本质的观点。（17哈师大，19山西师大）

3. 简述维果茨基关于教学与认知发展关系的论断。（14、17山西师大，21四川师大）

4. 简述最近发展区与支架教学的关系。（18西北师大）

5. 简述维果茨基的文化历史发展理论。（23陕西师大）

》论述题

1. 论述最近发展区。/ 论述最近发展区的主要观点与教学应用。（10闽南师大，17海南师大，18湖南师大，21上海师大）

2. 试述维果茨基的认知发展理论及其对教育教学工作的启示。（12重庆师大，17山西师大，21宝鸡文理学院，22内蒙古师大）

3. 论述维果茨基关于教学与认知发展关系的观点，并举例阐明其对教学的启示。（23华中师大）

4. 论述维果茨基的心理发展理论。（23阜阳师大）

5. 论述情境式教学的主要特征及其对教学的启示。（23首师大）

第三节 人格发展理论与教育

考点1 埃里克森的心理社会发展理论 ★★★★ 60min搞定

埃里克森是美国现代著名的精神分析学家之一。他在研究了几种文化背景下儿童发展的情况后，推断人格发展受社会文化背景的影响和制约。他提出人格的心理社会发展理论，把心理发展划分为八个阶段，并指出每一阶段都有一个主要矛盾，积极地解决主要矛盾可以帮助个体更好地适应环境，顺利地度过这一阶段。该理论揭示了人格发展的连续性和阶段性，同时启示教育者要培养学生解决发展危机的能力，促进个体的发展。

1. 心理社会发展的内涵

埃里克森强调个体的人格发展受社会文化背景的影响和制约。人格的发展是一个经历一系列阶段的过程，每个阶段都有一种特定的危机和特定的任务，即亟待解决的心理社会问题。危机的解决标志着前一阶段向后一阶段的转化。危机的成功解决（顺利渡过危机）有助于自我力量的增强和对环境的适应；而不成功的解决（不能顺利渡过危机）则会削弱自我的力量，阻碍对环境的适应。

2. 埃里克森心理社会发展的八个阶段 ★★★★★（简：5+学校；论：15 吉林师大，21 北京联合、湖北师大、云南）

与皮亚杰相同，埃里克森把发展看作经过一系列阶段的过程，每一阶段都有其特殊的目标、任务和冲突。埃里克森把人的心理发展分为八个阶段，具体如下表所示。

年龄	发展任务	重要事件	积极发展结果	消极发展结果
0～1.5岁（处于婴儿期）	信任对怀疑	喂食	如果母亲提供食物和爱抚，婴儿得到了较好的抚养并与母亲建立了良好的亲子关系，婴儿就会对周围世界产生信任和乐观	如果母亲没有提供食物和爱抚，婴儿会对周围世界产生怀疑和不安，这种不信任感甚至会影响其成年期的发展
1.5～3岁（处于婴儿期）	自主对羞怯	自主吃饭、穿衣	婴儿渴望自主做一些事情，父母要允许婴儿自由探索，并给予婴儿关心和保护，婴儿就会自主和自信	如果父母对婴儿一味地严格要求和限制，就会使婴儿对自己的能力产生怀疑，有可能导致其一生都对自己的能力缺乏信心
3～6、7岁（处于幼儿期）	主动感对内疚感	独立活动	幼儿渴望自己承担一些成年人的角色，能主动从事一些活动，如果父母允许他们做一些活动并积极鼓励，幼儿就会获得自信和责任感	由于幼儿能力有限，父母常常会禁止幼儿的主动活动，过多的干涉可能会造成幼儿形成缺乏尝试和主动的性格，感到内疚和自卑
6、7～12岁（处于儿童期）	勤奋感对自卑感	入学	儿童进入学校想体验成功感，如果父母和教师帮助儿童在学习和活动中体验到了胜任感，儿童就会变得勤奋	如果儿童遭遇挫折和困难，或父母和教师没有让儿童在学业和活动中获得胜任感，儿童就会学业颓废，感到自卑和退缩
12～18岁（处于少年期和青春期）	角色同一性对角色混乱	同伴交往	个体开始体会到自我概念问题的困扰，即开始考虑"我是谁"这一问题，体验着角色同一和角色混乱的冲突。如果父母帮助个体获得角色同一性（自我形象的积极组织），个体对未来就会充满自信和憧憬	如果个体没有获得角色同一性，获得了角色混乱，即不清楚未来自己应该成为什么样的人，就会对未来心生迷茫
18～30岁（处于青年晚期）	友爱亲密对孤独	爱情、婚姻	如果个体愿意与他人真诚交往和分享，就能形成一种亲密感	如果个体害怕被他人占有和不愿与人分享，便会产生孤独和疏离感
30～60岁（处于中年期和壮年期）	繁殖对停滞	养育子女	这里的繁殖包括繁衍后代和人的生产能力、创造能力等基本能力或特征。如果个体能较好地处理工作问题、养育后代，就会表现为关爱家庭和富有创造力	如果个体在工作和养育后代的过程中不顺利，就会陷入自我关注，只关心自己的需要和舒适，对他人和后代感情冷漠，甚至颓废消极
60岁以后（处于老年期）	完美无憾对悲观绝望	反省和接受生活	如果个体在之前的阶段都能顺利发展，就会巩固自己的自我感觉并完全接受自我，内心满足	如果个体之前的阶段没有顺利发展，个体没有获得完满感，往往会陷入绝望，甚至害怕死亡

> **凯程助记**
>
> 怎样才能记住这八个阶段呢？要将每个阶段对照个体生活中的发展时期，并结合生活中的主要事件进行推理，从而记住不同时期个体人格发展的表现。

3. 心理社会发展理论的教育应用 ★★★

（1）人格发展理论揭示了人格发展的连续性和阶段性。埃里克森从个体心理发展的各个层面和相互关系中考察人的社会性发展与道德的形成和发展，而不是孤立地看待它们的发展。

（2）教育应为人生每个阶段的发展采取措施，因势利导，对症下药。恰当的教育能培养学生解决发展危机的能力，促进个体的发展；不恰当的教育却会导致危机发生，阻碍个体的发展。这对学校教育最重要的启示有以下两点：

①**帮助小学生适应勤奋和自卑危机**。所有刚入学的学生都相信自己能学会，但一些学生逐渐发现"我不是一个好的学习者"，这些学生就未能很好地解决勤奋感对自卑感的危机。教师和学校应帮助他们渡过这个危机，让学生不断获得勤奋感，体验学业成功。

②**帮助中学生适应角色同一性和渡过角色混乱危机**。a. **角色同一性**。这是关于自我形象的一种组织，包括自我能力、信念、性格等方面。如果个体把关于自我形象的各个方面整合起来，认为自己所想所做的正与自己期望的形象相符合，就获得了角色同一性。b. **角色混乱**。如果个人认为自己所想所做的不符合自己期望中的形象，就会导致角色混乱，也叫作角色同一性危机。学校和教师可以为学生提供职业选择的榜样和其他成人角色，宽容对待他们的狂热与喜爱的流行文化，为他们的自我和学业提供现实的反馈，帮助学生处理这种危机。

4. 心理社会发展理论的评价 ★★★

（1）优点。

①**埃里克森注重文化和社会因素对人格形成的作用**。维果茨基认为文化环境和社会环境影响人的认知发展，埃里克森认为文化环境和社会环境同样深深影响着人格发展，甚至可以说人格发展更为体现文化与社会对人的发展的巨大影响力。

②**埃里克森注重从整体上研究人格，而不是孤立地看待它们的发展历程**。他从个体心理发展的各个层面及其相互关系中考察了人格的形成与发展。

③**埃里克森的理论体现了人的全程发展观**。其理论阐释了个体从出生到青年期、中年期、老年期一生的发展，体现了研究人的终生发展的观念，比较符合人的发展实际。他也是最早研究人的一生发展的心理学家。

④**埃里克森提出了个体发展阶段中的具体发展任务和需要解决的危机**。明确人格发展的不同阶段的具体矛盾，非常有助于教育工作者了解教育对象，采取相应的教育指导，帮助受教育者顺利发展。

（2）局限。

①**心理社会发展理论过分强调本能**。有学者认为，埃里克森的理论相对忽视人的意识、理智等高级心理过程在人格发展中的作用。

②**其他研究者对埃里克森的阶段划分和发展任务还有怀疑**。很多研究者不认同埃里克森把许多社会问题（人生目标的选择、确立等）归结为人格发展的任务，认为还有很多问题需要进一步探讨。

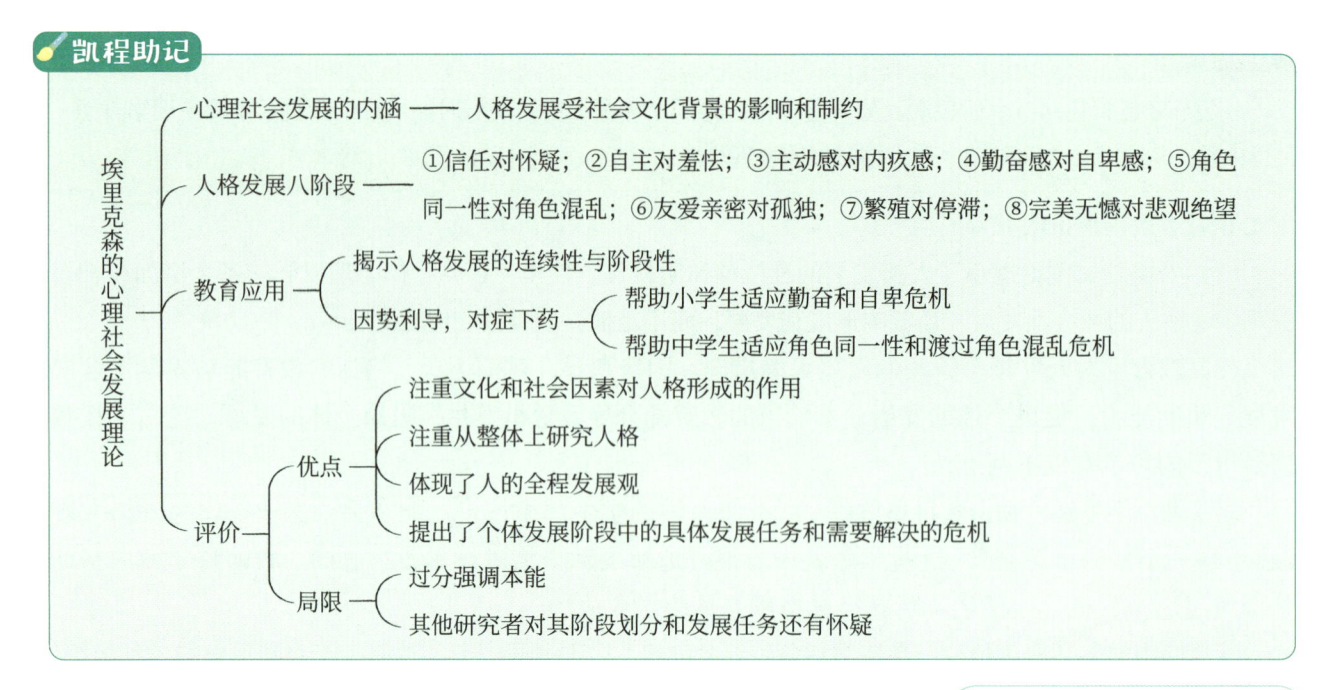

凯程助记

```
埃里克森的心理社会发展理论
├─ 心理社会发展的内涵 ── 人格发展受社会文化背景的影响和制约
├─ 人格发展八阶段 ── ①信任对怀疑；②自主对羞怯；③主动感对内疚感；④勤奋感对自卑感；⑤角色同一性对角色混乱；⑥友爱亲密对孤独；⑦繁殖对停滞；⑧完美无憾对悲观绝望
├─ 教育应用
│   ├─ 揭示人格发展的连续性与阶段性
│   └─ 因势利导，对症下药
│       ├─ 帮助小学生适应勤奋和自卑危机
│       └─ 帮助中学生适应角色同一性和渡过角色混乱危机
└─ 评价
    ├─ 优点
    │   ├─ 注重文化和社会因素对人格形成的作用
    │   ├─ 注重从整体上研究人格
    │   ├─ 体现了人的全程发展观
    │   └─ 提出了个体发展阶段中的具体发展任务和需要解决的危机
    └─ 局限
        ├─ 过分强调本能
        └─ 其他研究者对其阶段划分和发展任务还有怀疑
```

考点 2　科尔伯格的道德认知发展阶段理论 ★★★★★ 60min搞定　（名：21陕西师大，22河南科技学院；简：15+学校；论：10+学校）

科尔伯格是美国儿童发展心理学家。他继承并发展了皮亚杰的道德发展理论，认为儿童道德的发展是分阶段的，但是他在研究中发现，道德发展不是只有两个水平，而应该有多个水平。20世纪60年代，他提出了著名的三水平六阶段道德发展理论。科尔伯格开创了道德两难故事法，这是研究道德发展问题的重要研究方法。其中，典型的故事是"海因兹偷药"。

凯程拓展

"海因兹偷药"的故事发生在欧洲，有一位妇女患了一种罕见的癌症，生命垂危。医生认为还有一种可以救她的药，即该镇一位药剂师最近发明的一种新药——镭。药剂师以成本的10倍价格出售该药。病妇的丈夫海因兹向每一位熟人借钱，总共才凑得药价的一半左右。他告诉药剂师他的妻子危在旦夕，请他便宜一些售药或允许迟一些日子付款，但药剂师说："不成！我研制了这种药，正是要用它来赚钱的。"

海因兹走投无路，闯进该药店为妻子偷了药。你赞成海因兹的做法吗？

道德发展各个阶段的观点与理由

阶段	观点	理由
一	赞成	"如果你让你的妻子死掉，你将会有很大的麻烦，你将会因不花钱挽救她的生命而受到谴责，而且你与药剂师将因你妻子的死而接受调查"
一	反对	"你不该偷，因为如果你这样做，你将被抓住并被送进监狱。即使你跑掉了，你也将不得安宁，每时每刻都担心被警察抓到"
二	赞成	"如果你被抓到，你可以把药还回去，这样就不会受到过多的刑罚。如果你从监狱出来后还能拥有妻子，那么短期服刑对你来说不算什么"
二	反对	"如果你偷了药可能也不会被判很长时间，但你的妻子可能在你出狱之前就死掉了，偷药对你没有好处。如果你的妻子死了，你也不用责备自己，因为是她自己得了绝症，而不是你的过错"

续表

阶段	观点	理由
三	赞成	"如果你偷药，没人会认为你不好，但是如果你不偷，你的家人将会认为你是一个没有人性的丈夫。如果你让你的妻子死掉，你将永远没脸再见任何人"
三	反对	"不仅仅是药剂师会认为你是个罪犯，任何人都会这样想。你偷药，会给你和你的家庭都带来耻辱，这将使你没脸见人"
四	赞成	"如果你有点责任感的话，你就不会害怕做能够拯救你妻子性命的事（偷药），而让你妻子白白死掉，如果你不能履行对她的责任而导致她死亡，你将永远有一种罪恶感"
四	反对	"你处于绝望之中，因此，当你偷药时可能没有意识到自己做错了。但是，当你被惩罚并被送进监狱之后，你就会知道自己做错了。你将会因为自己偷药和破坏法律而感到罪恶"
五	赞成	"法律没有考虑到这种情况。在这种情况下把药拿走并不是很正确，但是这样做应该得到辩护"
五	反对	"不能因为一个人感到绝望就允许他去偷。动机是好的，但好的动机不能说明手段是正当的"
六	赞成	"海因兹应该偷药，因为人类生命的尊严必须无条件地优先得到考虑"
六	反对	"癌症患者很多，药物有限，不足以满足所有需要的人；应该所有的人都认为是'对'的，才是正确的行为"

不同年龄段的人可能会有不同的道德判断标准。回答"海因兹偷药是对还是错"并不是关键，关键是把握其判断这件事情的是非标准和依据。

科尔伯格对人们关于"海因兹偷药"这样的道德两难故事的回答的原因进行分析，研究了道德判断这个主题。他根据被试的回答，发现人的道德发展分为若干阶段，每个阶段都表现出共有特点。于是，科尔伯格提出了三水平六阶段道德发展理论，该理论在道德发展领域里具有相当重要的地位。

1. 道德发展的实质 ⭐⭐⭐⭐⭐

道德发展是指个体随着年龄的增长，逐渐掌握是非判断标准以及按该标准表现道德行为的过程。

2. 道德发展的三水平六阶段 ⭐⭐⭐⭐⭐

（1）前习俗水平。

这一时期大约出现在幼儿园和小学低中年级阶段。这一时期的特征是儿童的道德观念是纯外在的，儿童为了免受惩罚或获得奖励而顺从权威人物规定的行为准则。这一时期又分为两个阶段：

①惩罚和服从的定向阶段。

这一阶段的儿童缺乏是非善恶观念，他们服从规范，只是因为恐惧惩罚而要避免它。儿童认为免受惩罚的行为都是好的，受到指责的行为都是坏的。（请参考上述"海因兹偷药"第一阶段儿童赞成或反对偷药的理由。）

②工具性的相对主义定向阶段。

这一阶段的儿童对自己行为的评判标准是行为的后果带来的赏罚，对自己有利就是好，对自己不利就是不好。（请参考上述"海因兹偷药"第二阶段儿童赞成或反对偷药的理由。）

（2）习俗水平。（名：17集美，21南宁师大）

这一时期指小学中年级以上，一直到青年、成年期。这一时期的特征是个人逐渐认识到团体的行为规范，进而接受并付诸实践。这一时期又可分为两个阶段：

①**人际协调的定向阶段**（"好孩子"定向阶段）。

这一阶段的儿童按照人们所称"好孩子"的要求去做，以得到别人的赞许。孩子会认为，别人称赞的，就应该去做，别人不称赞的，就不应该去做。（请参考上述"海因兹偷药"第三阶段儿童赞成或反对偷药的理由。）

②**维护权威或秩序的定向阶段**。

这一阶段的儿童服从团体规范，"尽本分"，尊重法律权威，个体判断是非已有了法制观念。判断某一行为的好坏，要看它是否符合维护社会秩序和法律的要求。（请参考上述"海因兹偷药"第四阶段儿童赞成或反对偷药的理由。）

(3) **后习俗水平**。 (名：23 信阳师范学院)

这一阶段已经发展到超越现实道德规范的约束，达到完全自律（自己支配）的境界。至少是青年期人格成熟的人，才能达到这个境界，成人也只有少数人才能达到。这一时期也可以分为两个阶段：

①**社会契约定向阶段**。 (选：19 南京师大)

这一阶段的道德推理具有灵活性，个体有强烈的责任心与义务感，尊重法制，但相信它是人制定的，不适应社会时理应修正。（请参考上述"海因兹偷药"第五阶段儿童赞成或反对偷药的理由。）

②**普遍道德原则的定向阶段**。

这一阶段的个体对是非善恶有其独立的价值标准，不受现实规范的限制，更多地考虑道德的本质，而非具体的原则。（请参考上述"海因兹偷药"第六阶段儿童赞成或反对偷药的理由。）

总之，科尔伯格认为，发展顺序是一定的、不可颠倒的，各个阶段的时间可能不相等。同时，有些人的道德发展水平可能只停留在前习俗水平或者习俗水平，而永远达不到后习俗水平。

3. 科尔伯格道德认知发展阶段理论的评价 ★★★★★

(1) **优点**[①]（对教育的启示）。

①**要遵循儿童道德发展规律，加强德育的针对性和实效性**。儿童道德发展的顺序是一定的、不可颠倒的，这与儿童的思维发展有关。但具体到每个人，时间有早有迟，这与文化背景、交往等有关。

②**为儿童创设道德情境**。要促进儿童的道德发展，必须让他不断地接触道德环境和道德两难问题，以便展开讨论和进行道德推理练习，进而提高儿童的道德敏感度和道德推理能力。

③**创造了新的德育方式，用道德两难故事法和公正团体法进行德育训练**。利用公正的机制在创设公正团体中培养学生的公正观念,达到更高的道德发展水平。它强调的是团体的教育力量和民主机构的教育作用。

④**说明了人类道德发展的两大规律**。由他律到自律和循序渐进，并且提出道德教育必须配合儿童心理的发展。这对我们在社会规范教育中关注学生的道德行为有着指导意义。

(2) **局限**。

科尔伯格的研究虽然注意到了跨文化的特点，但是被试以男性为主，具有一定的局限性。被试如果只有男性，没有女性，会直接造成取样偏差，也会影响最终研究结果的可信度。部分学者指出，道德判断和认知方面存在着性别差异。这也从另一方面说明，道德发展阶段并不像科尔伯格理论所说的那样具有一般性。

此外，有学者认为年幼儿童对道德情境进行推理时所采用的方式往往比阶段理论中所描述的方式更加成熟。但值得注意的是，随着生活条件的提高，儿童的整个道德发展水平都出现了普遍前移的现象。

[①] 有时候，某教育理论的优点恰恰可以用来回答其对教育的启示。

凯程助记

水平	共同特征	阶段	特征
前习俗水平	道德观念纯外在，为了免受惩罚或获得奖励	阶段一：惩罚和服从的定向阶段	缺乏是非善恶观念，避免惩罚而服从规范
		阶段二：工具性的相对主义定向阶段	为了获得奖励或满足个人需求
习俗水平	认识到团体的行为规范，进而接受并付诸实践	阶段三：人际协调的定向阶段（"好孩子"定向阶段）	按照"好孩子"的要求去做，以得到赞许
		阶段四：维护权威或秩序的定向阶段	维护社会秩序，承担社会义务和职责
后习俗水平	完全自律，内化自我价值	阶段五：社会契约定向阶段	有责任心与义务感，尊重法制，认为法制不适应社会时应修正
		阶段六：普遍道德原则的定向阶段	独立的价值标准，考虑道德的本质，而非具体的原则

考点3 人格发展理论的教育启示 （论：15安徽）

关于埃里克森和科尔伯格的理论的评价在前面已有详细介绍，此处不再赘述，但还有很多学者像他们一样在人格发展研究上做出了卓越贡献。所有这些优秀的人格发展研究成果带来的启示有：

（1）**充分揭示了人格发展所具有的阶段性和针对性**。这有助于教育工作者了解教育对象，采取相应的教育指导，帮助教育对象顺利发展。同时，教育应充分借鉴这些理论，了解学生人格发展不同阶段的独特性，认识和培养学生解决发展危机的能力，促进个体的发展。

（2）**强调在社会文化环境中形成和发展学生的健全人格**。优化社会文化和学校教育环境是学生健全人格发展的前提。

（3）**通过设置问题情境帮助学生解决各阶段危机**。教师在了解个体心理发展各个阶段的主要矛盾与危机的基础上，通过设置大量的问题情境，在活动和交往中，帮助学生解决好每个阶段的问题，顺利渡过危机，促进儿童人格的健全发展。

（4）**利用道德两难故事法和团体公正法发展学生的道德判断能力**。教育工作者对儿童道德思维和行为水平的预期应符合儿童的年龄，利用道德两难问题，帮助学生发展道德推理。教师可以通过班会帮助学生讨论他们每天遇到的道德两难问题，鼓励学生尽可能找出更多的解决办法。

（5）**教师应该注意文化和性别对人发展的影响**。教师可以布置合作学习任务。例如，让学生以小组为单位完成一份科学作业，帮助那些只关注自己成绩的学生学会为小组目标而工作。

经典真题

▸▸ 名词解释

1. 道德两难法（21 陕西师大） 2. 道德发展阶段论（22 河南科技学院）
3. 道德后习俗水平（23 信阳师范学院）

▸▸ 辨析题 道德发展阶段理论是指在不同阶段人格会面临不同的任务。（22 陕西师大）

▸▸ 简答题

1. 简述埃里克森心理社会发展的八个阶段。（15 青岛，16 山西，17 苏州、四川，19 宁波，20 北京，23 洛阳师范学院）
2. 简述科尔伯格的道德发展阶段理论。（10 宁波，11 渤海，12、17、19 苏州，13 东北，14 上海，15 江苏，16 湖南、四川，18 合肥师范学院、山西，19 天津师大、江苏师大、陕西师大，20 哈师大、西安外国语，21 淮北师大，23 宁夏）

▸▸ 论述题

1. 论述埃里克森的心理社会发展理论。（15 吉林师大，21 北京联合、湖北师大、云南）
2. 论述科尔伯格的道德发展阶段理论及其教育应用。（11 首师大，12 云南师大、沈阳师大，13 华东师大、湖南科技，15 内蒙古师大，16 河北，17 集美，18 杭州师大，20 华南师大、聊城，21 南京信息工程，22 辽宁师大、扬州、海南师大，23 南京师大）
3. 联系教育实际论述人格发展理论及其教育的含义。（15 安徽师大）
4. 论述科尔伯格道德判断发展的三水平六阶段理论，评价当前的品德教育以及培养品德的相应措施。（22 信阳师范学院）

第四节 社会性发展与教育

考点 1 社会性发展的内涵 2min搞定 （名：5↑学校）

社会性发展是指个体在其生物特性基础上，在与社会生活环境相互作用的过程中，掌握社会规范，形成社会技能，学习社会角色，获得社会性需要、态度、价值，发展社会行为，从而更好地适应社会环境。

社会性发展的实质就是个体由自然人成长为社会人。下面从亲社会行为、攻击行为、同伴关系三个方面深入认识社会性发展的实质。

考点 2 亲社会行为的发展与教育 15min搞定

1. 亲社会行为的含义 （名：5↑学校）

亲社会行为又叫积极的社会行为，指个体有益于他人和社会的行为，包括助人行为、安慰、分享、合作等。个体亲社会行为发展的过程就是他们提高道德认知水平、丰富道德情感的过程。

2. 亲社会行为的发展阶段

艾森伯格及其同事利用两难故事情境，探讨了儿童亲社会行为的发展。他提出儿童亲社会行为的发展要经历五种水平（见下表）。

水平	年龄段	阶段特征的描述
享乐主义、自我关注取向	学前儿童及小学低年级学生	关心自己，在对自己有利的情况下可能帮助他人
他人需求取向	小学生及一些正要步入青春期的少年	助人的决定是以他人的需求为基础的，不去助人时不会产生同情或内疚
赞许和人际关系取向	小学生及一些中学生	关心别人是否认为自己的利他行为是好的或值得称赞的，有好的或适宜的表现是最重要的
自我投射的、移情的取向	一些小学高年级的学生及中学生	出于同情而关心他人，设身处地为他人着想
内化的法律、规范和价值观取向	少数中学生	是否助人的决定是以内化的价值、规范和责任为基础的，违反个人内化的原则将会损伤自尊

艾森伯格认为，上述发展水平并非不可逆，年龄较大的儿童在解决不同的两难问题时的水平会有所不同。例如，帮助受伤者是出于移情性关心，分享行为则视他人的需求而定，甚至会出现享乐主义而拒绝分享。但基本的趋势是随着年龄的增长，较高水平的亲社会行为不断增加。

3. 亲社会行为的影响因素

（1）外部因素。

①**移情**。移情是指体验他人的情绪情感的能力。

②**文化**。对于利他行为的认可和鼓励存在着明显的文化差异。

③**榜样**。成人是影响儿童亲社会行为形成的主要榜样。

（2）内部因素。

①**认知因素的影响**。面对失去能力、需要帮助的人，人们往往通过认知归因做出决定。亲社会行为的发生不仅涉及知觉、推理、问题解决和行为决策等一系列基本认知过程，而且与个体认知能力尤其是社会认知能力的发展有直接关系。

②**个体的情绪状态**。人们在积极的心境下，会减少对自己的关注，更多地去了解他人的需要，把亲社会认知转化为亲社会行为。

③**个体的人格特征**。助人者具有以下特点：a.具有强烈的社会动机；b.相信事情对自己有影响力；c.有适合于情境需要的特殊能力；d.同情、理解他人，有责任感。

4. 亲社会行为的习得途径（简：20 浙江师大）

（1）**移情反应的条件化**。这是一种旨在提高儿童善于体察、理解他人的情绪，从而与之产生共鸣的训练方法。亲社会行为使助人者感到愉快或减轻了移情的痛苦，因而强化了亲社会行为。

（2）**直接训练**。它是指教师利用一切学习和游戏活动，引导、训练儿童在实践中表现出合作、谦让、共享等良好行为。例如，在游戏中，训练儿童互相配合、合作等。教师应启发儿童想出各种不同的办法去解决问题，并让儿童学会谦让、合作、共享等良好行为。儿童反复练习、实践，就能逐步形成自觉、稳固的亲社会行为习惯。

（3）**观察学习**。根据班杜拉的观点，对亲社会行为影响最大的是社会榜样。因此，树立一定的榜样，使学生有意或无意地进行模仿，可以有效促进学生亲社会行为的形成与发展。一方面，成人的亲社会行为会成为儿童学习的榜样，诱导出儿童相似的亲社会行为；另一方面，儿童经常受到榜样的引导，更有可能内化利他性原则，从而有助于利他倾向的发展。

考点 3　攻击行为及其改变方法　5min搞定　（简：17湖北；论：20曲阜师大、中国海洋）

1. 攻击行为的含义　（名：21宁波）

攻击行为是一种经常有意地伤害和挑衅他人的行为。这是一种在儿童、青少年中比较常见的问题行为，对儿童、青少年的人格和品德的发展有着消极的影响，严重的甚至会导致儿童、青少年走向犯罪。

2. 攻击行为产生的原因

（1）**遗传因素**。有些攻击性强的儿童可能存在某些微小的基因缺陷。

（2）**家庭因素**。有些家长习惯用暴力惩罚的方式来教育孩子，结果孩子也以同样的方式来对待其他儿童，表现出攻击行为。

（3）**环境因素**。美国心理学家班杜拉通过一系列实验证明，攻击是观察学习的结果。由于儿童的模仿能力强，是非辨别能力差，他们很容易模仿其周围的人或是影视作品里人物的攻击行为。有资料表明，经常看暴力影视作品的儿童容易出现攻击行为。也就是说，大众传媒的不良影响是产生攻击行为的一个很重要的原因。如果儿童经常看暴力影视片、玩暴力电子游戏，攻击性心理会得到加强。

特别指出的是，如果一个孩子在偶然几次出现攻击行为后得到了"便宜"、尝到了"好处"，其攻击行为的欲望会有所增强。若再受到其他人的赞许，其攻击行为就会日益严重。

3. 攻击行为的改变方法　（简：17西安外国语）

（1）**消退法**。对儿童的攻击行为可以采取不加理睬的方法，使它们得不到强化而逐渐减少。

（2）**暂时隔离法**。暂时隔离法是为了抑制某种特定行为的发生，而让行为者在一段时间内得不到强化或远离强化刺激的一种行为干预方法。

（3）**榜样示范法**。利用榜样示范法改变儿童的攻击行为有两种做法：①将有攻击行为的儿童置于无攻击行为的榜样当中，减少他们的攻击行为；②让有攻击行为的儿童观察其他儿童的攻击行为是如何受到禁止或处罚的。

（4）**角色扮演法**。利用角色扮演法改变儿童的攻击行为，要注意让他们扮演不同的角色。首先，让他们扮演攻击者的角色，并让他们说出自己扮演此角色的心理感受。其次，让他们扮演被攻击者的角色，同样让他们说出自己扮演此角色的心理感受。多次互换角色，能够提高他们自我控制冲动的能力。　（名：20辽宁师大）

考点 4　同伴关系的发展及培养　15min搞定　（论：18江汉，19海南师大、浙江师大）

1. 同伴关系的含义　（名：17湖北，23江西师大）

同伴关系是指个体在交往过程中建立和发展起来的一种个体之间的，特别是同龄人之间的一种人际关系。同伴关系存在于整个人类社会，无论是原始社会还是现代社会，个体的成长都离不开同伴。

2. 同伴关系对个体成长的作用

（1）同伴关系有利于个体社会价值的获得、社会能力的培养以及健康人格的发展。

（2）同伴可以满足个体归属与爱的需要和尊重的需要。

（3）同伴交往为个体提供学习他人反应的机会。

（4）同伴是为个体提供情感支持的来源。

3. 儿童友谊的发展阶段　（简：18哈师大）

儿童友谊的发展主要表现在亲密性、稳定性和选择性等方面。随着年龄的增长，友谊的特性也不断发展变化着。塞尔曼通过研究提出儿童友谊的发展要经历五个阶段。

年龄	关系	特点
3～7岁	尚不稳定的友谊关系	还没有形成友谊的概念，儿童间的关系只是短暂的游戏同伴关系
4～9岁	单向帮助关系	这个阶段的儿童要求朋友能够服从自己的愿望和要求，如果顺从自己就是朋友，否则就不是朋友
6～12岁	双向帮助关系	这个阶段的儿童能相互帮助，但还不能共患难。儿童对友谊的交互性有一定的了解，但带有明显的功利性
9～15岁	亲密的共享	儿童发展了朋友的概念，认为朋友之间可以分享，朋友之间应该相互信任和忠诚，同甘共苦。此阶段的儿童对朋友的要求已经发生了明显的变化，即从行为方面向品质方面转变。朋友之间的友谊开始具有一定的稳定性，可以倾诉秘密，讨论和制订行动的计划。但此阶段的朋友关系存在明显的排他性和独占性
12岁以后	友谊发展成熟	随着年龄的增长，儿童对朋友的选择性逐渐增强，由于选择朋友更加严格，所以建立起来的朋友关系的持续时间都比较长

注意：这几个阶段在年龄上有很大的重合，所以，友谊的发展阶段在年龄上不是连续的，而是有可能第一个阶段在3～7岁开始发展，而第二个阶段却是在4～9岁开始发展。

4. 良好同伴关系的培养

同伴关系对学生的社会性发展以及心理健康水平等都有重要影响。因此在实际的教学和管理活动中，教师应该有意识地帮助学生发展良好的同伴关系。

（1）**开设相关课程，进行交往技能训练**。许多学生同伴关系不良主要是因为交往技能的缺乏，通过引导学生了解、分析人际冲突的内在因素，使学生掌握非报复性冲突化解的原理与方法，培养学生对冲突事件进行自我反省的态度，提高学生以公正、非暴力的方式解决纷争的能力，有利于帮助学生建立良好的同伴关系。

（2）**丰富课堂教学交往活动**。学生在课堂的时间占了在校时间的很大比例，其交往能力主要是在学校的多种交往活动中，特别是在课堂教学中形成和发展起来的。教师应该注意为学生创造更多的交往机会，如多采用合作学习的方式增强学生的课堂交往能力，进而促进他们同伴关系的发展。

（3）**组织丰富多彩的交往实践活动**。除了课堂内的支持和引导，教师还要从交往角度设计、组织各种课外交往实践活动，满足学生内在的交往需要，让学生在真实情境中体验、学习各种交往技能，逐步树立起正确的交往观念，提高解决人际冲突的能力，最终在实践中学会交往。

（4）**培养学生的亲社会能力**。研究表明，亲社会行为和同伴接纳之间存在密切联系。个体做出的亲社会行为越多，他的同伴接纳程度越高，就越能够发展出良好的同伴关系。因此，教师可以通过培养学生的亲社会行为来促进同伴关系的发展。

凯程助记

社会性发展	含义	阶段（口诀）	影响因素	方法
亲社会行为	有益于他人和社会的行为	①自我关注与享乐；②他人需要很重要；③渴望人际与赞许；④自我投射和移情；⑤内化法律与规范	外：移情；文化；榜样；内：认知；情绪；人格	①移情反应的条件化；②直接训练；③观察学习
攻击行为	伤害和挑衅他人的行为	—	①遗传；②家庭；③环境	①消退；②隔离；③榜样；④角色扮演
同伴关系（友谊）	同龄人之间的人际关系，主要表现为友谊	①②：尚不稳定到单向帮助；③④：双向帮助到亲密共享；⑤：友谊越来越成熟	—	①课程；②教学；③活动；④亲社会能力

经典真题

>> **名词解释**

1. 社会性发展（12 浙江师大，15 北师大，20 佛山科学技术学院，21 北华、湖州师范学院，23 大理、聊城）
2. 亲社会行为（12 山西师大，21 华东师大，22 福建师大、江苏师大、23 西北师大、闽南师大、宁夏）
3. 攻击行为（21 宁波）　　　　4. 同伴关系（17 湖北，23 江西师大）

>> **简答题**

1. 简述攻击性行为的含义。（17 湖北）
2. 简述亲社会行为的习得途径。（20 浙江师大）
3. 简述儿童友谊的发展阶段。（18 哈师大）

>> **论述题**

1. 论述攻击性行为的原因和解决办法。（20 曲阜师大、中国海洋）
2. 结合儿童友谊发展的五阶段理论，论述同伴关系的发展及培养。（18 江汉、海南师大、浙江师大）

第五节　心理发展的差异性与教育

（名：12 闽南师大；简：18 宁波，19 东北师大，21 湖南；论：14 湖南）

心理发展的差异性是指每个个体有自身的独特性，世界上找不到完全相同的两个人。了解学生的个体差异，按照教学对象的不同提供不同的学习需求，是教师实施有效教学的重要条件，也有助于教师因材施教，灵活处理教育问题。

考点 1　认知差异与教育　★★★　15min搞定

（名：21 海南师大；简：10 苏州，23 聊城；论：17 河南师大、广西师大、22 淮北师大）

认知差异主要表现在认知水平的差异和认知方式的差异两个方面。

1. 认知水平的差异

认知水平的差异主要表现为智力水平的差异，而智力水平的差异，也称智能差异。心理学界有很多研究智力差异的理论，如晶体智力和流体智力理论、多元智能理论和成功智力理论，这些理论告诉我们智力存在个体差异（这些理论在第八章均会涉及）。

（1）**智力类型的差异**。它是指人在观察力、记忆力、思维能力等方面的差异。第八章的加德纳多元智能理论就深刻地说明了每个人的智力类型不同，但各类型间不存在优劣，只是各有千秋。

（2）**智力发展水平的差异**。智力发展水平的高低是通过智力测验所得到的智商来体现的。智商是智力年龄与实足年龄之间的比值。智力水平的高低，可以分为超常、正常和落后三种类型。一般来说，智力的发展是呈正态分布的，即智力超常和智力落后的人数极少，智力偏高和智力偏低的人数次之，智力中等的人数最多。

（3）**智力发展速度的差异**。智力的发展有早晚的差异。有的人是天生聪慧，在年轻时就表现出较高的智力水平，有的人则是大器晚成，在很晚的年龄才表现出较高的智力水平。如白居易10岁便写出了"野火烧不尽，春风吹又生"这样富有哲理的诗句；而英国的火车发明者斯蒂芬孙17岁还是文盲，44岁才制成了世界上第一台蒸汽机车。

（4）**智力发展有性别上的差异，但无高低之分**。心理学家的大量研究证明：男生的成绩偏于优秀和差两端，女生的成绩以中等居多，就平均成绩来看，男女没有明显差异；女性嗅觉灵敏，在声音定位、色彩辨别方面优于男性，男性在视觉和辨别方位方面的能力较强；女性叙述事情常带有浓厚的感情色彩，擅于形象思维，男性的思维具有广泛性、灵活性和创造性的特点，擅于抽象思维。

> **凯程提示**
>
> 思考：智力水平高，学生的学习成绩就一定好吗？
> 答案：不一定，智力高的学生学习成绩未必一定就好；智力低的学生学习成绩一般都不好；智力中等的学生，学习成绩有可能好，也有可能差。智力是影响学习成绩的因素之一，除此之外，还有很多因素影响学习成绩，如个体的学习动机、教学条件等。

2. 认知方式的差异（即认知类型的差异） （名：5+学校；简：19云南，21西安外国语，23山东师大）

认知方式也叫作认知风格，是指学生在加工信息时所习惯采用的不同方式，即个体在认知活动中所显示的独特而稳定的认知风格，是个体所偏爱的信息加工方式，具有持久性和一致性的特点。其主要包括知觉方式差异、记忆方式差异、思维方式差异和认知反应方式差异。

（1）**知觉方式差异**。

①根据知觉时分析和综合所占的比重，知觉方式可以分为分析型、综合型与分析综合型。

a. **分析型**：善于分析，他们容易察觉事物的细枝末节，但对事物的整体感知较差。

b. **综合型**：善于概括，但他们不善于分析感知对象的局部，而是注意观察事物的整体。

c. **分析综合型**：兼具上述两种类型的特点，即同时具有较强的分析能力和概括能力，观察时既能注意事物的整体，也能把握事物的细节，是一种较为积极的类型。

②根据知觉受外界环境影响的程度，知觉方式可以分为场独立型与场依存型。

a. **场独立型**：对客观事物做出判断时，常常以自己内部作为参照，不易受外来因素影响，习惯独立对事物做出判断。这类学生一般偏爱自然科学，学习动机以内在动机为主。

b. 场依存型：倾向于以外部环境信息为依据，个体受周围环境信息的影响较多。这类学生一般偏爱社会科学，学习动机以外在动机为主，并且更需要反馈。

(2) 记忆方式差异。

①根据记忆过程中的知觉偏好，记忆方式可以分为视觉型、听觉型、动觉型与混合型。知觉偏好是指记忆过程中哪一种感觉系统的记忆效果最好，学生就偏向于使用哪一种感官来进行学习。

a. 视觉型：主要通过视觉来学习，阅读、观察、记笔记等方式容易使他们吸取知识。对视觉型学生来说，加大阅读量，多读课外书，扩大自己的视野，在阅读的同时动手记下重难点加深记忆，可以发挥自己的优势。

b. 听觉型：偏好以听的方式学习，对于他们来说，声音含有丰富的意义，他们对语言、声响、音乐的接受能力和理解能力特别强。因此，听觉型学生能从教师或他人的讲授中吸收到更多的信息。

c. 动觉型：好动，善于通过触摸物体，如写、画、运动、动手操作来学习。

d. 混合型：实际上，绝对的视觉型、听觉型、动觉型的学习者是很少的，大多数学生都是混合型的，即使用多种感觉通道。所以，只有多种感觉通道相互协调与配合，学习效果才会更好。

②依据对信息进行加工的深度的不同，记忆方式可分为深层加工与表层加工。

a. 深层加工：指深刻理解所学内容，将所学内容与更大的概念框架联结起来，以获取内容的深层意义。深层加工有利于侧重理解的考试。

b. 表层加工：指记忆学习内容的表面信息，不将它们与更大的概念框架联结起来。表层加工有利于侧重事实学习和记忆的考试。

(3) 思维方式差异。

①根据思维的概括性，思维方式可分为艺术型、思维型与中间型。

a. 艺术型：具有知觉印象的鲜明性、记忆的形象性、高度的情绪易感性、想象的丰富性等特点。他们善于识记图形、颜色、声音等直观材料。作家、诗人、画家、演员等多属于这种类型。

b. 思维型：具有较强的分析能力、概括能力和抽象思维能力。他们在数、理、哲等学科方面有优势，善于抽象分析、逻辑推理。

c. 中间型：处于艺术型和思维型之间，兼具二者的特点。在现实生活中，艺术型和思维型的人数较少，大多数人都属于中间型。

②根据学习策略的差异，思维方式可分为整体性策略与系列性策略。尽管学生所采用的策略完全不同，但在学习任务结束时都能达到同样的理解水平。

a. 整体性策略：指对整个问题所涉及的各个子问题的层次结构以及自己将采取的方式进行预测。他们的视野比较宽阔，但很可能遗漏掉他们自认为不重要的部分。

b. 系列性策略：通常按逻辑顺序一步一步地解决问题。但有些采用系列性策略的学生不能对知识形成比较完整的概貌。

(4) 认知反应方式差异。

根据认知速度和情绪反应的差异，认知反应方式可分为反思型和冲动型。反思型和冲动型的学生主要在问题解决、使用认知策略、学习三个方面存在差异。

①**反思型**：在碰到问题时倾向于深思熟虑，用充足的时间考虑、审视问题，权衡各种问题解决的方法，然后从中选择一个最佳方案，因而错误较少。

②**冲动型**：倾向于很快地检验假设，根据问题的部分信息或未对问题做透彻的分析就仓促做出决定，反应速度较快，却容易发生错误。

3. 认知差异的教育意义

针对认知差异，不管是认知水平的差异，还是认知方式的差异，教育都要因材施教，具体教育方式如下：

(1) 针对认知水平的差异。

①**按能力分组，进行因材施教**。教育者必须针对学生在智力上的个别差异进行因材施教，解决这个问题的方法之一就是能力分组。能力分组一般是以学生的智力和学业成绩为依据，将同一智力水平或同一学业成绩的学生分为一组，并采用适合他们的教育内容和教育方式。

②**设置不同的教育目标**。针对智力超常的学生，其教育目标是进行多元智能的充分开发，对其进行高学历教育和个性优化教育。针对智力落后的学生，其教育目标是根据智力落后的类型来确定的：对于轻度智力落后学生，其教育目标是通过训练使其能够掌握较高的生活能力，较好地适应社会生活；对于中度智力落后学生，其教育目标是通过训练使其能够掌握一些简单的生活技能和社交能力；对于重度智力落后学生，其教育目标是通过训练使其掌握一些简单的生活技能。

③**选择不同的教育方式**。针对不同智力类型的学生要采用不同的教育方式，做到因材施教。

(2) 针对认知方式的差异。

①**教师应该帮助学生识别自己的认知方式**。不同的认知方式具有不同的学习特点。首先，在课堂教学中，教师要经常给出与认知方式相关的知识。其次，教师要帮助学生明确每种认知方式的优势和不足，并指出针对不同认知方式的优势和劣势应该采用不同的学习方式和学习策略。最后，针对学习者的反馈，帮助他们解决所遇到的困难。

②**教师要明确适应认知方式的两类教学策略**。a. 匹配策略：采用与学生认知方式一致的教学策略。b. 失配策略：采取学生缺乏的认知方式进行教学，这是一种弥补性的教学策略。

③**教师要调整自己的教学风格，提供多模式教学**。学生认知类型的多样性要求教师必须改变单一的教学风格，采用多种教学方法，组织多样化的教学活动来满足和弥补不同学习者的需要。

考点 2　人格差异与教育 15min搞定

（名：16闽南师大；辨：21广州；简：12湖南，17内蒙古师大，21临沂；论：5ⁿ学校）

人格差异是指个人在稳定的心理特征方面的差异，具体表现在性格和气质上。

1. 在教学活动中，根据学生的性格差异，主要分为内向型和外向型

在学习动机上，外向型学生偏爱外在动机；内向型学生注重内在动机。在学习习惯上，外向型学生虽然头脑比较灵活，但比较浮躁，不扎实；内向型学生往往能严格要求自己，认真学习，持之以恒，其意志力和坚韧性较强。在学习方式上，外向型学生比较喜欢探索性、归纳性、大步骤的知识讲授方式；内向型学生偏好支持性、演绎性、小步骤的知识讲授方式。

2. 根据不同的人格气质，因势利导

气质类型	对应的高级神经活动类型	气质类型特点	教育方式
胆汁质	兴奋型	直率热情，精力旺盛，好冲动，但暴躁易怒，脾气急，热情忽高忽低，喜欢新环境带来的刺激	鼓励积极方面，如勇于进取、爽朗、敢为等品质；同时严格要求，帮助他们养成遵守纪律、约束自己任性和粗暴行为的习惯，生活上给予需要耐心的任务，学习上布置有难度的学习任务
多血质	活泼型	活泼好动，反应迅速，热爱交际，能说会道，适应性强，具有明显的外向倾向，粗枝大叶	引导他们积极参与各项活动，给予需要耐力和持久性的任务，给予及时反馈和奖励，培养专一、坚持、踏实和耐劳的品质
黏液质	安静型	安静、稳重、踏实，反应较慢，交际适度，自制力强，话少，适于从事细心、程序化的学习，表现出内倾性，可塑性差，有些死板，缺乏生气	放手让他们参与班级的管理工作，培养集体荣誉感和助人为乐的品质；学习上给他们充分考虑的时间；教学上鼓励一题多解，拓宽思路，培养思维的灵活性和创造性
抑郁质	抑郁型	行为孤僻，不善交往，易多愁善感，反应迟缓，适应能力差，容易疲劳，性格具有明显的内倾性	鼓励他们积极参与学校和班级的活动，增强他们的情绪稳定性和自信心；生活中注意保护他们的自尊心，给予足够的耐心；学习上帮助他们制订合理的学习计划，激发他们的学习动机

3. 人格差异的教育意义

（1）**教师应具备心理学的知识，以培养学生完整健康的人格**。心理学研究人格差异，就是为了在教育和心理治疗方面为教师提供心理依据。培养学生良好的健全人格，是学校教育义不容辞的责任。

（2）**在活动中培养良好的人格**。学校应该开展丰富的活动，在活动中发挥每个学生的性格优势，促使大家做好优势互补和相互观摩，彼此塑造良好的人格。

（3）**在集体中形成良好的人格**。良好的集体氛围能够陶冶学生的情操，优秀的集体成员具备非常显著的榜样作用，二者都能在无形和有形中使学生形成良好的人格。

（4）**提高学生的自我教育能力**。要培养学生形成良好的人格，学生自身的作用是必不可少的。提高学生的自我教育能力，主要包括四个方面的内容：①提高学生的认知水平及道德判断和推理能力；②自我体验的深化；③自我控制的监督；④进行主体内省。

（5）**依据学生人格类型的不同，做到因材施教**。学生的人格类型存在很大的差异。因此，教师要充分、准确地了解学生的人格类型，做到因材施教。

考点 3　性别差异与教育　15min搞定　（名：21青海师大；论：13华南师大，15宁波，22聊城）

1. 性别差异的原因（必要补充知识点）

（1）**最新研究表示，两性之间的很多行为差异源自男性和女性的不同生活经历，其中包括社会观念和成人对不同性别类型行为的强化**。社会对不同性别的个体的期望和要求不同，造成了性别差异。如社会大众普遍认为女性性格就应该是温柔的，学习上是擅长文科的；男性就应该是坚强的，学习上是擅长理科的。个体的一生都在持续进行性别角色的社会化，接受并做出被社会大众认可的性别角色行为。

（2）学校教学中普遍存在性别偏见（也叫性别刻板印象）。教师在教学中无意识地存在性别偏见，如教师更容易让女生参加跳舞比赛，让男生参加实践能力比赛；教师对犯错误的男生总是严厉批评，对犯错误的女生却是点到为止；课本中科学家的插图人物总是男性，做家务的插图人物总是女性；等等。

2. 认知上的性别差异

（1）在空间知觉上， 从13岁开始，男性的空间知觉能力明显优于女性。

（2）在感官发展上， 女性触觉、嗅觉、痛觉的感受性不同于男性，女性的知觉速度较快，对声音的辨别、定位及颜色色调的知觉优于男性；而男性在接受外来信息时，发达的视觉通道弥补了其他通道的不足。

（3）在记忆发展上， 女性的机械记忆能力强，短时记忆广度超过男性；男性的理解记忆、长时记忆优于女性。

（4）在思维发展上， 男性和女性的思维发展总体上是平衡的，但不同年龄阶段发展的速度及水平不一致。学龄前女孩略高于男孩，但差异不显著，小学到初一差异逐渐明显。初二以后，男孩的思维发展速度迅速赶上并超过女孩，并出现明显的具有两性特色的思维优异发展的差异，女性倾向于形象思维或思维的艺术型，男性倾向于抽象思维或思维的抽象型。

3. 人格上的性别差异

（1）性格特征的性别差异。研究表明，小学阶段，学生的性格特征并无显著的性别差异，但到了中学阶段，学生逐渐形成了对现实的稳固的态度和习惯了的行为方式，并表现出性别差异。

（2）学习兴趣的性别差异。一般来说，小学阶段，男生对数学、体育和美术的兴趣超过女生，女生对语文、英语和音乐的兴趣超过男生。中学阶段，男生对数学、物理、化学等理科的兴趣超过女生，女生对语文、外语、政治、历史等文科的兴趣超过男生。研究发现，在课外阅读兴趣上存在性别差异，一般从小学六年级开始分化，到初中三年级出现明显差异，而后到了高中二年级，其差异又渐小至不明显。

（3）学习动机的性别差异。研究发现，小学阶段，女生在成就性动机、认知性动机上都显著高于男生；男生在附属性动机上显著高于女生，其中为满足家长的要求和监督、为执行教师指示而学习因素的差异非常显著。中学阶段，男生的成就性动机及其所含的竞争性、新奇性因素显著高于女生，女生的成功性因素、认知性动机中的获取知识因素显著高于男生；威信性动机和班级威信因素女生略高于男生，他人尊重、社会影响因素男生略高于女生，附属性动机和执行教师要求、挣大钱因素男生显著高于女生。

（4）学习归因的性别差异。一般来说，女生比男生更容易把失败的原因归结为自己内部的因素，如努力程度不够、自己的学习能力较低等；男生则更多地把失败的原因归结为外部环境的因素，如学习内容太困难、学习任务重、教师的教学方法有问题等。

4. 性别差异的教育意义

（1）教育要因势利导，发挥不同性别的优势。心理的性别差异是遗传的生物学因素和后天的环境、教育因素相互作用的结果。环境和教育对性别差异的形成起主导性作用。因此，提供良好的环境条件和施行科学的、正确的教育，可以使两性在心理发展中充分发挥各自的优势，克服劣势，促进人的全面发展。

（2）教师要避免性别偏见。身为教师，要尽可能打破性别偏见，鼓励学生冲破社会固化思维的牢笼，展现自己的个性，尤其要鼓励女生勇敢应对挑战，迎接自己的人生。要真正做到在教学过程中尊重不同性别的学生，并贯彻男女平等的教育价值观。

类型	差异表现		教育方式
认知差异	认知水平	(1) 智力类型的差异。 (2) 智力发展水平的差异。 (3) 智力发展速度的差异。 (4) 智力发展有性别上的差异，但无高低之分	(1) 按能力分组，进行因材施教。 (2) 设置不同的教育目标。 (3) 选择不同的教育方式
	认知方式	(1) 知觉方式：①分析型、综合型与分析综合型；②场独立型与场依存型。 (2) 记忆方式：①视觉型、听觉型、动觉型与混合型；②深层加工与表层加工。 (3) 思维方式：①艺术型、思维型与中间型；②整体性策略与系列性策略。 (4) 认知反应方式：反思型与冲动型	(1) 教师应该帮助学生识别自己的认知方式。 (2) 教师要明确适应认知方式的两类教学策略：匹配策略、失配策略。 (3) 教师要调整自己的教学风格，提供多模式教学
人格差异		(1) 性格差异：内向型与外向型。 (2) 气质差异：胆汁质、多血质、黏液质、抑郁质	(1) 培养完整健康的人格；(2) 在活动中培养人格；(3) 在集体中形成人格；(4) 提高学生的自我教育能力；(5) 因材施教
性别差异		(1) 认知上：空间知觉、感官发展、记忆发展、思维发展。 (2) 人格上：性格特征、学习兴趣、学习动机、学习归因	(1) 教育要因势利导，发挥不同性别的优势。 (2) 教师要避免性别偏见

经典真题

名词解释

1. 学习风格／认知类型／认知方式／认知风格（18 山东师大，19 华东师大、杭州师大、云南，21 南宁师大，22 渤海，23 云南师大、新疆师大、上海师大）
2. 心理发展差异（18 闽南师大）　　　　3. 人格差异（16 闽南师大）
4. 发散思维（21 海南师大）　　　　　　5. 刻板印象（21 青海师大）
6. 气质（10 广西师大）

辨析题

1. 场独立型的人适合学习人文知识，场依存型的人适合学习数理知识。（16 山东师大）
2. 从几种气质类型的特点来看，多血质和黏液质是比较好的气质类型。（10 河北师大）

简答题

1. 简述学习者的个体差异。（12 湖南，18 宁波，19 东北师大）
2. 简述人格差异的教育策略。（17 内蒙古师大，21 临沂）
3. 简述认知差异与教育。（10 苏州，17 河南师大，23 山东师大）
4. 简述心理发展的差异。（18 宁波、东北）
5. 简述针对认知水平有差异的学生，教师应该如何进行教学。（23 聊城）

>> **论述题**

1. 论述人格差异与教育的关系。(16 广西师大，17 内蒙古师大，19 宝鸡文理学院)
2. 论述人格与行为上的性别差异。(13 华南师大)
3. 如何针对认知方式的差异进行教育？(17 河南师大、广西师大，21 广州)
4. 论述心理发展的差异。(14 湖南，15 宁波)
5. 结合实际谈谈教育工作者应该如何根据学生的气质特征采取有效的教育方法。(10 河南，16 河北师大)
6. 结合你的经历和认识谈谈性别差异并回答如何针对学生的性别差异进行教育。(22 聊城)
7. 论述因材施教的教育心理学依据。(22 湖南科技)
8. 某中学给学生做了心理测试，划分为场独立型和场依存型人格，A 老师建议给班主任也做测试来划分类型，同类老师、学生分到一个班级更合拍。请从个别差异和因材施教的角度来评价 A 老师的建议。(22 北师大)
9. 论述学生认知差异的表现及其教育对策。(22 淮北师大)

第三章 学习及其理论[1]

考情分析

图例：选 名 辨 简 论

第一节 学习概述
- 考点1 学习的实质　　25 1
- 考点2 学习的种类　　2 4
- 考点3 学习的特点　　1 1 3

第二节 行为主义的学习理论
- 考点1 巴甫洛夫的经典性条件作用说　　3
- 考点2 华生对经典性条件作用的发展
- 考点3 桑代克的联结说　　22 1
- 考点4 斯金纳的操作性条件作用说　　21 4 6
- 考点5 班杜拉的观察学习理论及其教育应用　　15 17 6

第三节 认知主义的学习理论
- 考点1 布鲁纳的认知—发现说　　1 41 14 10
- 考点2 奥苏伯尔的有意义接受说　　75 37 14
- 考点3 加涅的信息加工学习理论　　2 1 6 8

第四节 人本主义的学习理论
- 考点1 罗杰斯的自由学习观　　1 7 3
- 考点2 以学生为中心的教学观　　1 6 4
- 考点3 人本主义学习理论的应用　　1 2
- 考点4 人本主义学习理论的评价　　5

第五节 建构主义的学习理论
- 考点1 建构主义的思想渊源与理论取向
- 考点2 建构主义学习理论的基本观点　　51 61 41
- 考点3 认知建构主义学习理论与应用
- 考点4 社会建构主义学习理论与应用　　9 13 2

横轴：20　40　60　80　100　120　频次

333考频

---

[1] 本章主要参考陈琦、刘儒德的《当代教育心理学》（第3版）第四章至第七章。部分内容参考冯忠良的《教育心理学》（第三版）第五章至第九章和张大均的《教育心理学》（第三版）第三章。

第三章 学习及其理论

知识框架

- 学习及其理论
  - 学习概述
    - 学习的实质 ⭐⭐⭐⭐⭐
    - 学习的种类 ⭐⭐⭐
    - 学习的特点 ⭐⭐⭐⭐⭐
  - 行为主义的学习理论
    - 巴甫洛夫的经典性条件作用说 ⭐⭐⭐
      - 巴甫洛夫的经典实验：狗分泌唾液实验
      - 巴甫洛夫对经典性条件作用说的界定
      - 经典性条件作用的主要规律
      - 教育应用与评价
    - 华生对经典性条件作用的发展 ⭐⭐⭐
      - 华生的经典实验：婴儿恐惧形成实验
      - 学习的实质：通过刺激—反应联结形成习惯
      - 学习的主要规律
      - 华生关于经典性条件作用的教育应用与评价
    - 桑代克的联结说 ⭐⭐⭐
      - 桑代克的经典实验：饿猫打开迷笼实验
      - 学习的实质：桑代克的"联结—试误说"
      - 学习的主要规律
      - 教育应用
      - 评价
    - 斯金纳的操作性条件作用说 ⭐⭐⭐⭐
      - 斯金纳的经典实验：白鼠的操作性条件作用实验
      - 学习的实质
      - 操作性条件作用的主要规律
      - 教育应用：程序教学与行为矫正
      - 评价
    - 班杜拉的观察学习理论及其教育应用 ⭐⭐⭐⭐
      - 班杜拉的经典实验与发现：赏罚控制实验
      - 学习的实质
      - 观察学习的基本过程与条件
      - 观察学习理论的教育应用
  - 认知主义的学习理论
    - 布鲁纳的认知—发现说 ⭐⭐⭐⭐⭐
      - 认知学习观
      - 结构教学观
      - 发现学习
      - 布鲁纳的认知—发现说对教育的启示
    - 奥苏伯尔的有意义接受说 ⭐⭐⭐⭐
      - 有意义学习的实质和条件
      - 认知同化理论
      - 先行组织者策略
      - 接受学习的界定与评价
      - 教育应用
    - 加涅的信息加工学习理论 ⭐⭐⭐⭐
      - 学习的信息加工模式
      - 学习阶段与教学设计

```
                                        罗杰斯的自由学习观
                         人本主义的学习理论  以学生为中心的教学观
                                        人本主义学习理论的应用
                                        人本主义学习理论的评价

                         建构主义的思想渊源与理论取向

                                              知识观
          学习及其           建构主义学习理论   学生观
          理论              的基本观点        学习观
                 建                           教学观
                 构
                 主                           认知建构主义学习理论的内涵
                 义                                              激进建构主义
                 的         认知建构主义学      三种典型的认知建   生成学习理论
                 学         习理论与应用        构主义学习理论     认知灵活性理论
                 习
                 理                           认知建构主义学习理论的应用
                 论
                                              社会建构主义学习理论的内涵
                           社会建构主义学      两种典型的社会建    文化内化与活动理论
                           习理论与应用        构主义学习理论     情境性认知与学习理论
                                              社会建构主义学习理论的应用
```

考点解析

第一节　学习概述

考点 1　学习的实质　3min搞定　（名：10+ 学校；简：22 安徽师大）

1. 学习的含义

学习是个体在特定情境下由于练习或反复经验而产生的行为或行为潜能的比较持久的变化。

2. 学习的实质

（1）**学习的发生是由经验引起的**。学习产生于个体亲自参与某种活动或观察其他个体的活动，进而引起经验的变化。

（2）**学习导致行为或行为潜能的变化**。由学习导致的变化有时立即反映在行为变化上，有时则需要经过很长时间才能反映在行为变化上。

（3）**行为的变化不等同于学习的存在**。个体的行为变化不仅可以由学习引起，也可以由本能、疲劳、适应和成熟等引起，而学习导致的行为变化是比较持久的，这种变化会使行为水平提高。

（4）**学习不等同于表现**。学习所带来的行为变化往往通过行为表现出来，个体的表现不仅由学习引起，还会由其他方面引起。

(5) **学习是一个广义概念**。它不仅是人类普遍具有的，也是动物所具有的。它不仅包括有组织的知识、技能、策略等的学习，也包括态度、行为准则等的学习。

3. 学习的作用

(1) **学习是机体和环境取得平衡的条件**。动物为了适应变化的环境，需要学习；而人不仅要适应环境，还要改造环境，使环境更好地为人类服务，这就更需要学习。所以，学习是机体与其环境取得平衡的必要条件。

(2) **学习可以影响成熟**。在学习进程中，随着经验的丰富，大脑皮层表征会发生相应的变化，进而影响成熟。

(3) **学习能激发人脑智力的潜力，从而促进个体心理的发展**。有些人在小时候的学习成绩和能力水平都很差，但后来他们都成为伟人，有了很高的智力水平和伟大成就。这是因为学习把他们大脑中的潜能激发了出来。

考点 2　学习的种类　★★★ 20min搞定　（简：13 湖南科技，21 福建师大）

1. 学习主体分类

学习按主体不同，可以分为动物学习、人类学习、机器学习。

2. 学习水平分类

加涅按学习的繁简水平不同，提出了八类学习。

(1) **信号学习**：个体学习对某种信号做出某种反应，其过程是刺激—强化—反应（经典性条件作用）。

(2) **刺激—反应学习**：在一定情境下，个体做出反应，然后得到强化，其过程是情境—反应—强化（操作性条件作用）。

(3) **连锁学习**：一系列刺激—反应的联合。

(4) **言语联想学习**：由言语单位所联结的一系列刺激—反应的联合。

(5) **辨别学习**：个体学会识别多种刺激的异同，并对它们做出不同的反应。

(6) **概念学习**：个体对刺激进行分类时，学会对一类刺激做出同样的反应，也就是对事物的抽象特征的反应。

(7) **规则（原理）的学习**：规则指两个或两个以上概念的联合，规则学习即个体了解两个或两个以上概念之间的关系。

(8) **解决问题的学习**：又叫高级规则的学习，在各种情况下，个体使用所学规则解决问题。

凯程助记

助记 1：

(1) 信号学习：刺激—强化—反应

(2) 刺激—反应学习：情境—反应—强化 —一系列→ (3) 连锁学习 —言语联结→ (4) 言语联想学习

(5) 辨别学习：识别，做出不同反应

(6) 概念学习：分类，做出同样反应 —了解多个联系→ (7) 规则的学习 —应用→ (8) 解决问题的学习

助记 2： 心机所言，别改原题——信号学习、刺激—反应学习、连锁学习、言语联想学习、辨别学习、概念学习、规则（原理）的学习、解决问题的学习。

3. 学习性质与形式分类 (选：13、15陕西师大，21陕西理工)

奥苏伯尔根据两个维度，对认知领域的学习进行了分类。

（1）根据学习的形式，分为接受学习和发现学习。

（2）根据学习的性质，即学习材料与学习者原有知识的关系，分为机械学习和有意义学习。

这一分类表明学习的形式不等同于学习的性质，接受学习不一定是机械的，发现学习不一定是有意义的。

	接受学习	有指导的发现学习	独立的发现学习
有意义学习	弄清概念之间的关系	听导师精心设计的指导	科学研究
	听讲演或看材料	学校实验室实验	例行的研究或智慧的"生产"
机械学习	记乘法表	运用公式解题	尝试与错误"迷宫"问题解决

奥苏伯尔的学习性质与形式分类

4. 学习结果分类 (简：21哈师大、苏州)

加涅认为，学习结果就是各种习得的能力或性情倾向，可以分为五种类型。

（1）言语信息的学习： 解决"是什么"的问题。言语信息指有关事物的名称、时间、地点、定义以及特征等方面的事实性信息。学习者掌握的是以言语信息传递（通过言语交往或印刷物的形式）的内容，或者学习者的学习结果是以言语信息表达出来的。学习者得到的不仅是个别的事实、概念等信息，还是对信息赋予意义、组织成系统的知识。 (简：10重庆师大)

举例：学习用语言传达的一切知识，如学习皮亚杰提出的认知发展阶段理论。

（2）智慧技能的学习： 解决"怎么做"的问题。智慧技能指个体运用符号或概念与环境交互作用的能力。按学习中所包含的心理运算的复杂程度，智慧技能由低到高依次是辨别—概念—规则—解决问题。 (辨：18重庆师大)

举例：学习下棋、心算。

（3）认知策略的学习： 认知策略指个体调控自己的注意、学习、记忆和思维等内部心理过程的技能。简单地说，认知策略就是学习者用来管理其学习过程的方式。 (辨：18重庆师大)

举例：画出本章知识框架；标记出本文中的重点句子。

（4）态度的学习： 态度影响个体对人、事和物采取行动的内部状态。加涅提出了三类态度：①对家庭和其他社会关系的认识；②对某种活动所表现出来的积极的、喜爱的情感；③有关个人的品德方面，如爱国等。

举例：培养对学习的热情；对他人表现出友好；对社会表现出关爱与责任。

（5）动作技能的学习： 动作技能又称运动技能，指个体通过身体动作的质量（敏捷、准确、有力和连贯等）不断改善而形成的整体动作模式。（本书第六章有详细讲解，故此处不展开介绍。）

举例：骑自行车、修鞋子等。

> **凯程助记**
> 请考生关注教育心理学的章节名称，当你学完下列章节内容后，就会发现这样的规律：
> 第五章：知识的学习——言语信息属于知识的范畴。
> 第六章：技能的形成——技能包含动作技能和智慧技能。
> 第七章：学习策略及其教学——学习策略之一是认知策略。
> 第九章：社会规范学习与品德发展——品德的下属内容是态度。
> 可见，加涅的学习结果分类与教育心理学的章节相对应，这样理解，记忆过程就会变得轻松。
>
> **凯程提示**
> 在学习的分类中，考生应特别注意加涅和奥苏伯尔的学习分类。

考点3　学习的特点　3min搞定　（简：10+ 学校；论：13 闽南师大，16 西华，21 辽宁师大）

1. 接受学习是学习的主要形式

学生的学习是在教师的指导下，有目的、有组织地在较短时间内接受前人所积累的文化科学知识，并以此来促进自己发展和完善的过程。接受学习是学生学习的主要途径。在教师的合理指导下，学习者可以尽快在较短时间内掌握大量的知识。

2. 学习过程是主动构建的过程

学生的学习必须通过一系列的主动构建活动来接受信息，形成经验结构或心理结构，这意味着学习是主动构建意义的自主活动，而不是被动地接受刺激。因此，教师必须重视学生学习动机、学习兴趣的培养，教会学生学会学习，促进学生主动构建知识。

3. 学习内容的间接性

在经验传递系统中，学生主要是接受前人的经验，而不是亲自去发现经验，因此，所获得的经验具有间接性。在知识爆炸的今天，如何在有限的学习时间内让学生学到最重要的知识，这关系到教学内容的取舍、教材的改革。

4. 学习的连续性

学生的学习是一个连续的过程，这表现在前后学习相互关联。当前的学习与过去的学习有关，同时也将影响以后的学习。可以说，前面的学习为后面的学习奠定基础，而后面的学习又是前面学习的补充和发展。

5. 学习目标的全面性

学生的学习不但要掌握知识经验和技能，还要发展智能，以及形成行为习惯、培养道德品质、促进人格发展。教学的目标不仅是掌握知识、技能、学习策略，以及发展问题解决能力和创造性，而且要重视学生道德品质和健康心理的培养。

6. 学习过程的互动性

学生的学习是相互作用的过程。师与生、生与生之间的互动质量对学习质量有十分明显的影响。通过社会互动可以促进学习者的意义构建，发展学生的合作意识和能力，改善师生关系、同学关系。重视教学中的社会互动，倡导合作学习、交互教学是当前教学改革的重要趋势。

经典真题

▶▶ 名词解释

1. 学习（11、12 扬州，11、19 西华师大，12 浙江师大、沈阳师大、中山，13、15 陕西师大，14 闽南师大，15 江西师大、集美，17 中国海洋、宁夏，17、18 曲阜师大，18 首师大，19 汕头，21 沈阳、江西科技师大、南宁师大，22 延安、宝鸡文理学院，23 淮北师大）

2. 学习的结构（21 阜阳师大）　　　　3. 内隐学习（22 大理、宁夏，23 天水师范学院）

▶▶ 简答题

1. 简述学习结果分类。（16 青岛，19 宁波，21 哈师大、苏州）
2. 简述学生学习的特点。（10 闽南师大、沈阳师大、河南师大，13 西华师大、山东师大，14 吉林师大，14、18 扬州，15 哈师大，20 上海师大、山西）
3. 简述学习的本质。（22 安徽师大）

▶▶ 论述题　论述学生学习的特点。（13 闽南师大，16 西华，21 辽宁师大）

第二节　行为主义的学习理论　（名：21 温州）

考点 1　巴甫洛夫的经典性条件作用说 ☆☆☆ 60min搞定　（名：11 华南，15 闽南师大，21 江南，23 苏州；论：17 山西师大）

巴甫洛夫是俄国生理学家、心理学家、医师、高级神经活动学说的创始人，也是俄国第一个获得诺贝尔奖的科学家。他利用狗分泌唾液的实验，最早提出了经典性条件作用说。

1. 巴甫洛夫的经典实验：狗分泌唾液实验

（1）实验过程的通俗描述。

图 1：给狗喂食的时候它就会分泌唾液，这是很常见的生理反应，叫作无条件反应。

图 2：给狗一个铃声，它不会分泌唾液，我们能让狗听到铃声就分泌唾液吗？

图 3：如果在给狗食物的同时响铃，多次同步呈现食物和铃声，奇妙的事情发生了。

图 4：如果不给狗食物，只给铃声，它也会意识到食物要来了，开始分泌唾液。

结论：狗学会了铃声的意义，响铃就会有食物，铃声引起了分泌唾液的生理反应。人类很多行为的习得都是建立在无条件反应的基础上的，正因为有无条件反应，我们才有可能学会丰富的行为。

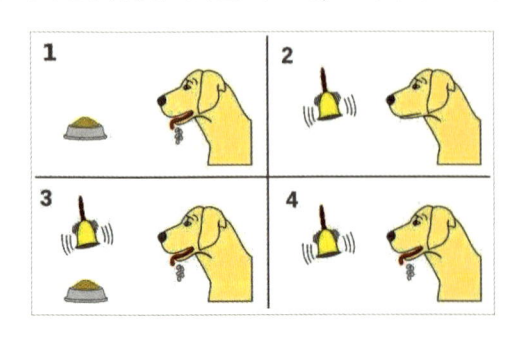

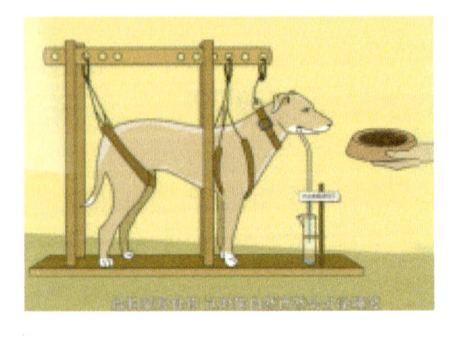

(2) 实验过程中的专业术语。

①**刺激（S）**：激活行为的事件。刺激分为无条件刺激（US）、中性刺激（NS）和条件刺激（CS）。

a. 无条件刺激：像食物这样能自动引起生理或情绪反应的刺激。

b. 中性刺激：像铃声这样原本不能引起生理或情绪反应的刺激。

c. 条件刺激：食物与铃声的多次结合，促使铃声也引起了生理或情绪反应，即条件作用形成后能够引起生理或情绪反应的刺激。

②**反应（R）**：可以观察到的对刺激的回应行为。反应分为无条件反应（UR）和条件反应（CR）。

a. 无条件反应：无须训练和经验而自动出现的生理或情绪反应，如食物引起唾液分泌。

b. 条件反应：需要训练和经验而习得的对中性刺激做出的反应，这就是经典性条件作用。如训练正在吃食物的狗听铃声，狗就会对单独听到铃声做出唾液分泌的反应。

2. 巴甫洛夫对经典性条件作用说的界定

经典性条件作用也叫作经典性条件反射，指一个中性刺激与一个原来就能引起某种反应的无条件刺激相结合，而使人或动物学会对中性刺激做出反应。巴甫洛夫的经典性条件作用可以概括为人们的行为是通过刺激—反应联结（即 S—R 联结）形成的。

3. 经典性条件作用的主要规律 （简：15 闽南师大，21 温州；论：21 临沂）

(1) 习得与消退。

①**习得**：将条件刺激和无条件刺激同时或近乎同时地多次呈现，使有机体获得二者之间的联系。

举例：多次在呈现苹果的同时呈现单词"apple"，学生就会记住苹果的英文是"apple"。

②**消退**：条件作用形成后，反应行为得不到无条件刺激的强化，原先建立的条件反射将会减弱并且逐渐消失。

举例：对以铃声为条件刺激而形成唾液分泌条件作用的狗只给铃声，不给食物强化，重复多次后，铃声引起的唾液分泌量将逐渐减少，甚至完全没有。

(2) 泛化和分化。

①**泛化**：条件作用形成后，机体对与条件刺激相似的刺激做出条件反应。（名：22 江西师大）

举例：用 500Hz 的音调与进食相结合来建立唾液分泌条件作用，在实验初期，许多其他音调也可以引起唾液分泌条件作用。

②**分化**：只对条件刺激做出条件反应，而对其他相似的刺激不做出条件反应。（名：12 河北）

举例：只对 500Hz 的音调进行强化，对近似的刺激不予强化，重复多次后，动物只对 500Hz 的音调产生唾液分泌条件作用，而对其他近似刺激产生抑制效应。

(3) 高级条件作用。

高级条件作用：由一个已经条件化的刺激来使另外一个中性刺激条件化的过程。

举例：当狗对响铃产生条件作用时，同时再给它另外一个中性刺激，比如灯光，几次之后，不响铃，仅仅给灯光，狗也会分泌唾液。

(4) 两个信号系统理论。（简：21 温州）

①**第一信号系统的刺激**：凡是能够引起条件反应的物理性的条件刺激。

②**第二信号系统的刺激**：凡是能够引起条件反应的以语言符号为中介的条件刺激。人类学习与动物学习的本质区别在于有了以语言为主的第二信号系统。

举例："谈虎色变"，人并没有见到虎的具体形象，但一个"虎"字就使人脑联想到具体的虎，引起恐惧的心理反应。

4. 教育应用与评价

巴甫洛夫的经典性条件作用说还没有应用到教育领域中，但已经启发了其他学者对学习的思考。后来，心理学家华生将经典性条件作用迁移到教育领域，用来解释很多学习现象，分析学生的学习问题，甚至用经典性条件作用矫正学生的不良行为。

> **凯程提示**
>
> 习得、消退、泛化、分化都有可能考查名词解释，或给出例子让考生判断该行为属于习得还是消退，只要考生牢牢把握定义，就可以回答正确。考生还要注意区分泛化和分化。

考点 2　华生对经典性条件作用的发展（补充知识点）① ★★★ 30min搞定

华生是美国心理学家，行为主义心理学的创始人。他认为心理学研究的对象不是意识而是行为，主张研究行为与环境之间的关系。1913年，华生首先打出行为主义心理学的旗帜，是美国第一个将巴甫洛夫的研究作为学习理论基础的心理学家。在华生看来，人类出生时只有几个无条件反射（打喷嚏、膝跳反射等）和情绪反应（惧、爱、怒等）。所有其他行为都是通过条件作用建立新的刺激—反应（S—R）联结而形成的。

1. 华生的经典实验：婴儿恐惧形成实验

华生用条件作用的原理做了一个恐惧形成实验：研究者给婴儿一只小白兔，婴儿原本是很开心的（如图a），但当婴儿快碰到兔子时，研究者就给出一种尖锐的声音，让婴儿感到害怕（如图b）。几次后，婴儿只要看到小白兔就开始害怕（如图c），到后来，婴儿不仅怕小兔子，还怕白胡子、小白鼠，甚至只要是白色的东西他都害怕（如图d）。很多研究者都认为用婴儿来做这一实验违背了伦理原则。

2. 学习的实质：通过刺激—反应联结形成习惯

该实验的结论说明人类的学习中存在刺激—反应联结，即S—R联结。根据这一实验，华生提出，学习就是以一种刺激替代另一种刺激建立条件作用的过程。学习的实质就是通过建立条件作用，形成刺激与反应之间联结的过程，从而形成习惯。可见，华生将生物界中普遍存在的S—R联结迁移应用于人类的学习领域。

3. 学习的主要规律

习惯的形成遵循频因律（多次）和近因律（近时）。

（1）**频因律：** 在其他条件相等的情况下，某种行为练习的次数越多，习惯形成得就越迅速。

举例：父母每天都给孩子强调进门换鞋并把鞋子摆好，孩子的这种行为练习达到一定次数，就形成了良好的回家换鞋、摆鞋的行为习惯。

（2）**近因律：** 当反应频繁发生时，最新近的反应比较早的反应更容易得到强化。

举例：小明一直都有看书的习惯，由于近期生病了，父母要他多睡觉休息，病好后，小明看书的时间好像减少了，而睡懒觉的时间却增多了，因为小明父母强化了睡懒觉这个最新近的反应。

---

① 华生是在巴甫洛夫的基础上对经典性条件作用进行了进一步发展，凯程建议考生综合巴甫洛夫和华生的理论观点更全面地学习有关经典性条件作用的知识。

4. 华生关于经典性条件作用的教育应用与评价

（1）**解释教育中很多基本的学习现象**。例如，在学校，一些学生可能不喜欢外语，因为他们将外语与被要求在课堂上翻译句子或回答提问这样不愉快的经验联系了起来。他们因在全班同学面前回答不出来问题而感到难堪。这导致了他们对外语的焦虑，形成了对外语恐惧的条件作用。

（2）**在一定程度上调控学生的行为，促进学生进行一些基本的、简单的学习**。我们可以通过各种方法提高积极行为发生的概率，使期望的行为从较少发生变得较多发生或从无到有地培养新行为。

（3）**进行心理治疗，可以矫正学生的偏差行为，消除学生对某些事物的恐惧**。我们可以通过厌恶法和系统脱敏法等降低问题行为发生的概率，矫正学生的一些偏差行为，也可以消除学生对于一些事物的恐惧。

①**厌恶法**：指让不良行为者进行过量的相关活动，或对不良行为者提供过量的负性强化物，从而使问题行为得到削弱或戒除。如教师为了减少学生经常去网吧的行为，每天在班上反复宣讲网吧中乌烟瘴气的环境、一些不良语言与行为以及上网后头昏脑涨、视力下降、精神萎靡等信息，让学生在反复的刺激中对网吧产生厌恶心理。

②**系统脱敏法**：指诱导求治者缓慢地暴露出导致焦虑、恐惧的情境，并通过心理的放松状态来对抗这种焦虑、恐惧的情绪，从而达到消除焦虑或恐惧的目的。如小明害怕白鼠，心理医生让小明从想象白鼠开始，再到看白鼠的视频、隔着玻璃看白鼠，最后到摸白鼠，逐渐矫正了小明害怕白鼠的心理。

（4）**局限：这一学说只能应用于比较简单的学习过程，并不能解释人类复杂的行为活动**。这一学说无法解释有机体为了获得某种结果而主动做出某种随意反应的学习现象。如小朋友为了得到母亲的表扬而主动做家务。因此，在应用过程中要谨慎，切忌犯机械性和简单性的错误。

考点 3　桑代克的联结说　（名：18鲁东；简：12湖北，14四川师大，17山西师大）

桑代克是美国心理学联结主义的建立者和教育心理学体系的创始人，也是将传统哲学教育心理学转化为科学教育心理学的第一人，被尊称为"教育心理学之父"。他把动物和人类的学习过程定义为刺激与反应（S—R）之间的联结，认为知识和技能的获得必须通过"尝试—错误—再尝试"这样一个过程。

1. 桑代克的经典实验：饿猫打开迷笼实验

（1）**实验过程**：桑代克在迷笼内设有某种开门的设施。关在笼里的饿猫碰巧踩到这种开门设施，门便开启，猫得以逃出并能吃到笼外放置的鱼。第二次、第三次……一次比一次熟练，一次比一次更快地打开门。多次尝试错误后，猫学会了打开笼门的行为。

（2）**实验结论**：这个实验说明动物通过试误的过程，最终形成了稳定的刺激—反应联结。因此，桑代克认为，**学习即联结，学习即试误**。这一学说被称为"联结—试误说"。

2. 学习的实质：桑代克的"联结—试误说"

（1）**学习的实质是有机体形成刺激与反应（S—R）之间的联结**。所谓联结，是指外界的刺激引起了个体的某种反应，如外界的鱼（即外界刺激）引起猫的注意，迫使猫通过多次试误学会了打开笼子的开关，学会打开开关就是个体所做出的反应。可见，人和动物学到的一系列技能和知识都是外界刺激引起的刺激—反应联结。

（2）**学习的过程是一个试误的过程**。他认为知识和技能的获得必须经过"尝试—错误—再尝试"这样一个过程。我们用公式可以表示为：S $\xrightarrow{\text{试误}}$ R。

3. 学习的主要规律 （简：14 四川师大）

桑代克根据"联结—试误说"提出了学习要遵循的三条基本规律，即准备律、练习律和效果律。

（1）**准备律**：学习者在学习开始时存在预备定势。个体有准备又有活动就感到满意，有准备而不活动会感到烦恼，无准备而强制活动也会感到烦恼。

（2）**练习律**：有奖励的重复练习将增强刺激—反应之间的联结。

（3）**效果律**：在一定的情境下产生满意效果的行为倾向于在这一情境中重复出现。在一个情境中，一种行为如果被跟随着一个满意的变化，那么在类似情境中这种行为重复的可能性将增加；反之，这种行为重复的可能性将减少。（名：23 天津师大）

4. 教育应用

（1）**桑代克的学习理论指导了大量的教育实践**。例如，效果律指导人们使用一些具体的奖励，如小红花、口头表扬等。练习律指导人们通过大量的重复练习和操练来训练学生。他对教师的劝告是"集中并练习那些应结合的联结，并且奖励所想要的联结"。桑代克举了数学中的一个刺激—反应联结的例子：不停地重复乘法表，并且总是提供奖励，形成了刺激（7×7=？）和反应（49）的联结。

（2）**学生的学习需要通过尝试错误而获得**。教师要允许学生犯错，给学生尝试各种可能性的机会，学生对在试误中发现的知识反而记忆深刻、理解透彻。

（3）**教师要努力让学生在试误中获得积极的学习结果**。若学生多次尝试错误后一无所获，会丧失学习信心；若学生在多次尝试错误后获得了好的学习结果，会感到信心百倍，更愿意进行新的探索。

5. 评价

"联结—试误说"是教育心理学史上第一个比较完整的学习理论。它有利于确立学习在教育心理学理论体系中的核心地位，从而有利于教育心理学学科体系的建立。同时，试误在教学中被普遍推广，它也是解决问题的一个途径和方法。

> **凯程提示**
>
> **提示 1**：行为主义心理学家们把学习看作形成刺激和反应的联结。但是他们之间存在区别，巴甫洛夫和华生认为学习是通过刺激和反应的相继出现而进行的，而桑代克认为学习是通过行为受奖励而进行的，桑代克为操作性条件作用说奠定了基础。
>
> **提示 2**：关于巴甫洛夫和桑代克两个知识点谁先谁后的问题。巴甫洛夫和桑代克的实验开展的时间很接近，都是 20 世纪初。而且两人的实验都持续了很长一段时间，理论在不断地更新，所以无法分辨两人的先后顺序。陈琦和彭聃龄的书是巴甫洛夫在前，燕良轼和张大均的书是桑代克在前。大多数高校老师讲课都喜欢把巴甫洛夫放在前面，先从生理学上说明 S—R 联结，再讲华生与桑代克的理论，说明 S—R 联结可应用于学习领域，从学习知识的逻辑顺序上，先学巴甫洛夫更容易理解知识。

考点 4　斯金纳的操作性条件作用说 ★★★★★ 40min搞定

斯金纳是美国心理学家，新行为主义学习理论的创始人。他以严格控制的动物实验为基础，对操作行为及其形成过程、强化的原则、类型和程序进行了精细的研究，系统性地阐明了操作性条件作用说。

1. 斯金纳的经典实验：白鼠的操作性条件作用实验

（1）斯金纳的实验。

斯金纳在桑代克的迷笼实验的基础上发明了一种学习装置——斯金纳箱。斯金纳箱内装有一根操纵杆，操纵杆与另一提供食丸的装置连接。把饥饿的白鼠置于箱内，白鼠偶然按压了操纵杆，供丸装置就会自动落下一粒食丸。白鼠经过几次尝试，会不断按压杠杆，直到吃饱为止。白鼠从这一过程中学会了按压杠杆以取得食物的反应。

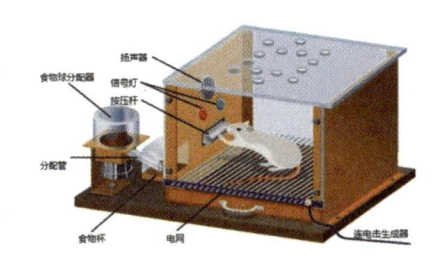

（2）斯金纳的实验与巴甫洛夫的实验有明显区别。

巴甫洛夫认为，一个明确的刺激（铃声）引起了被试动物的反应（流口水），这是之前所学的S—R的过程，是一个刺激引起一种行为的应答的过程，叫作应答性条件作用。斯金纳的被试动物的反应（按压杠杆）不是由某种刺激引起的，而是这个刺激（食丸）变成了一种强化行为再次发生的强化物，呈现在反应（按压杠杆）之后，这是R—S的过程。斯金纳把这种没有刺激就能使有机体产生某种行为的过程叫作操作性条件作用。

（3）斯金纳和桑代克的实验同为操作性条件作用的实验，却也有微小区别。

从表面看，二人的实验都是把小动物关在笼子里，找到开关获得食物。但从深层次看，两个实验具有不同之处：桑代克的被试动物（猫）是看到了笼子外的食物，积极地多次试误，学会了先找到开关，然后才可以吃到食物，他没有改变S—R的呈现顺序，还是通过食物来刺激猫先找到开关，并说明S与R之间需要多次试误；斯金纳的被试动物（老鼠）产生按压杠杆的反应之前没有看到任何食物，只有老鼠学会了按压杠杆才会有食物作为奖励。斯金纳的实验想说明的是在产生行为R之前，可以不用呈现一个特定的刺激（如食物），这也说明了人类存在另一种学习，即先产生行为，后给一个强化物作为刺激去巩固这个行为，即R—S。

2. 学习的实质

通过上述实验对比的分析，我们总结如下：

（1）**斯金纳认为学习的实质是一种反应概率的变化，而强化是增加反应概率的手段**。实验中的老鼠出现按压杠杆的反应行为，是由吃到食丸强化的。斯金纳把这种先操作行为再强化的学习方式叫作操作性条件作用，也叫操作性条件反射，用符号表示为R—S。

（2）**操作性条件作用有两个原则**。①任何反应如果随之紧跟强化（奖励）刺激，这个反应就有重复出现的趋向。②任何能提高操作反应率的刺激都是强化刺激。操作性条件作用强调的是行为及其结果，操作性条件作用的形成就是机体把强化和所发出的操作反应相联系的过程。

（3）**斯金纳的行为分类。** （名：11华南师大，17北师大）

斯金纳认为所有行为都可以分为两类：应答性行为和操作性行为。相应地，斯金纳把条件作用也分为两类：经典性条件作用（应答性条件作用）和操作性条件作用（反应性条件作用）。经典性条件作用是刺激—反应（S—R）的联结，反应是由刺激引起的。如铃声引起狗分泌唾液、谈虎色变等。（刺激在先，反应在后）操作性条件作用是操作—强化（R—S）的过程，重要的是跟随操作反应之后的强化（刺激）。如有了食丸的奖励，老鼠更能学会按压杠杆；学生对老师微笑，老师回以微笑，学生才更愿意做出微笑的行为；等等。

3. 操作性条件作用的主要规律 （简：23淮北师大）

(1) **强化**：指通过某一事件或刺激增强某种行为的过程。其中的事件或刺激叫作强化物。强化分为正强化和负强化。（名：16宁波，17南宁师大、闽南师大，21南宁师大）

①**正强化**：也称积极强化，指当有机体做出某种反应，并得到了令人愉悦的强化物的刺激，那么这一反应在今后发生的频率就会增加。（名：18云南师大，20淮北师大，21广东技术师大）

举例：当学生受到教师的表扬时，更愿意努力学习；妈妈为了激励小明提高成绩，提出如果他期末考试进入班级前十名，就给他买他一直想要的电脑。这里"表扬"和"买电脑"就是一种正强化物。

②**负强化**：也称消极强化，指当厌恶刺激或不愉快情境出现时，若有机体做出某种反应，从而避免了厌恶刺激或不愉快情境（负强化物的移去或取消），则该反应在以后的类似情境中发生的概率便增加了。（名：5+学校）

举例：学生表现不好时受到学校或教师的处罚，一旦处罚解除，学生表现好的概率增加，这里解除处罚就是一种负强化；学生打架，家长取消了他一周的零花钱作为惩罚，该学生为了保住零花钱再也不打架了，这里不取消他一周的零花钱就是一种负强化。

(2) **逃避条件作用与回避条件作用都是负强化的条件作用类型**。

①**逃避条件作用**：当厌恶刺激或不愉快情境出现时，若有机体做出某种反应，从而逃避了厌恶刺激或不愉快情境，则该反应在以后的类似情境中发生的概率会增加。

举例：在自习室学习时，有同学大声喧哗，嬉戏打闹。小明认为这影响了自己的学习，因此，回寝室学习的次数越来越多。

②**回避条件作用**：当预示厌恶刺激或不愉快情境即将出现的信号呈现时，有机体自发地做出某种反应，从而避免了厌恶刺激或不愉快情境的出现，则该反应在以后的类似情境中发生的概率也会增加。回避条件作用是在逃避条件作用的基础上建立的。

举例：小明去自习室自习，当他走到自习室门口的时候，听到同学们在里面大声喧哗，嬉戏打闹，所以他掉头回寝室学习。

(3) **惩罚、消退与维持**。（辨：18山东师大，23陕西师大）

①**惩罚**：当有机体做出某种反应后，呈现一个厌恶刺激或不愉快刺激，以消除或抑制此类反应的过程。惩罚又分为正惩罚和负惩罚。（名：21宁波）

正惩罚是指当儿童出现不适宜的行为时，家长可以施加一个厌恶刺激，从而减少儿童不适宜行为的出现。如学生打架，教师罚他写检查，该生为了以后不再写检查再也不打架了。

负惩罚是指当儿童出现一个不适宜行为时，去掉一个愉快刺激，即不给予原有的奖励，以减少儿童不适宜行为的出现。如学生打架，教师取消该生的优秀学生称号，该生便不再打架了。

②**消退**：消除强化从而消除或降低某一个行为的过程。如教师不理会那些不举手就回答问题的学生，从而消除学生这一行为。

③**维持**：减弱甚至停止强化之后行为的持续。操作性条件作用一旦形成，为了永久保持所获得的行为，应当逐渐减少强化的频次，或者使强化变得不可预测。

惩罚并不能使行为发生永久性改变，只能暂时抑制行为的发生，只是让学生明白什么不能做，而不明白怎么做才对。消退在减少不良行为上比惩罚有效。在教育过程中，教师应多用正强化的手段来塑造学生的良性行为，用不予强化的方法来消除消极行为，慎重使用惩罚。

凯程提示

强化、正强化与负强化，惩罚、正惩罚与负惩罚，逃避条件作用与回避条件作用都是容易混淆的考点，也是历年333的必考点，请考生一定要区分清楚。这里容易考查名词解释、论述题，个别333院校会考查选择题和辨析题。

凯程拓展

普雷马克原理 （名：23温州）

1. **简介**：普雷马克原理是依据斯金纳的强化理论提出的帮助教育者选择最有效强化物的一种方法。
2. **含义**：用喜爱的活动强化不喜爱的活动，强化物因人而异，因年龄而异。
3. **举例**：如果一个儿童喜爱做航空模型而不喜欢阅读，可以让儿童先完成一定的阅读之后再去做模型。
4. **运用**：运用普雷马克原理进行强化是促进学生学习的重要方法，对学生的行为塑造、行为矫正都可以起到积极作用。但是强化只有助于形成促进学习的外部动机，教学当中要防止滥用强化而使学生形成对强化物的依赖，要更多地激发学生学习的内在动机，促进外在动机的内化。

凯程助记

助记1：正强化一般通过呈现愉快刺激来增加反应概率；负强化一般通过消除厌恶刺激来增加反应概率。

助记2：逃避条件作用和回避条件作用的不同点——在逃避条件作用中，厌恶刺激已经发生，个体已经遭受到这种痛苦；在回避条件作用中，厌恶刺激还没有发生，有机体事先做出反应回避了它的发生，所以并没有遭到厌恶刺激的攻击，"防患于未然"就属于回避条件作用。

助记3：如何区分强化和惩罚？（辨：18山东师大）

分类	强化	惩罚
本质区别	反应概率增加	反应概率降低
呈现刺激	正强化（呈现愉快刺激，如给予表扬）	正惩罚（呈现厌恶刺激，如关禁闭）
消除刺激	负强化（消除厌恶刺激，如免做家务）	负惩罚（消除愉快刺激，如禁用手机）

助记4：经典性条件作用与操作性条件作用的对比及其在教学中的应用。

类别	经典性条件作用	操作性条件作用
代表人物	巴甫洛夫	斯金纳、桑代克[①]
反应特征	应答性行为	操作性行为
联结公式	刺激—反应（S—R），反应是由刺激引起的	操作—强化（R—S），重要的是跟随操作反应之后的强化（刺激）
形成条件	无条件刺激和条件刺激多次同时或近乎同时地反复出现	学习是通过行为受强化而进行的
刺激	需要特定刺激才能产生反应	不需要特定刺激就能产生反应
消退	条件刺激多次单独出现	去掉强化物

---

① 斯金纳和桑代克都属于操作性条件作用理论的代表人物，但两人的联结公式并不相同。因为斯金纳的理论更具代表性，因此表格中只列举了R—S公式。请考生注意区别。

	续表
相同点	（1）二者研究的都是外部刺激和个体反应之间的关系； （2）二者都可以建立多级条件作用； （3）二者都有消退、泛化和分化的现象； （4）二者的很多观点都对现实中的教学有很大的指导意义
教学应用	（1）在教育过程中，教师应多用正强化的手段来塑造学生的良性行为，用不予强化的方法来消除消极行为； （2）在教学过程中，教师要注意观察学生对什么强化物感兴趣，针对学生的兴趣与年龄特点使用不同的强化物

4. 教育应用：程序教学与行为矫正 〔辨：16 重庆师大，23 陕西师大；简：11 西华师大，17 广东技术师大，18 南京师大〕

操作性条件作用说在实际教学中应用广泛，主要应用于程序教学与行为矫正。

（1）程序教学。

①**含义**：程序教学指以课本或教学机器的形式向学生呈现程序化的教材，使学生按规定的程序自学教材内容。

②**原则**。

a. **小步子原则**：把学习的整体内容分解成由许多片段知识所构成的教材，把这些片段知识按由易到难排成序列，使学生循序渐进地学习。

b. **积极反应原则**：要使学生对所学内容做出积极的反应。

c. **及时强化（反馈）原则**：对学生的反应要及时强化，使其获得反馈信息。

d. **自定步调原则**：学生根据自己的学习情况，自己确定学习进度。

③**操作方法**：把一门课程的教学总目标分为许多小步骤，学习者每完成一个步骤后，都会及时得到强化，然后进入下一步骤的学习。在学习过程中，在学生可以自定步调，自主进行反应，逐步达到总目标。

凯程助记 两步两极——小步子、自定步调、积极反应、及时强化。

（2）行为矫正。

含义：行为矫正属于对人类行为进行分析和矫正的心理学领域。分析是指识别环境与某一特定行为之间的相互作用的关系，从而识别该行为发生的原因，或者确定为什么个体会表现出这样的行为。矫正是指开展和实施某些程序和方法来帮助人们改变他们的行为。

举例：对儿童发脾气、厌学、说谎、言行不一等不良行为进行矫正治疗；对成人酗酒等行为进行矫正治疗。

（3）连续渐进法与塑造行为。[①] 〔名：23 山东师大〕

①**含义**。斯金纳设计了连续渐进法，用以研究包括一连串反应的学习。此种用类似分解动作的方式渐进，最后将多个反应连贯在一起形成复杂行为的方法，称为塑造。斯金纳认为教育就是塑造行为。塑造是对与期望行为越来越接近的行为的强化过程。它旨在通过小步子反馈帮助学生达到目标。具体而言，就是采用连续接近的方法，对趋向于所要塑造的反应的方向不断地给予强化，直到引出所需要的新行为。

---

① 此部分内容参考陈琦、刘儒德的《当代教育心理学》（第3版）第五章第三节。

②**步骤**。第一步：选择目标，目标越具体越好。（终点行为）第二步：了解学生目前能做什么，已经知道什么。（起点行为）第三步：列出一系列阶梯式的步子，让学生从他们目前的状态迈向目标。步子的大小因学生的能力而异。（步调划分）第四步：对学生的每一次进步都予以反馈，材料越新，学生要求的反馈就越多。（即时反馈）

5. 评价

（1）贡献。

①**拓展了联结派的眼界，加深了人们对行为习得机制的理解，使人们能成功地预测、控制、塑造和矫正行为**。在这种理论的指导下，人们也开发出了一些自我调节或自我控制的技术，如认知行为矫正、认知行为治疗或自我控制等。

②**程序教学理论是 CAI（计算机辅助教学）的理论基础**。CAI 具有以下几点优越性：a. 交互性，即人机对话，学生可以根据自己的学习情况选择学习路径、学习内容等；b. 即时反馈；c. 以生动形象的手段呈现信息；d. 自定步调；等等。

（2）局限。

①**忽略了人与动物的区别**。把人的学习等同于动物的学习，试图用操作性条件作用去解释一切机体行为，并将其简单归结为操作性条件反射，过于狭隘。

②**把人的学习等同于学习机器**。斯金纳只注重学习的外部条件，不注重人的学习的内部机制和过程，培养出的学生知识技能扎实，但是创造性差，综合分析能力弱。

经典真题

》名词解释

1. 操作性条件作用（17 北师大）
2. 负强化（16 上海师大，18 西安外国语、河北，19 华中师大，20 云南师大，21 吉林师大、山西，22 长江）
3. 正强化（18 云南师大，20 淮北师大，21 广东技术师大）
4. 强化（16 宁波，17 南宁师大、闽南师大，21 南宁师大，22 长江）
5. 经典性条件作用（11 华南师大，23 苏州）
6. 桑代克的联结说（18 鲁东）
7. 普雷马克原理（20 吉林师大，22 人理）
8. 无条件反射（21 温州）
9. 试误说与顿悟说（22 长江）
10. 二级强化（22 吉林）
11. 塑造（23 山东师大）
12. 普雷马克原理（14 新疆师大，18 西北师大，22 大理，23 温州）
13. 效果律（23 天津师大）
14. 顿悟说（23 宁夏）

》辨析题

1. 经典性条件作用和操作性条件作用的建立过程根本不同。（14 重庆师大）
2. 经典性条件作用和操作性条件作用没有实质性的区别。（15 山东师大）

3. 负强化就是惩罚。/ 负强化和惩罚在本质上是相同的。（18 山东师大，23 陕西师大）

4. 程序教学是合作学习的一种重要形式。（23 陕西师大）

›› 简答题

1. 简述桑代克的学习定律。（14、16 四川师大）

2. 简述程序教学与行为矫正。（11 西华，17 广东技术师大，18 南京师大）

3. 简述负强化和惩罚的区别。（22 云南师大）

4. 简述经典性条件作用与操作性条件作用的区别。（22 新疆师大）

5. 根据斯金纳的强化理论，说明"正强化、负强化、惩罚"的区别。（23 淮北师大）

›› 论述题　对比分析桑代克和巴甫洛夫的学习理论。（17 山西师大）

考点 5　班杜拉的观察学习理论及其教育应用

班杜拉是美国当代著名心理学家，新行为主义的主要代表人物之一，观察（社会）学习理论的创始人。观察学习理论认为，儿童通过观察他们生活中重要人物的行为而习得社会行为。班杜拉的这一理论接受了行为主义理论家们的大多数原理，但是更加注意线索对行为和内在心理过程的作用，强调思想对行为和行为对思想的作用。他的观点在行为派和认知派之间架起了一座桥梁。

1. 班杜拉的经典实验与发现：赏罚控制实验

（1）实验1。

①过程：实验人员首先让儿童观察成人对一个充气娃娃拳打脚踢的过程，然后将儿童带到一个放有充气娃娃的实验室，让其自由活动，并观察成人的行为表现。结果发现，儿童在实验室里也会对充气娃娃拳打脚踢。

②结论：成人榜样对儿童行为有明显影响，儿童可以通过观察成人榜样的行为而习得新行为。

（2）实验2。

①过程：实验人员对早期的实验做了进一步的延伸，把儿童分为三组。首先，让儿童看电影中成人的攻击性行为。在影片结束后，第一组儿童看到成人被表扬，第二组儿童看到成人被批评，第三组儿童看到的是成人既不被表扬也不被批评。然后，再把儿童带到实验室，里面有成人攻击过的对象。最后，观察儿童的行为表现。结果发现，第一组儿童的攻击性行为最多，第二组最少，第三组居中。

②结论：成人榜样的攻击性行为所导致的后果是儿童是否自发模仿这种行为的决定因素。

（3）实验3。

①过程：实验人员猜想这是否表示第一组儿童习得了攻击性行为，而第二组儿童没有。为此，他们又以糖果为奖励，让儿童尽量回忆刚才成人是怎么做的，并表现出来。结果发现，三组儿童的攻击性行为几乎一致。

②结论：成人榜样的攻击性行为所导致的后果只影响儿童攻击性行为的表现，而对其攻击性行为的习得几乎没有影响。只不过第二组儿童看到成人榜样受罚后把习得的行为隐藏起来，不敢表现出来。

2. 学习的实质

通过上述所有实验结论，可以总结学习的本质：

（1）**儿童可以通过观察习得行为**。人类的学习有两种形式，一种是直接学习，另一种是间接学习。观察学习是一种间接学习。

（2）**榜样行为所导致的后果是决定儿童是否表现榜样行为的关键性因素**。我们不能将儿童的任意模仿都看作观察学习。观察学习强调榜样行为所导致的后果才是儿童决定要不要将观察的行为表现出来的关键性因素。

3. 观察学习的基本过程与条件　（简：20 淮北师大，21 广西师大、湖北师大）

依据对学习实质的描述，班杜拉形成了自己的观察学习理论。

观察学习是指学习者通过对榜样人物的行为及其结果的观察而进行的学习。这种学习不需要学习者亲身经历刺激—反应联结，是一种从别人的学习经验中学习的方式。班杜拉认为，人类大多数的行为都是通过观察习得的，观察学习需要经历四个过程。

（1）**注意过程**。注意过程是观察学习的首要阶段。在注意过程中，学习者会注意和知觉榜样情境的各个方面。影响注意的因素有：

①**榜样行为的特性：**榜样行为的显著性、复杂性、普遍性和实用价值等，如明星。

②**榜样的特征：**榜样在年龄、性别、兴趣爱好、社会背景等方面与观察者越相似，就越易被注意，地位高的人也易受关注。

③**观察者的特点：**观察者本身的信息加工能力、情绪唤醒水平、先前经验等。

（2）**保持过程**。在保持过程中，学习者记住他们从榜样情境中了解的行为，所观察的行为在记忆中以符号的形式表征。个体使用两种表征系统——表象和言语。

（3）**复制过程，也叫动作再现过程**。在复制过程中，学习者复制从榜样情境中观察到的行为。个体将符号表征转换成适当的行为。学习者必须：①选择和组织反应要素；②在信息反馈的基础上精炼自己的反应，即自我观察和矫正反馈。

（4）**动机过程**。在动机过程中，学习者因表现观察到的行为而受到激励。动机过程决定经由观察所习得的行为中哪一种将被表现出来。社会学习理论区别获得和表现,学习者并不模仿他们所学的每一件事。观察者对强化的期望影响他们注意榜样行为,激励他们编码和记住可以模仿的、有价值的行为。动机过程中存在三种强化:

①**直接强化**。

直接强化也叫外部强化,指外界因素对学习者的行为产生的直接的强化。在社会认知理论中,直接强化的作用并不是增强行为,而是提供信息和诱因。观察者对强化的期望影响了他对榜样行为的注意,激励他编码并记住可以模仿有价值的行为。

②**替代强化**。（选：13华中师大；名：10、13湖南师大）

替代强化指观察者因看到榜样受强化而受到的强化。如当教师表扬一个学生助人为乐的行为时,班里其他学生也更愿意表现出帮助他人的行为。替代强化还有一个功能,就是情绪反应的唤起。

③**自我强化**。（名：17扬州,20广东技术师大、江汉）

自我强化指观察者依照自己的标准对行为做出判断后而进行的强化。如某位同学为自己设立了成绩标准,他依据自己是否达标,而对自己的行为进行自我奖赏或自我批评。

4. 观察学习理论的教育应用（简：17河北师大,20中国海洋,21青岛,23宝鸡文理学院）

(1) **教师要将所期望的行为、技能、态度和情感以明确外显的方式示范出来**。学生通过观察教师的示范,就会习得这种行为、技能、态度和情感,向教师期望的方向发展。

(2) **教师要充分发挥替代强化的作用,为学生提供理想的榜样,并对学生的模仿予以强化**。教师在教学过程中应重视榜样原型的作用,为学生提供良好并且贴合个体成长的榜样人物,特别要多提供正面、积极的榜样原型,让学生在学习榜样的氛围中实现自主成长。

(3) **教师要充分发挥自我强化的作用,激发学生学习的能动性**。学生在学习中应充分发挥主观能动作用,能够自发地预测自己行为的结果,并依靠信息反馈进行自我评价和调节。

(4) **教师要注意发挥自身的榜样作用**。教师本身也可作为如何解决问题、如何进行逻辑思维的榜样,这些行为可引导学生形成相同的品质。此外,教师对世界的好奇心、对本学科的热爱以及对学习的热情等也会感染学生。

(5) **教师要消除社会环境中的不良榜样行为**。社会环境中的不良榜样行为会对学生产生不良影响,教师要尽量消除这些不良榜样行为,为学生提供良好的榜样示范。

(6) **教师要利用好去抑制效应、抑制效应和社会促进效应去监控学生习得行为的表现**。去抑制效应指个体看到榜样因做出自己原来抑制的行为而受到奖励时,加强这种反应的倾向。抑制效应指个体由于看见榜样得到惩罚的结果而引起的反应倾向减弱。社会促进效应指学习者通过观看榜样行为引发其行为库中已有的反应。

凯程助记

巴甫洛夫、华生、桑代克、斯金纳、班杜拉都是行为主义的代表人物,但他们的思想各有不同,请通过下表区分每个人理论的特点,防止张冠李戴。

行为主义的学习理论总结

理论	人物和实验	学习本质	规律	应用
经典性条件作用说	巴甫洛夫：狗分泌唾液实验	学习就是以一种刺激替代另一种刺激，建立条件反射，形成习惯的过程（S—R）	(1) 习得与消退； (2) 泛化和分化； (3) 高级条件作用； (4) 两个信号系统理论	(1) 解释基本学习现象； (2) 在一定程度上控制学生的行为； (3) 进行心理治疗，矫正行为； (4) 局限：只能解释简单学习
	华生：婴儿恐惧形成实验		(1) 频因律； (2) 近因律	
操作性条件作用说	桑代克：饿猫打开迷笼实验（联结—试误说）	(1) 动物、人的学习都是刺激—反应(S—R)联结的过程； (2) 一定的联结要通过试误而建立	(1) 准备律； (2) 练习律； (3) 效果律	(1) 练习律：重复练习； (2) 效果律：具体奖励； (3) 试误； (4) 积极结果
	斯金纳：白鼠的操作性条件作用实验（操作性条件作用说）	(1) 学习是一种反应概率的变化，而强化是增加反应概率的手段； (2) 行为分为应答性行为和操作性行为	(1) 正强化与负强化； (2) 逃避条件作用与回避条件作用； (3) 惩罚、消退与维持	(1) 程序教学； (2) 行为矫正
观察（社会）学习理论	班杜拉：充气娃娃实验，又叫赏罚控制实验	(1) 儿童可以通过观察习得行为； (2) 榜样行为所导致的后果是儿童是否表现榜样行为的决定因素	(1) 注意—保持—复制—动机； (2) 直接强化、替代强化、自我强化	(1) 示范行为； (2) 替代强化； (3) 自我强化； (4) 教师榜样； (5) 消除不良榜样行为； (6) 利用好各种效应

特别提示：凯程关于学习理论的内容写得最多，建议学生学全一点，此处是重中之重，非重点已经调整到【凯程拓展】里，依据往年考试题目，此处出题灵活多样，只有学得多一些、广一些，才能在考场发挥自如。

经典真题

›› 名词解释

观察学习（13 浙江师大，15 江苏、鲁东，17 江苏师大、安徽师大、天津师大，18 内蒙古师大、中国海洋，19 北师大、吉林师大、华东师大、聊城，20 云南师大，22 济南）

›› 简答题

1. 简述班杜拉观察学习理论的应用价值。（17 河北师大）
2. 简述观察学习理论并对其进行评价。（13 西北师大，21 扬州）
3. 简述班杜拉的观察学习理论及其教育应用。（14 山西，15 杭州师大、沈阳师大、淮北师大，16 东北师大，18 山西师大，20 温州，22 西北师大、吉林）
4. 简述班杜拉观察学习的四个过程。（21 广西师大）
5. 简述参与性学习和替代性学习。（21 云南师大）
6. 简述班杜拉的观察学习理论。（23 集美、西安外国语）

7. 简述班杜拉观察学习的五个效应。(23宝鸡文理学院)

>> 论述题

1. 论述班杜拉的观察学习的基本过程及其对教学工作的启示（教育应用）。(11山西师大，12天津师大，13安徽师大，19聊城)
2. 论述班杜拉的社会学习理论。(13哈师大)
3. 联系实际，论述班杜拉的观察学习理论及其教育应用。(23沈阳)

第三节 认知主义的学习理论 （简：16宁波；论：17苏州）

考点1 布鲁纳的认知—发现说 ★★★★★ 40min搞定 （简：10+学校；论：5+学校）

布鲁纳是美国教育心理学家、认知心理学家，对认知过程进行了大量研究，对认知心理理论的系统化和科学化做出了巨大贡献。他主张学习的目的在于以发现学习的方式，使学科的基本结构转变为学生头脑中的认知结构。他从认知心理学的观点出发，对学生的学习、动机以及教学等方面进行了全面阐述。布鲁纳致力于将心理学原理实践于教育，被誉为杜威之后对美国教育影响最大的人。

1. 认知学习观 （名：20扬州，23山西师大；简：16南宁师大，20宁波，23吉林师大）

(1) 学习的实质。

①**学习的实质是主动地形成认知结构，不是被动地形成刺激—反应的联结**。所谓认知结构，就是编码系统，其主要组成部分是"一套感知的类目"。学习就是类目及其编码系统的形成，他认为一切知识都是按照编码系统排列和组织的。这种各部分存在联系的知识，使人能够超越给定的信息，举一反三，触类旁通。他主张应该给学生一些具体的东西，以便他们发现自己的编码系统。

②**学会编码系统就会获得认知结构**。编码系统是人们对环境信息进行分组和组合的方式，它是不断变化和重组的。它的一个重要特征是对事物类别做出有层次结构的安排。如下图所示：

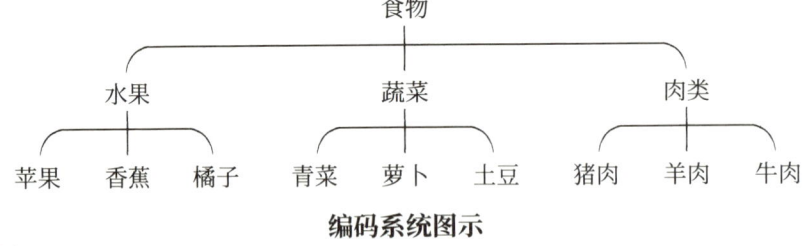

```
                    食物
         ┌───────────┼───────────┐
        水果        蔬菜        肉类
      ┌──┼──┐    ┌──┼──┐    ┌──┼──┐
     苹果 香蕉 橘子  青菜 萝卜 土豆  猪肉 羊肉 牛肉
```

编码系统图示

(2) 学习的过程。

布鲁纳认为，对一门学科的学习包含三个**差不多同时发生**的过程：

①**新知识的获得**。新知识可以是先前知识的替代，也可以是先前知识的重新提炼，新知识的获得会使已有的知识进一步提高。

②**知识的转换**。学习者把信息转换为各种不同方式，使之超出它们最初所给的事实，从而学到更多的知识。

③**知识的评价**。学习者核查所用处理知识的方法是否适合当前任务，概括是否适当。教师在帮助学生进行评价时常常具有决定性作用。

举例：学生在获得有关万有引力定律的知识时，也在积极地同步转化，替换大脑中的旧观念——地球没有引力，将其转化为新知识，即任何事物都受到万有引力的影响。学生还会利用万有引力定律解释生活中的现象，评价该定律的用途。当教师帮助学生评价了该定律，学生会增强对新知识的获得感。

总结： 对于任何一门学科的学习总是由一系列片段组成的，而每一片段（或一个事件）总是涉及获得、转换和评价三个过程。布鲁纳由此认为，学生不是被动的知识接受者，而是积极的信息加工者。

2. 结构教学观（简：51学校）

（1）结构教学观的观点。

①**教学目的在于促进学生理解学科的基本结构。**

学科的基本结构： 指一门学科的基本概念、基本原理及其基本的态度和方法。布鲁纳很重视学科结构的教学，他把学科的基本结构放在设计课程和编写教材的中心地位，成为教学的中心。他主张教学的最终目标是促进学生对学科的基本结构的理解，提出"不论我们选教什么学科，务必使学生理解该学科的基本结构"。

学习学科的基本结构的必要性： 学生理解了学科的基本结构，就容易掌握整个学科的基本内容、记忆学科知识，就能促进学习迁移，提高学习兴趣，并可以促进学生掌握知识体系，促进智力和创造力的发展。

②**掌握知识结构是促进学习的准备性工作。**

布鲁纳认为，过去很多学校总是以学习困难为理由，推迟学习一些知识。他提出，"任何科目都可以按某种适当的方式教给任何年龄的任何儿童"。学科结构是学习一切知识的基础和准备性工作，他主张向学生提供具有挑战性但又合适的机会使其发展步步向前，引导学生智慧的发展。

③**掌握知识结构有利于培养直觉思维。**

直觉思维指以熟悉的知识领域及其结构为根据，使思考者可以实行跃进、越级和采取捷径的思考方式猜想出相关结论，而后需要用比较常规的分析方法去验证得出的结论。直觉思维被看作创造性思维的重要特征。直觉思维来自完善的知识结构，教师帮助学生掌握知识结构，也就有利于促进其直觉思维的培养。

④**激发学习动机，促进学生掌握知识结构。**

学习是一个主动的过程，且内在学习动机是更加持久的学习动机。教师要使学生主动参加到学习中去，以此促进学生掌握学科的基本结构。布鲁纳认为，发现法是激发学习动机、掌握知识结构的好方法。

（2）掌握学科基本结构的教学原则。（简：18苏州）

①**动机原则。** 内在动机是维持学习的基本动力。因此，教学应该激发学生最基本的内在动机，即好奇内驱力（求知欲）、胜任内驱力（成就感）、互惠内驱力（人与人之间和睦共处的需要）。

②**结构原则。** 任何知识结构都可以通过动作、图像和符号三种表征形式进行呈现，为了促进学生的学习，教师选用哪种呈现形式应考虑学生的年龄、知识背景和学科性质。

③**序列原则。** 教学就是引导学习者有条不紊地陈述一个问题或大量知识的结构，以提高学习者对所学知识的掌握、转化和迁移的能力。通常每门学科都存在着各种不同的序列，它们对学习者来说有难有易，不存在对所有学习者都适用的唯一序列。而且在特定的条件下，任何具体的序列都取决于许多不同的因素，包括过去所学的知识、智力发展的阶段、材料的性质和个别差异等。教师应采取适合于学习者的具体序列。

---

① 这一知识点依据陈琦、刘儒德的《当代教育心理学》（第3版）编写，请考生用第3版的知识进行总结，更加全面。

④强化原则。为了提高学习的效率，学习者必须获得反馈，知道学习结果如何。这种反馈对学生的学习起着强化作用。因此，教学规定适当的强化时间和步调是学习成功的重要一环。

> **凯程助记**
> 助记1：学习学科的基本结构的必要性：a. 促进理解；b. 利于记忆；c. 增强迁移；d. 引导知识体系形成。
> 助记2：教学原则：动机结构，序列强化。

3. 发现学习 （选：22南京师大；名：30+学校；简：5+学校；论：23辽宁师大）

（1）含义。

发现学习指学习者用自己的头脑亲自获得知识的一切形式。发现不只限于发现人类尚未知晓的事物，还包括发现人类现有的知识。布鲁纳认为发现是教育儿童的主要手段，是学生掌握学科基本结构的最好方法。

发现学习的经典案例：布鲁纳根据儿童踩跷跷板的经验设计了天平，并让儿童通过调节砝码的数量和砝码离支点的距离发现乘法的交换律，如3×6=6×3。他让儿童先动手操作天平，获得动作表征，再在头脑中想象天平和操作天平，获得映象表征，最后用数字符号来表示这一数学规律，获得符号表征。

（2）步骤。 （简：12南京师大，16江苏师大）

①**提出问题**。创设问题情境，提出和明确学生感兴趣的问题。

②**做出假设**。激发探究的欲望，提供解决问题的各种假设。

③**检验假设**。学生用理论或通过实验数据检验自己的假设。

④**形成结论**。学生通过实验获得的一些材料和结果，亲自发现结论或规律。

（3）优点。 （简：20吉林师大）

①**提高智力的潜力**。学习者自己提出解决问题的探索模型，学习如何对信息进行转换和组织，使他能超越这一信息。

②**使外部奖赏向内部动机转移**。学生能在发现过程中获得较大的满足感并激发其求知欲。

③**学会将来进行发现的最优方法和策略**。学生能最好地学到如何去发现和利用新信息。

④**帮助信息的保持和检索**。按照一个人的兴趣和认知结构组织起来的材料就是最有希望在记忆中"自由出入"的材料。

（4）局限。

①**完全放弃知识的系统讲授，代以发现法教学，夸大了学生的学习能力**，忽视了知识学习活动的特殊性，忽视了知识的学习与知识的生产过程的差异。

②布鲁纳认为"任何科目都可以按某种适当的方式教给任何年龄的任何儿童"，但是其他学者发现这是无法实现的。

③**发现法的运用范围有限**。a. 从学习主体看，只有少数学生才能使用发现法学习。b. 从学科领域看，发现法只适用于自然科学的某些知识的教学，其他科目不完全适用。c. 从教师来看，对教师的要求很高，一般教师难以掌握，容易弄巧成拙。d. 从教学效率看，发现法耗时耗力，不适合短时间里传授大量知识，学习效率低。因此，发现学习应该根据教材的性质和学生的特点来灵活安排。

4. 布鲁纳的认知—发现说对教育的启示

（1）**结构教学观**：课程编制和教师教学要引导学生主动地形成认知结构。

（2）**发现学习**：教师要使用发现法帮助学生掌握知识。

凯程助记

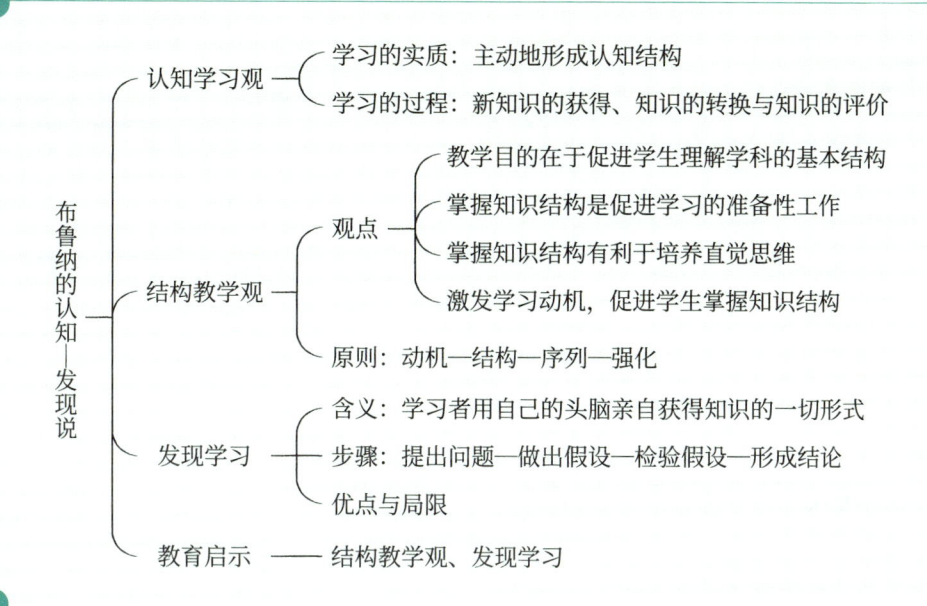

```
                          ┌─ 学习的实质：主动地形成认知结构
              ┌─ 认知学习观 ┤
              │            └─ 学习的过程：新知识的获得、知识的转换与知识的评价
              │
              │                   ┌─ 教学目的在于促进学生理解学科的基本结构
              │            ┌─ 观点┤ 掌握知识结构是促进学习的准备性工作
  布鲁纳的     │            │     │ 掌握知识结构有利于培养直觉思维
  认知—      ┤─ 结构教学观 ┤     └─ 激发学习动机，促进学生掌握知识结构
  发现说      │            │
              │            └─ 原则：动机—结构—序列—强化
              │
              │            ┌─ 含义：学习者用自己的头脑亲自获得知识的一切形式
              ├─ 发现学习 ─┤ 步骤：提出问题—做出假设—检验假设—形成结论
              │            └─ 优点与局限
              │
              └─ 教育启示 ── 结构教学观、发现学习
```

凯程提示

与桑代克相比，布鲁纳等认知主义者注意到了人的主观能动性，认为只有学习者主动接受，才能算发生了学习。

经典真题

选择题

布鲁纳认为，学习的目的是以（C）的方式，把学科的基本结构转化为认知结构。**(18 南京师大)**
A. 接受学习　　　　B. 意义学习　　　　C. 发现学习　　　　D. 观察学习

名词解释

1. 发现学习/发现法 **(10 西南，11 广西师大，12、16、19 辽宁师大，12、20 西北师大，12、23 延安，14 陕西师大，15 东北师大、新疆师大、聊城，16 湖南科技，16、18 苏州，16、20 山西师大，17 华东师大、华中师大、四川师大、广西民族，18 安徽师大、江西师大、江苏师大，19 首师大、扬州、青岛，20 海南师大、吉林师大、西安外国语、西华师大，21 广东技术师大、天水师范学院、苏州，22 温州、江苏师大，23 南京信息工程、湖北)**

2. 认知学习观 **(20 扬州)**　　　　　　　　3. 认知结构 **(23 山西师大)**

简答题

1. 简述布鲁纳的发现学习的步骤。**(12 南京师大，16 江苏师大)**
2. 简述布鲁纳认知结构教学论的基本原则。**(18 苏州)**
3. 简要评论布鲁纳的教学过程思想。**(12 云南师大)**
4. 简述布鲁纳的认知—发现说。**(13 鲁东、湖北，16 广西师大、南京师大、中国海洋，17 中央民族)**
5. 简述布鲁纳发现学习的优点。**(20 吉林师大)**
6. 简述布鲁纳的结构教学观。**(12 云南师大，14 哈师大，15 湖南科技，17 浙江工业，22 哈师大)**
7. 简述认知结构是如何帮助学习者超越给定材料信息的。**(23 吉林师大)**
8. 简述发现学习的主要特点/观点。**(23 东北师大、华中师大)**

>> 论述题

1. 评述布鲁纳的教育思想。（16 南京师大）
2. 评述布鲁纳的认知—发现学习理论。（13 杭州师大，18 中南民族，19 集美，21 天津师大，22 河南科技学院）
3. 论述布鲁纳的发现学习法及其对当代教学改革的启示。（13 聊城）
4. （1）"不要教他这样那样的问题，而要由他自己去发现那些问题"体现了哪一个教学原则？试述贯彻这一教学原则的要求。（2）结合材料，论述布鲁纳发现学习的特点。（材料略）（23 辽宁师大）
5. 布鲁纳从哪几个方面论述知识结构学习的重要性？（23 苏州）
6. 论述布鲁纳认知结构学习理论及启示。（23 济南）

考点 2 奥苏伯尔的有意义接受说 ★★★★★ 40min搞定

（简：15 广西师大，21 吉林师大，23 四川师大；论：18 山西师大，19、23 东北师大，23 天津外国语）

奥苏伯尔是美国著名认知教育心理学家，他在教育心理学中最重要的一个贡献是对有意义学习的描述。在他看来，学生的学习，如果有价值的话，应该尽可能有意义。为此，他根据学习材料和学习者原有认知结构的关系把学习分为机械学习和有意义学习，根据学习进行的方式把学习分为接受学习和发现学习，并认为学生的学习主要是有意义的接受学习。

1. 有意义学习的实质和条件 （简：10+ 学校；论：10+ 学校）

（1）有意义学习的实质。（名：25+ 学校；简：23 苏州科技）

所谓有意义学习，就是将符号所代表的新知识与学习者认知结构中已有的适当观念建立实质性（非字面）的和非人为（非任意）的联系。

①**实质性的联系**：指新的符号或观念与学习者认知结构中已有的表象、已有意义的符号、概念或命题的联系。

举例：在学生已经学过了"地球的深层都是熔岩"这个知识的基础上，老师换一种方式提问："在地上挖一个 1 000 米的洞，洞底比上面热还是凉？"如果学生能准确回答"热"，就说明学生可以活学活用；如果学生无法准确回答，就说明学生只是机械地记住了"地球的深层都是熔岩"这句话，其实他们并没有理解其含义，即他们对这句话没有获得实质性的、非字面的理解。

②**非人为的联系**：指新旧知识的非任意的联系，即新知识与认知结构中的有关观念存在某种合理的或逻辑上的联系。

举例：学生知道了三角形的内角和是 180 度，由于平行四边形可以分成两个三角形，就可以推理出平行四边形的内角和是 360 度。这种知识的联系就是非人为的、具有合理逻辑的联系。

> 凯程提示
>
> 考生一定要记住有意义学习概念的原话，答题应尽量运用专业术语，并区分机械学习和有意义学习的概念。
>
> 总结：发现学习不一定是有意义的，接受学习不一定是无意义的。凡是能够让学生自主参与学习，从而获得良好学习效果的学习就是有意义的。

> **凯程助记**
> 关于"实质性和非人为",我们再补充一些解释,以帮助考生理解。
> 实质性的联系:表达的词语虽然不同,但表达的字面意思是等值的,也叫作非字面的联系。
> 非人为的联系:新旧知识之间合理的、有逻辑的联系。

(2) 有意义学习的条件。 (简:16 河南师大,20 北师大;论:23 杭州师大)

有意义学习的产生既受客观条件(学习材料的性质)的影响,也受主观条件(学习者自身因素)的影响。

①**客观条件**:有意义学习的材料必须具有逻辑意义。这种逻辑意义指的是材料本身在人的学习能力范围内,并且与有关观念能够建立起非任意的和实质性的联系。

②**主观条件**:a.学习者要有有意义学习的心向或倾向性,也就是积极主动性。b.学习者的认知结构中必须具有适当的知识基础。c.学习者必须积极主动地使具有潜在意义的新知识与认知结构中有关的原有知识发生相互作用,加强对新知识的理解,使认知结构得到改善,使新知识获得实际意义。

2. 认知同化理论 (名:22 曲阜师大;简:14 闽南师大,15 山东师大,19 湖南,21 济南)

(1) 含义:当学生把教学内容与自己的认知结构联系起来时,有意义学习便发生了。学习者接受知识的心理过程就是概念同化过程。具体的同化过程有:

①在认知结构中找到能同化新知识的有关观念,这些观念能够对新知识起到挂钩(固定点)的作用。

②找到新知识与起固定作用的观念的相同点。

③找到新旧知识的不同点,使新概念与原有概念之间有清晰的区别。

④在积极的思维活动中融会贯通,使知识不断系统化。

总结:有意义学习是通过新知识与学生认知结构中已有的相关观念相互作用而发生,这种相互作用导致了新旧知识之间有意义的同化。

(2) 影响因素。

①**固着观念**:认知结构中对新知识起固定作用的适当观念。如学习者具有了"力"的基本概念之后,就可以更好地理解"浮力"的特征和规律。

②**可辨别性**:新材料与原有观念之间区别的程度。

③**清晰稳定性**:认知结构中的固着观念是否清晰、稳定也影响学生能否对新旧观念做出区分。

(3) 认知同化过程（同化模式）。 (论:19 上海师大)

根据新旧观念的概括水平及其联系方式的不同,奥苏伯尔提出了三种认知同化过程。

①**下位学习。** (名:54 学校)

下位学习也叫类属学习,指将概括程度或包容范围较小的新概念或命题,归属到认知结构中原有的概括程度或包容范围较大的适当概念或命题之下,从而获得新概念或新命题的意义。下位学习分为两种类型（如下图所示）:

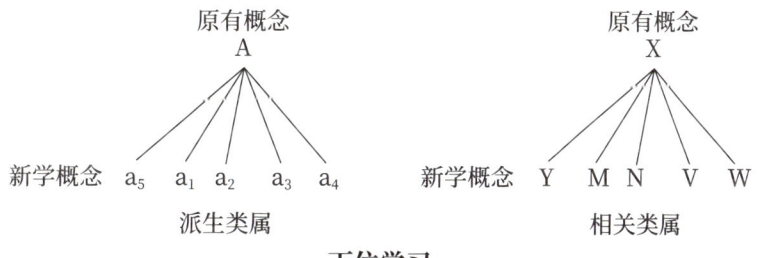

原有概念　　　　　　　　原有概念
　A　　　　　　　　　　　X
新学概念 a_5 a_1 a_2 a_3 a_4　　新学概念 Y M N V W
　　派生类属　　　　　　　　相关类属

下位学习

a. 派生类属： 新的学习内容仅仅是学生已有的、包容面较广的命题的一个例证，或是能从已有命题中直接派生出来的。

举例：儿童已知道"猫会爬树"，那么"邻居家的猫正在爬门前那棵树"这一新命题，就可以类属于已有的命题。

b. 相关类属： 当新内容扩展、修饰或限定学生已有的命题并使其精确化时，表现出来的就是相关类属。

举例：儿童已知"平行四边形"这一概念的意义，那么我们可以通过"菱形是四条边一样长的平行四边形"这一命题来界定菱形。在这种情况下，我们通过对"平行四边形"加以限定，产生了"菱形"这一概念。

②**上位学习**。（名：5+学校）

上位学习指新概念、新命题具有较广的包容面或较高的概括水平，将一系列已有观念包含于其下而获得意义。

举例：先知道"松树、柳树"等具体概念，然后再学习"树"，知道"树"是各种树木的总括概念。

③**组合学习**。

组合学习也叫并列学习，指新旧知识既无上位关系，又无下位关系时，它们之间可能存在组合关系，凭借组合关系来理解意义。

举例：先学习"松树"的概念，再学习"柳树"的概念。

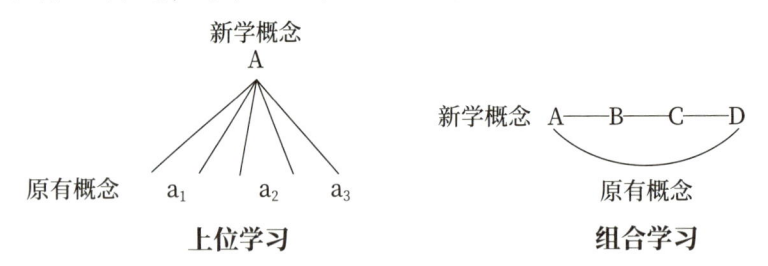

```
            新学概念
               A
              /|\                    新学概念 A—B—C—D
             / | \                            \_____/
            /  |  \                              |
原有概念  a₁  a₂  a₃                           原有概念
       上位学习                              组合学习
```

3. 先行组织者策略（名：15+学校；简：12华东师大，17上海师大；论：22河南师大）

奥苏伯尔认为影响接受学习的关键因素是认知结构中起固定作用的观念。为此，他提出了先行组织者的教学策略。

（1）**含义**：先行组织者是指先于学习任务本身呈现的一种引导性材料。它的抽象、概括和综合水平高于学习任务，并且与认知结构中原有的观念和新的学习任务相关联。

举例：学生在学习山脉、高原、平原等知识之前，应该先学习"地形"的概念，更有助于学生理解各种地形，这个"地形"的概念就是一种先行组织者。

（2）**目的**：为新的学习任务和旧知识之间搭建一座桥梁，为新的学习任务提供观念上的固定点，增加新旧知识之间的可辨别性，以促进类属性的学习。

（3）**分类**：组织者可分为两类。

①**陈述性组织者**的目的在于为新的知识提供最适当的类属者，与新的知识产生上位关系。如上述学习山脉、高原、平原的例子。

②**比较性组织者**的目的在于比较新材料和已有认知结构中相类似的材料，从而增强新旧知识的可辨别性。如教师在讲授佛教知识之前，先比较佛教和基督教的异同。

凯程拓展

关于先行组织者的延伸知识

奥苏伯尔认为先行组织者的抽象、概括水平高于学习材料，一般呈现在学习材料之前。后来的研究者们发展了这一概念，认为先行组织者可以是抽象、概括水平高于学习材料的材料，也可以是抽象、概括水平低于学习材料的材料；同时，先行组织者可以呈现在学习材料之前，也可以呈现在学习材料之后。

4. 接受学习的界定与评价（辨：19山东师大；简：5+学校；论：14华中师大，20杭州师大、扬州）

（1）**界定**。（名：16北师大，17广西民族，21湖南师大）

接受学习也叫讲授教学，是教师通过讲授，引导学生接受和理解事物意义的学习。学生通过新旧知识之间的相互作用来获得新知识。

（2）**接受学习与发现学习、机械学习与有意义学习的关系**。

①在奥苏伯尔看来，不管是接受学习还是发现学习，都有可能是机械的，也都有可能是有意义的。任何学习，只要符合有意义学习的条件，就是有意义学习。

②有意义学习和机械学习也不是绝对的。二者处在一个连续体的两端，学校的许多学习经常都是处在这两端之间的某一个点上。

③奥苏伯尔认为，学生的学习主要表现为接受学习。接受学习是通过教师的传授来接受事物意义的过程，它是一种有意义的接受，而且完全可以是有意义的学习。

（3）**有意义接受学习的特点**：①师生之间要有大量互动。②大量利用例证。③它是演绎的，蕴含的最一般的概念最初呈现，然后从中引出特殊的概念。④它是有序列的，材料的呈现有一定步子，这些步子先是先行组织者。

（4）**评价**。

①**优点**。

a. 接受学习突出了学生的认知结构和有意义的学习在知识获得中的主要作用，使学生在知识的获得中更注意使用方法，注重认知结构，而不是死记硬背，机械学习。

b. 奥苏伯尔澄清了长期以来人们对传统讲授教学和接受学习的偏见，以及对发现学习、接受学习、有意义学习和机械学习的混淆。

c. 奥苏伯尔对有意义接受学习的实质、条件、类型、机制都做了精细的分析，使人们对有意义接受学习有了更加深入的了解，从而可以更好地运用到教学实践中。

d. 奥苏伯尔提出的先行组织者对改进教学设计、提高教学效果有重要的实用价值。教学时可以先呈现引导性材料，为新的学习任务提供观念上的固着点，增加新旧知识之间的可辨别性，以促进类属性的学习。

②**缺点**：奥苏伯尔偏重对知识的掌握，忽视了创造性的培养，过于强调接受学习，没有给予发现学习应有的重视。

③**发展方向**：在学生学习知识的活动中，有意义接受学习和有意义发现学习各有特色、各有所长，应该相辅相成、相互补充。

5. 教育应用

（1）**区分有意义学习和机械学习**。发现法和接受法使用不当都会是机械的，而使用得当，调动了学生的主动性，都会是有意义的。这就挖掘了有意义的讲授法在理论上的合理性。

（2）**认知同化理论同样说明了知识的结构化在课程编制中的作用**。在课程编制过程中，要注意新旧知识之间的联系，便于学生学习与理解。

（3）**教师教学广泛使用先行组织者，用来完善学生对认知结构的认识**。通过呈现先行组织者，为学习者已有知识与需要掌握的知识之间架起一座桥梁，使其更有效地学习新知识；通过厘清新旧知识间的关系，形成良好的认知结构。

（4）**肯定了有意义的接受学习的价值，开拓了教师对讲授法的认识**。教师讲授有意义的知识，促进学生的有意义学习，其实极具价值。教师在讲授时，需要帮助学生将知识细化为具体的知识要点，并促进学生的已有知识与新知识之间的联系。这一教学模式尤其适合高年级学生的教学。

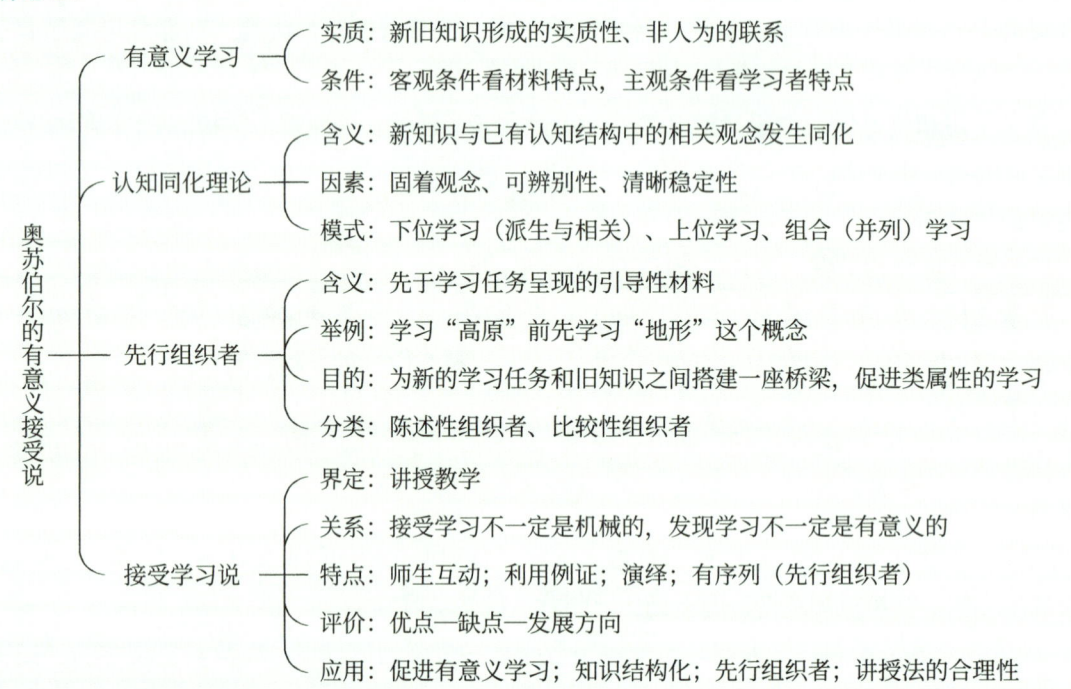

> **凯程助记**
>
> **助记1：**
>
> 奥苏伯尔的有意义接受说
> - 有意义学习
>   - 实质：新旧知识形成的实质性、非人为的联系
>   - 条件：客观条件看材料特点，主观条件看学习者特点
> - 认知同化理论
>   - 含义：新知识与已有认知结构中的相关观念发生同化
>   - 因素：固着观念、可辨别性、清晰稳定性
>   - 模式：下位学习（派生与相关）、上位学习、组合（并列）学习
> - 先行组织者
>   - 含义：先于学习任务呈现的引导性材料
>   - 举例：学习"高原"前先学习"地形"这个概念
>   - 目的：为新的学习任务和旧知识之间搭建一座桥梁，促进类属性的学习
>   - 分类：陈述性组织者、比较性组织者
> - 接受学习说
>   - 界定：讲授教学
>   - 关系：接受学习不一定是机械的，发现学习不一定是有意义的
>   - 特点：师生互动；利用例证；演绎；有序列（先行组织者）
>   - 评价：优点—缺点—发展方向
>   - 应用：促进有意义学习；知识结构化；先行组织者；讲授法的合理性
>
> **助记2：** 布鲁纳和奥苏伯尔的异同比较
>
> | 项目 | | 布鲁纳 | 奥苏伯尔 |
> |---|---|---|---|
> | 学习方式 | | 发现学习 | 有意义的接受学习 |
> | 不同点 | 含义 | 学习者用自己的头脑亲自发现和获得知识 | 教师引导学生接受事物意义的学习，内容基本上是以定论的形式讲授给学生 |
> | | 学习过程 | 强调归纳，由特殊到一般 | 强调演绎，从一般到特殊 |
> | | 对发现学习的解释不同 | 一切知识都应该通过参与探究和发现的活动来学习 | 发现学习可以是有意义的，也可以是机械的 |
> | 共同点 | | 都属于认知学习理论流派；都强调认知结构的作用 | |

> **凯程提示**
>
> 考生一定要理解机械学习、有意义学习、发现学习和接受学习的关系，这里很容易以名词解释和简答题的形式考查。在实际教学中，教育者应该根据教学内容和学生的情况来灵活安排。接受学习和发现学习，二者各有优势。

经典真题

》名词解释

1. 有意义学习的实质（10 中山，11 陕西师大，12 广西师大、首师大、北师大，14、15 华东师大，15 天津师大、扬州、中国海洋，16 海南师大、安徽师大，17 新疆师大，18 吉林师大、江西师大、沈阳师大、江苏，20 华南师大、温州）

2. 有意义学习 / 意义学习（21 湖南师大、陕西师大，22 福建师大、沈阳师大、安徽师大，23 天津师大、渤海、山西）

3. 接受学习（16 北师大、天津，17 广西民族、陕西师大，21 湖南师大，22 苏州）

4. 上位学习（14 内蒙古师大，16、19 湖南师大，17 山东师大，19 江西师大，23 苏州）

5. 下位学习（11、17 云南师大，16 河北，18 淮北师大，19 安徽师大，20 广东技术师大，23 宁波）

6. 先行组织者 / 先行组织者策略（11 华东师大、聊城，12 东北师大，13、23 福建师大，14 浙江师大，15 中央民族，16 华中师大、延安，17 闽南师大，18 安徽师大，19 曲阜师大、山西、鲁东、苏州，19、22 温州，20、23 湖南科技、山东师大，21 哈师大、宁夏、南宁师大，22 湖南师大、天津师大、新疆师大，23 华南师大）

7. 组合学习（22 集美）

8. 概念同化（22 曲阜师大）

》简答题

1. 简述有意义学习的条件与意义。（14 华南师大，16 河南师大，17 山东师大）

2. 简述奥苏伯尔有意义学习的实质与条件。（11、20 福建师大，14 华南师大、宁波，15、16 新疆师大，16 重庆师大、曲阜师大，16、20 内蒙古师大，17 山东师大，18 山西师大，19 西北师大，22 广西师大，23 辽宁师大、苏州科技）

3. 简述奥苏伯尔的有意义学习理论。（15 广西师大，21 吉林师大，23 四川师大）

4. 简述奥苏伯尔的先行组织者策略。（12 华东师大，14 湖北，17 上海师大，19 鲁东、温州）

5. 简述奥苏伯尔的认知同化理论。（14 闽南师大，15 山东师大，19 湖南）

6. 简述奥苏伯尔提出的影响有意义接受学习的三大要素。（20 北师大）

7. 简述接受学习的界定与评价。（15 杭州师大，16 南京师大，20 河北、临沂、青岛）

8. 简述接受学习和发现学习的区别。（23 年北师大）

》论述题

1. 论述奥苏伯尔的有意义学习理论及其在教学中的作用。（18 山西师大，19 东北师大）

2. 论述有意义学习的实质和条件。（11 东北师大，13 北师大、天津，16 浙江工业，17 华东师大，20 中央民族）

3. 试述接受学习与发现学习的异同。（14 华中师大）

4. 运用奥苏伯尔的先行组织者策略设计一节课。（22 河南师大）

5. 论述发现学习、有意义的接受学习以及它们的优势和缺点。（22 上海师大）

6. 论述奥苏贝尔有意义接受学习对教学的启示。（23 东北师大）

7. 结合实际，论述奥苏伯尔"有意义学习"的条件和途径。（23 杭州师大）

8. 论述奥苏伯尔的有意义接受学习理论的内容和意义。（23 天津外国语）

考点 3　加涅的信息加工学习理论 ★★★★★ 40min搞定　（简：12 江苏师大；论：5+ 学校）

加涅是 20 世纪最有影响力的著名教育心理学家之一。他根据现代信息加工理论，对学习的实质、过程、条件以及教学做出系统的论述。加涅的学习模式是在行为派和认知派研究的基础上提出的，它注意到了人类学习的特点，是认知主义中比较有代表性的学习模式。

1. 学习的信息加工模式

加涅根据现代信息加工理论提出了学习的信息加工模式，信息加工的学习模式由三大系统构成，即信息的三级加工系统、期望系统和执行控制系统（如下图所示）。

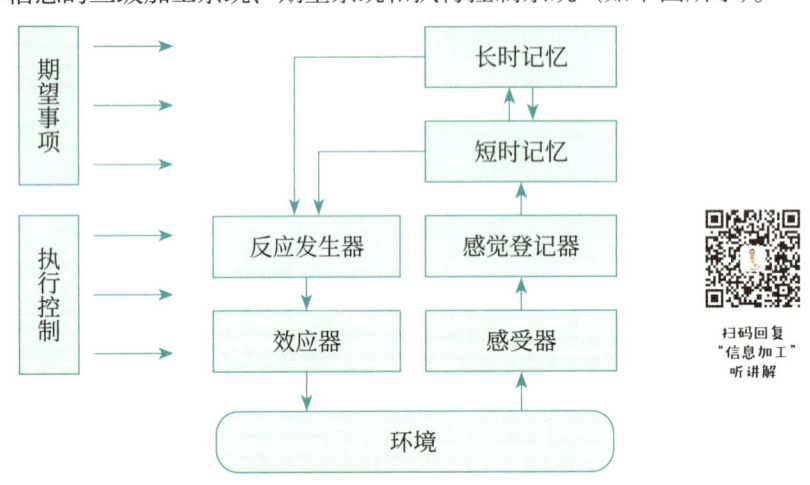

学习的信息加工模式

（1）信息的三级加工。（名：21 云南师大）

①**第一级：感觉记忆（瞬时记忆）**。来自环境的刺激首先到达我们的各种感觉器官（或感受器），并通过感觉登记器（记录器）进入神经系统。信息最初在感觉登记器中进行编码，最初的刺激以映象的形式保持在感觉登记器中，保留 0.25～2 秒。

②**第二级：短时记忆**。被感觉登记的信息很快就会进入短时记忆，这种信息主要是视觉的或听觉的。在短时记忆中信息保持的时间一般在 2.5～20 秒，由于短时记忆的容量有限，一般只能储存 7±2 个信息组块，新信息的进入会挤走原有的信息。因此，要想使信息得到保持，就需要采用复述策略。

③**第三级：长时记忆**。经过复述、精细加工和组织等编码，信息就能够转移到长时记忆中进行储存。长时记忆被认为是一个永久性的信息储存库，其信息的容量也非常巨大。信息进入长时记忆后，发生了关键性的转变，即信息经过了编码的过程。

④**信息的提取与应用**。使用信息时，我们就会到长时记忆中去搜寻，这一过程被称为提取。提取的关键是检索，从短时记忆进入长时记忆的信息有可能被检索出来回到短时记忆，这时的记忆又被称为工作记忆。这些信息通过反应发生器，使效应器（肌肉）活动起来，产生影响学习者环境的操作行为。

（2）期望事项和执行控制。

除了对接收的信息进行的各种内部加工，期望和对加工过程的控制也会影响信息加工的过程和结果。

①**期望事项：指动机系统对学习过程的影响**。正因为学生对学习有某种期望，他才能够对信息进行深入加工，才能够进行学习，来自教师的各种反馈才具有强化作用，而反馈又进一步肯定和增强了学生

的期望。

②**执行控制**：指已有经验对现在学习过程的影响。主要是在信息加工过程中决定哪些信息从感觉记忆进入短时记忆，如何通过复述使信息进入长时记忆，如何对信息进行编码，采用何种提取策略，等等，相当于加涅所说的认知策略。

> **凯程提示**
>
> 考生理解了学习的信息加工模式图，就基本理解了加涅的学说。加涅的学习理论主要揭示了学习过程中的信息流程。考生应该记住这个信息加工图，因为考试有可能请考生看图填空。

2. 学习阶段与教学设计 （简：16 青岛，20 云南师大，21 北师大；论：15 云南师大，21 华南师大）

加涅认为学习的过程就是一个信息加工的过程，学习是学生与环境之间相互作用的结果。加涅把学习过程分为八个阶段，并根据这些阶段进行相应的教学设计，安排相应的教学事件。

（1）**动机阶段**。
①**含义**：学习者被告知学习目标，形成对学习结果的期望，激起学习兴趣。
②**教学事件**：教师要引起学生的学习兴趣，激发学生的学习动机。

（2）**领会阶段**。
①**含义**：依据其动机和预期对外在信息进行选择，只注意那些与学习目标有关的刺激。
②**教学事件**：教师要采取各种手段引起学生的注意，如改变说话声调。

（3）**习得阶段**。
①**含义**：对信息进行编码和储存。当学习者注意或知觉外部情境之后，就可以获得知识。而习得阶段涉及的是对新获得的刺激进行直接编码后将其储存在短时记忆里，然后对它们进行进一步编码加工，将它们转入长时记忆中。
②**教学事件**：教师要给学生提供各种编码程序，鼓励学生选择最佳的编码方式。

（4）**保持阶段**。
①**含义**：学习者习得的信息经过复述、强化后，以语义编码的形式进入长时记忆的储存阶段。对于长时记忆，人类至今了解不多，但有几点是清楚的：第一，长时记忆里的信息，其强度并不随时间的进程而减弱，如老人的回忆；第二，有些信息若长期不用会消退；第三，记忆储存可能会受干扰，如新旧相似信息的混淆。
②**教学事件**：教师要避免相似的刺激同时出现，以减少产生干扰的可能性。

（5）**回忆阶段**。
①**含义**：根据线索对信息进行检索和回忆。
②**教学事件**：教师要利用各种方式帮助学生提取线索，最重要的是指导学生为自己提供线索，使其成为独立的学习者。

（6）**概括阶段**。
①**含义**：在变化的情境或现实生活中利用所学知识，对知识进行概括，将知识迁移到新的情境中。
②**教学事件**：教师要让学生在不同的情境中进行学习，同时要引导学生掌握和概括其中的原理。

（7）**操作阶段**。
①**含义**：利用所学知识，对各种形式的作业进行反应。
②**教学事件**：教师布置合理的作业。

(8) 反馈阶段。

①**含义**：通过操作活动的结果认识到学习是否达到了预定目标，从而在内心得到强化。

②**教学事件**：教师要给予适当的反馈，强化学生的学习动机。

凯程助记

助记1：学习阶段与教学事件的联系

阶段	心理结构	教学事件
动机	期望	激发动机
领会	注意：选择性知觉	引导学习者注意与目标有关的刺激
习得	编码：储存登记	对信息进行初步的编码和存储
保持	记忆储存	提供有利于形成长时记忆的策略
回忆	提取	帮助学生提取线索，引导学生自己提供线索
概括	迁移	让学生在不同情境中学习，引导其概括原理
操作	反应	要求学生表现出行为，如合理布置作业
反馈	强化	提供反馈

助记2：

加涅的信息加工理论
- 信息加工模式
  - 信息的三级加工：感觉记忆、短时记忆、长时记忆
  - 其他系统：期望系统、执行控制系统
- 教学模式：先有动机后领会，习得知识要保持，积极回忆再概括，及时操作后反馈

凯程提示

考生复习到这里要认真回忆，认知主义学派有哪些学者？各自的观点是什么？你还记得行为主义学派的代表人物和观点吗？你能区分行为主义学派和认知主义学派吗？这样复习才有效，才不会混淆知识。

经典真题

▶▶ 名词解释　短时记忆（21 云南师大）

▶▶ 简答题

1. 简述加涅的学习阶段理论。（16 青岛，20 云南师大，22 新疆师大）
2. 简述加涅的信息加工学习理论。（12 江苏师大）
3. 简述加涅的学习阶段理论。（17 聊城）
4. 简述双重编码理论并举例说明。（21 北师大）

▶▶ 论述题

1. 试述加涅的学生素质观及其教育含义。（10 重庆师大）
2. 论述加涅的信息加工学习理论及其对课堂教学的启示。（19 安徽师大，20 华中师大、内蒙古师大、成都）
3. 试论加涅的学习阶段理论。（15 云南师大，21 华南师大）
4. 班上来了个插班生，开始连"7+1"都不会算，后来在老师一遍又一遍的帮助下似乎学会了，但当遇到"8+1""9+1"的时候还是不会，老师越想越生气，不明白为什么。试根据加涅的学习层次理论，就如何改善这位学生的数学学习情况给该老师提出建议，并思考此教学案例带来的启示。（22 江苏师大）

第四节 人本主义的学习理论

罗杰斯是美国心理学家和教育学家，人本主义心理学的主要代表人物。20世纪60年代，罗杰斯将他的"来访者中心疗法"移植到教育领域，倡导以学生经验为中心的有意义学习、内在学习和自由学习，创立了"以学生为中心"的教育和教学理论。该理论对传统的教育理论造成了冲击，推动了教育改革运动的发展，他的理论成为20世纪最重要的教育理论之一。

罗杰斯对心理学的贡献主要表现在他提出了自我实现的人格理论，创立了以患者为中心的疗法，以及倡导了以学生为中心的教育思想，同时，他还主张培养知情融为一体的"全人"。

凯程拓展

罗杰斯自由学习理论的心理学基础

1. 人格理论

（1）人格形成的原动力来自自我实现的需要。自我实现是人对于自我发挥和完成的欲望，也是个体潜力得以实现的倾向。人格发展的关键在于形成和发展正确的自我概念。自我概念的正常发展必须具备两个基本条件：无条件的尊重和自尊。

（2）自我是在环境和他人的相互作用中形成的。每个人心中有两个自我：一个是个体的自我概念，即实际自我；另一个是个体打算成为的自我，即理想自我。如果两种自我有很大的重合性或相当接近，那么个体的心理是健康的；反之，如果两种自我的差距过大，就容易出现心理问题。

2. 心理治疗观

（1）"患者中心疗法"（又称"来访者中心疗法"）：罗杰斯反对传统的心理咨询理论，强调来访者在咨询过程中的中心和指导地位。

（2）原则：①真诚一致；②无条件积极关注；③同理心。

考点1 罗杰斯的自由学习观

1. 知情统一的教学目标

罗杰斯认为，情感和认知是人类精神世界中两个不可分割的有机组成部分，二者融为一体。教育应该培养"躯体、心智、情感、精神、心力融汇一体"的人，也就是既用认知的方式也用情感的方式行事的知情合一的人。他称这种知情融为一体的人为"全人"，这样的人也是能够适应变化和知道如何学习的人。

2. 罗杰斯关于学习的分类

罗杰斯认为学生的学习主要有两种类型：认知学习和经验学习。其学习方式也有两种：无意义学习和有意义学习。认知学习就是无意义学习，经验学习就是有意义学习。

（1）**认知学习（无意义学习）**：只涉及心智，而不涉及感情或个人意义，是一种"在颈部以上发生的学习"，与"全人"无关。

（2）**经验学习（有意义学习）**：以学生的经验生长为中心，以学生的自发性和主动性为学习动力，把学习与学生的愿望、兴趣和需要有机结合起来，能够有效地促进个体的发展。

3. 有意义学习

(1) **含义**：有意义学习是一种与个人各部分经验都融合在一起，使个体的行为、态度、个性，以及在未来选择行动方针时发生重大变化的学习。它不仅仅是增长知识，更要引起整个人的变化，对个人的生存和发展有价值。

(2) **要素（特征）**：a. 个人参与。整个人（包括情感和认知两方面）都投入学习活动中。b. 自我发动。学习是自发的，发现、获得、掌握和领会的感觉来自内部。c. 全面发展。使学生的行为、态度、人格等获得全面发展。d. 自我评价。学生最清楚这种学习是否满足自己的需要，是否有助于自我实现。

(3) **原则：自由学习**。罗杰斯所倡导的学习原则的核心就是让学生自由学习。自由学习指教师要信任学生，信任学生的学习潜能，为学生提供学习资源和氛围，让学生自己决定如何学习，使学生在交往中形成适应自己风格的、促进学习的最佳方法。

(4) **罗杰斯与奥苏伯尔的有意义学习的不同**。

①**罗杰斯的有意义学习**。这是一种经验学习，以学生的经验生长为中心，以学生的自发性和主动性为学习动力，把学习与学生的愿望、兴趣和需要有机地结合起来，因而是有意义的学习。

②**奥苏伯尔的有意义学习**。按照罗杰斯的观点，奥苏伯尔的有意义学习是一种认知学习，实际上是无意义的。因为这种学习强调新旧知识之间的联系，它只涉及心智，而不涉及感情或个人意义，是一种"在颈部以上发生的学习"，与"全人"无关。

> **凯程提示**
> 考生要注意区别罗杰斯的有意义学习和奥苏伯尔的有意义学习（辨析题或简答题非常重要的出题点）。二者的理论出发点是不同的，定义也不同。

考点 2　以学生为中心的教学观　（辨：17南京师大；简：5+ 学校；论：14湖南科技，18沈阳师大）

1. 批判传统的教学方式

(1) **教师的任务**。教师不是教学生学习知识（这是行为主义强调的），也不是教学生如何学习（这是认知主义强调的），而是为学生提供各种学习的资源，提供一种促进学习的氛围，让学生自己决定如何学习。

(2) **教师的角色**。教师不是知识的传授者，不是权力的拥有者，而应该是"学习的促进者"。

所以，在传统教育中，将教师看作知识的拥有者，将学生看成信息的被动接受者，不能称之为真正的教学。

2. 非指导教学的要点　（名：23陕西师大）

(1) **教师应该成为学生学习的"促进者"，以学生为中心促进教学**。学生自身具有学习的潜能，"促进者"只需要为他们设置良好的学习环境，提供各种学习资源，指导和激发学习者的动力与潜能，以促进他们的自我实现。

(2) **采用"非指导"的形式**。"非指导"是不再具体指导知识教学的过程，而是另一种指导，即指导学生学习的心理氛围。"非指导"不等于不指导，它强调指导的间接性、非命令性。

(3) **非指导教学的关键在于促进形成学习的良好心理氛围**。良好心理氛围形成的条件：

①**真诚一致**。学习的促进者是一个表里如一、真诚、完整而真实的人。

②**无条件积极关注**。学习的促进者关心学习者的方方面面，尊重其情感和意见，充分接纳其价值观念和情感表现。

③同理心（移情性理解）。学习的促进者能了解学习者的内在反应，了解其学习过程，设身处地，感同身受。

3. 非指导教学的特点

（1）**教学过程无固定结构**。非指导教学强调学生自主学习、自主建构知识意义，强调发掘人的创造潜能，强调情感教育，其教学过程无固定结构。

（2）**教学无固定内容**。非指导教学重视的是教学过程而不是教学内容。

（3）**教师不做任何指导**。教师的任务是为学生提供各种学习资源，提供一种促进学习的气氛，让学生自己决定如何学习。

考点 3　人本主义学习理论的应用 ★★★★★ 3min搞定

（1）**强调人在学习中的自主地位**。罗杰斯强调学习中的情感因素，并试图将情感因素和认知因素在学习中结合起来。在教学过程中，要让学生保持和产生好奇心，以自己的兴趣为导向去探究未知领域，意识到一切事物都是变化的、发展的。

（2）**重视教师的促进作用，教师要对学习者持积极乐观的态度**。教师作为促进者，其首要任务不是"教"而是"促"，要允许学生自由学习并满足学生的好奇心。

（3）**重视有意义学习、自由学习和过程学习**。在人才培养的过程中，要注重有意义学习、自由学习和过程学习，最大限度地调动学生学习的积极主动性，培养积极乐观、适应时代变化的心理健康的人。

（4）**重视师生友好关系以及课堂良好心理氛围的建立**。教师必须同学生建立起一种良好的人际关系，创造出一种良好的学习气氛，经常组织师生、生生之间的交流对话。以学习者为中心，构建和谐的师生关系是培养创造型人才的关键。

考点 4　人本主义学习理论的评价[①] ★★★ 5min搞定

1. 优点

人本主义学习理论对传统的教育理论造成了冲击，推动了教育改革运动的发展。它所强调的重视对学生人格的培养、充分发挥学生的主动性和创造力、教学要以学生为中心、构建良好的师生关系、鼓励学生的自我评价的观点，有利于学生身心健康的成长，以适应时代的变化和社会的要求。其观点和主张从理论上来说无疑是正确的，值得我们思考和借鉴。

2. 缺点

（1）**过分夸大情感因素**。重视情感因素在学习中的作用，这是正确的，但把这一因素的作用扩大化，就显得片面化。

（2）**过分强调学生的自我选择**。在学习中忽视教师的指导作用，不利于学生学习系统的知识，不利于培养学生的意志力和纪律性，易使学生走向极端个人主义。

（3）**在教育实践中难以实施**。即使在人本主义思潮的鼎盛时期，他们自身的教学主张，如"开放学校""开放课堂"等，也没有被真正实现。

[①] 此部分内容参考燕良轼的《教育心理学》和陈琦、刘儒德的《当代教育心理学》（第 3 版）。

凯程提示

人本主义的学习理论在教育学原理和教育心理学中重复出现，考生可以整合学习。此外，建议考生对本章知识进行汇总，本章各个部分都非常重要，内容比较多，需要花费大量时间和精力去学习。在理解的基础上，考生可以尝试自己做分析框架图来加深理解和掌握，同时要研究真题，多做相关练习题。

凯程助记

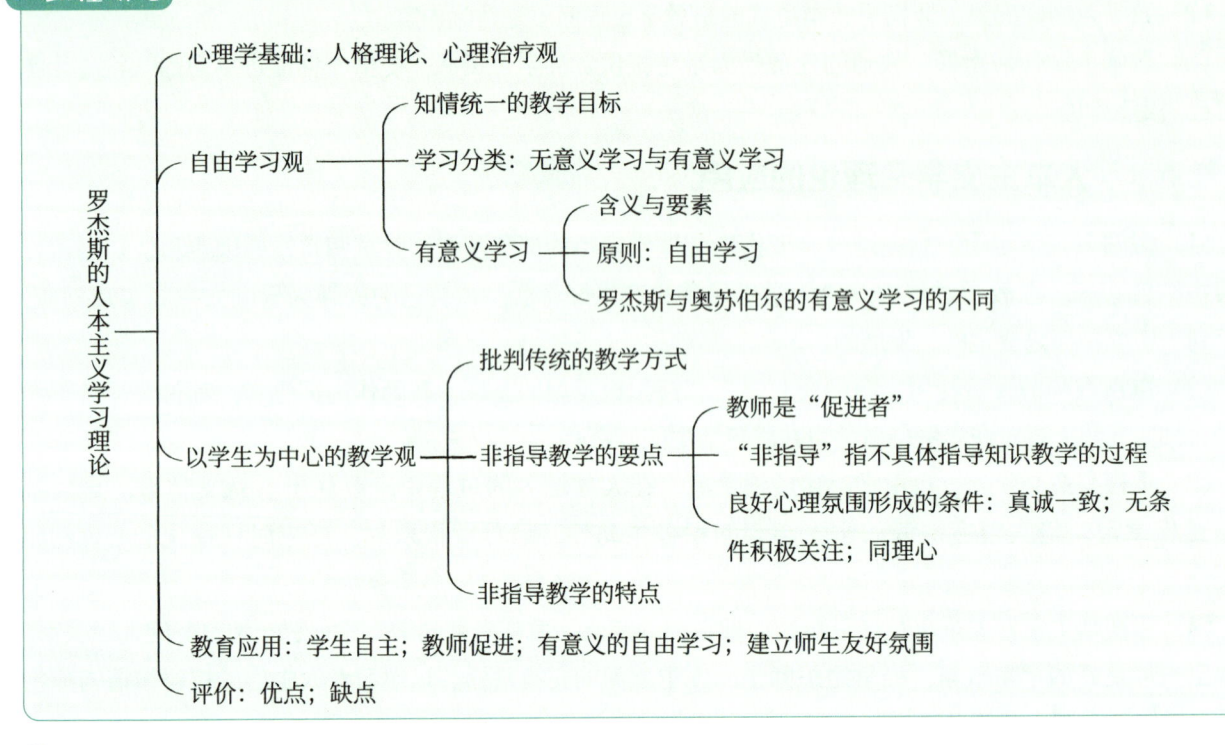

```
                ┌─ 心理学基础：人格理论、心理治疗观
                │                  ┌─ 知情统一的教学目标
                │                  │
                ├─ 自由学习观 ──────┼─ 学习分类：无意义学习与有意义学习
                │                  │               ┌─ 含义与要素
                │                  └─ 有意义学习 ──┼─ 原则：自由学习
罗杰斯的人                                          └─ 罗杰斯与奥苏伯尔的有意义学习的不同
本主义学习 ─────┤
理论            │                  ┌─ 批判传统的教学方式
                │                  │                        ┌─ 教师是"促进者"
                ├─ 以学生为中心的 ─┼─ 非指导教学的要点 ─────┼─ "非指导"指不具体指导知识教学的过程
                │   教学观          │                        └─ 良好心理氛围形成的条件：真诚一致；无条
                │                  │                             件积极关注；同理心
                │                  └─ 非指导教学的特点
                │
                ├─ 教育应用：学生自主；教师促进；有意义的自由学习；建立师生友好氛围
                └─ 评价：优点；缺点
```

经典真题

▸ 名词解释　非指导性教学模式（23 陕西师大）

▸ 辨析题　奥苏伯尔的有意义学习和罗杰斯的有意义学习本质相同。（22 山东师大）

▸ 简答题

1. 简述罗杰斯的自由学习观。（10 四川师大、哈师大，20 温州，21 集美）

2. 简述罗杰斯以学生为中心的教学观。（13 曲阜师大，14 广西师大，15 苏州，16 鲁东，17 南京师大，19 扬州）

3. 简述人本主义的学习理论。（10 山东师大，11 江苏师大，18 湖北师大、江苏，19 中央民族）

4. 简述罗杰斯有意义学习的基本内涵。（22 东北师大）

5. 简述罗杰斯自由学习的促进方法。（22 海南师大）

6. 简述罗杰斯的学习理论。（23 宁夏）

▸ 论述题

1. 论述人本主义教育观。（18 沈阳师大）

2. 论述罗杰斯以学生为中心的教学观。（12 中南，14 湖南科技，19 扬州）

3. 论述罗杰斯的自由学习的原则。（19 云南师大，22 杭州师大）

4. 论述人本主义理论及其现实意义。(17华中师大，22安徽师大)
5. 论述人本主义学习理论及其实践、贡献与局限性。(12杭州师大，19山西师大)
6. 试析罗杰斯的人本主义学习理论及其对教学的启示。(10广西师大，11重庆师大，12杭州师大，16聊城，17华中师大、苏州，19湖南、山西师大)
7. 论述人本主义和认知派的有意义学习思想。(15山西师大)

第五节 建构主义的学习理论 (简：30+ 学校；论：30+ 学校)

考点1 建构主义的思想渊源与理论取向 15min搞定

1. 思想渊源

建构主义的兴起是教育心理学和学习理论领域发生的一场革命。建构主义学习理论是学习理论从行为主义发展到认知主义以后的进一步发展。

(1) **皮亚杰的建构主义思想**。他认为人的认知结构始终处于变化与建构之中，环境和个体特征是影响它的两个决定性因素，而建构的基本心理机制就是同化和顺应（或称双重建构）。

(2) **布鲁纳的建构主义思想**。他通过儿童心理发展过程中对客观世界表征形式的不同，讨论了不同时期的儿童如何对客观世界进行建构。布鲁纳还阐明了认知结构的来源和知识建构的问题。

(3) **维果茨基的建构主义思想**。他认为个体的学习是在一定的社会文化历史背景下进行的，社会可以为个体的学习发展起到重要的支持和促进作用。

(4) **杜威的建构主义思想**。他主张教育就是经验的生长和改造，学生应该从经验中发现问题，而问题又可以激发他们去探索新知识，产生新观念。

> **凯程提示**
>
> 新课程的理念就来自建构主义，而且建构理论看起来确实繁复一些，它有不同的理论取向，考生复习时要注意。另外请考生思考新课程的哪些理念来自建构主义。
> 由于建构主义是认知主义的进一步发展，考生可以在复习时注意二者的异同。其实每种理论的发展都来自前人智慧的积累，在不断深入学习一个个理论时，你可能会发现理论之间神奇的联系。
> 建构主义的基本理论取向是，学习是积极主动的意义建构和社会互动过程。教学不是把知识经验从外部装到学生的头脑中，而是要引导学生从原有的经验出发，生长（建构）出新的经验。

2. 理论取向 (简：11曲阜师大)

建构主义本身并不是一种学习理论流派，而是一种理论思潮，目前正处在发展阶段，尚未达成一致意见，存在不同取向。教育中的建构主义主要有个人建构主义和社会建构主义两种取向。

(1) **个人建构主义**。凡是认为学习者通过新旧知识经验的相互作用来形成、丰富和调整自己的认知结构的过程，都属于个人建构主义，也叫认知建构主义。所以，激进建构主义和信息加工建构主义都属于个人建构主义。（下文考点3中已做详细介绍。）

(2) **社会建构主义**。凡是认为学习是一个文化参与的过程，学习者要通过参与到某个共同体的实践

---

① 对这一知识点介绍得最翔实的教材当属陈琦、刘儒德的《当代教育心理学》，但新版与旧版内容差别较大，凯程当前按照新版（第3版）教材的内容来编写，请考生依据第3版进行学习。

活动中来建构有关知识的，都属于社会建构主义。所以，有的书中认为社会文化取向的建构主义是社会建构主义的一支。（下文考点4中已做详细介绍。）

考点2 建构主义学习理论的基本观点 ★★★★★ 15min搞定 （简：21广东技术师大；论：21湖南师大）

1. 知识观 （简：25+学校；论：20+学校）

（1）**知识的动态性（相对性）**。建构主义认为知识是人们在社会实践中建立起来的暂定性的解释和假设。它具有相对性、不确定性，是不断发展的。

（2）**知识的情境性**。建构主义强调知识应用的情境性，认为人在面临现实问题时，不可能仅靠提取已有的知识就能解决好问题，而是需要针对具体情境中的具体问题，对已有的知识进行改组、重组甚至创造才能更好地解决问题。

（3）**知识学习的主动建构性**。个体的知识是由人建构起来的。对事物的理解不仅取决于事物本身，还取决于我们原有的知识经验背景。不同的人由于原有经验的不同，对同一种事物会有不同的理解。

2. 学生观 （简：16湖南科技，20广东技术师大，22苏州）

（1）**学生的经验世界的丰富性**。学生并不是空着脑袋走进教室的，他们在日常生活、学习中已经形成了丰富的经验。

（2）**学生的经验世界的差异性**。教学要把学生现有的知识经验作为新知识的生长点，引导学生从原有的知识经验中"生长"出新的知识经验，而每个学生的现有经验各不相同。

3. 学习观 （名：12沈阳师大；简：5+学校）

建构主义认为，学习是学习者主动地赋予信息以意义，建构自己的知识经验的过程，即通过新经验与原有知识经验的相互作用，来充实、丰富和改造自己的知识经验。学习者的这种知识建构过程具有三个重要特征：

（1）**主动建构性**。学习是积极主动地利用先前经验，建构起自己对新知识的理解。面对新信息、新概念和新命题，每个学生都在以自己原有的知识经验为基础建构自己的理解。学习是个体建构自己的知识的过程，这意味着学习是主动的，要对外部信息做出主动的选择和加工。

（2）**社会互动性**。学习是通过对某种社会文化的参与，内化相关知识和技能，掌握有关工具的过程，这一过程常常需要通过学习共同体的合作互动来完成。（名：23广西师大）

（3）**活动情境性**。学习应该与情境化的社会实践活动结合起来。知识存在于具体的、情境性的、可感知的活动中。它不能脱离活动情境抽象地存在，而只有通过实际情境中的应用活动才能真正被人理解。

4. 教学观[①] （简：12陕西师大，20集美；论：17江苏）

（1）**教学要促进学生的知识建构活动**。教师尽可能地激发学生原有的相关知识经验，促进知识经验的"生长"。

（2）**教学要为学生创设理想的学习情境**。教学要激发学生的推理、分析、鉴别等高级的思维活动，同时给学生提供丰富的信息资源、处理信息的工具、适当的帮助和支持，促进他们自身建构意义以及解决问题的活动。

总之，建构主义强调教学要帮助学生从现有的知识经验出发，在真实情境中，通过操作、对话、协作等方式进行意义建构。

[①] 建构主义的观点由知识观、学生观、学习观、教学观构成，333大纲没有教学观，但实际答题是要有的，希望同学们重视教学观，并补充对教学观的学习。

凯程提示

提示1： 尽管建构主义的知识观不免过于激进，但它向传统的教学方式和理论提出了巨大的挑战，值得我们深思。

按照这种观点，科学知识包含真理性，但不是绝对正确的答案，它只是对现实的一种更加接近正确的解释。更重要的是，这些知识在被个体接受前，对个体而言毫无权威，不能用科学家、教师、课本来压制学生。学生对知识的"接受"只能靠他自己的建构来完成。所以学习知识不能满足于教条式的掌握，而是需要不断深化，把握它在具体情境中的复杂变化。

提示2： 建构主义的基本观点会以简答题或论述题的方式进行考查。另外，考生还要思考我国目前的课程改革的理论思想和具体要求：①反对僵化统一的课程目标；②反对一味地灌输知识，强调学生积极主动地建构、理解知识；③反对抽象地授受知识，强调情境教学；④反对一味重视结果，主张教师把注意力更多地放在学生获得知识的过程上。

可见，建构主义是我国新课程改革的主要理论基础之一。

考点3 认知建构主义学习理论与应用 （论：14安徽师大）

1. 认知建构主义学习理论的内涵

（1）**基本观点：** 它主要关注个体是如何建构认知经验（如知识理解、认知策略）和情感经验（如学习信念、自我概念）的。学习是一个意义建构的过程，是学习者通过新旧知识经验的相互作用而形成、丰富和调整自己认知结构的过程。就其实质而言，意义建构是同化和顺应统一的结果。换言之，认知建构主义强调意义的双向建构过程。

（2）**代表理论：** 以皮亚杰的认知发展阶段理论为基础，与认知—结构的学习理论（布鲁纳、奥苏伯尔的理论等）有更大的连续性。后人形成了激进建构主义、生成学习理论、认知灵活性理论等。

2. 三种典型的认知建构主义学习理论

（1）**激进建构主义。** （简：20山西师大）

冯·格拉瑟斯菲尔德提出了激进建构主义。激进建构主义认为，真正的学习发生在主体遇到"适应困难"的时候，只有在这时，学习动机才能得到最大限度的激发。所以，其反对僵死的、统一的课程目标，强调课程目标的开发性和弹性；反对一味地灌输知识，强调学生积极主动地建构、理解知识，强调学生已有的知识结构在新的学习中的重要意义。同样，激进建构主义还强调情境教学，主张教师要尽量给学生创造建构知识的真实情境，反对纯粹抽象地授受知识，教师要更多地把注意力放在学生获得知识的过程中，而不是结果上。

（2）**生成学习理论。** （名：21扬州、大理）

维特罗克提出了生成学习理论。其基本观点如下：

①该理论是一种信息加工的建构主义。它以信息加工理论的三级记忆系统为基础，在三级记忆的信息加工中不断生成知识。

②学习并不是外界现实的直接复印，而是通过已有的认知结构（原有知识经验和认知策略）对新信息进行加工而建构成的。在生成学习过程中，学习者通过原有认知结构（已经储存在长时记忆中的知识和信息加工策略）与从环境中接受的感觉信息（新知识）的相互作用，主动地注意和选择信息，并生成信息的意义。

③**该理论重视学生结构性和非结构性的知识经验。**维特罗克等人的研究表明，任何学科的学习和理解都不是在白纸上画画，学习总要涉及学习者原有的认知结构，学习者总是以其自身的经验，包括正规学习前的非正规学习和科学概念学习前的日常概念，来理解和建构新的知识或信息。

（3）**认知灵活性理论。**（名：21山东师大）

斯皮罗提出了认知灵活性理论。其基本观点如下：

①**认知灵活性理论关注复杂的、结构不良领域的学习的本质。**所谓结构不良领域的问题指没有标准答案的开放性问题。

②**认知灵活性理论是以知识的双向建构为基础的。**一方面是对新信息的意义的建构；另一方面是对原有经验的改造和重组。

③**教学要"为理解而教"，培养学生的认知灵活性。**学习不在于学习者背诵多少知识，更主要的是灵活运用，对知识形成深层次的理解。

④**教学方法使用随机通达教学。**（随机通达教学的解释在应用部分。）

3. 认知建构主义学习理论的应用

（1）**探究性学习。**（名：5个学校；论：20温州）

①**含义：**探究性学习指学习者通过探究性的活动去发现问题和解决问题，从而建构新知识的过程。

②**环节：**提出驱动性问题—形成具体探究问题和探究计划—实施探究过程—形成和交流探究结果—反思评价。

③**意义：**提高灵活应用知识的能力；形成有效的问题解决和推理策略；发展自主学习能力。

举例：在"三角形的面积公式"这节课中，教师让学生准备两个一模一样的三角形，让学生自己去拼各种图形，发现规律，从而自己推导出三角形的面积公式。

（2）**随机通达教学。**（名：20济南）

①**含义：**认知灵活性理论主张随机通达教学。随机通达教学指对同一内容，学习者要在不同的时间、在重新安排的情境中、带着不同的目的以及从不同的角度进行多次交叉反复的学习，以把握概念的复杂性并促进迁移。随机通达教学是促进高级知识获得的教学原则。

②**意义：**形成对概念的多角度理解，并与具体情境联系起来，形成背景性经验，为今后的灵活迁移做准备。

举例：为了让学生理解浮力的原理，教师先要求学生把一个土豆放进盛着水的容器里，土豆沉到水底，然后让学生不断往水里放盐，直到土豆浮起来，随后又往容器里加水，直到土豆又沉到水底，如此反复多次。

考点4　社会建构主义学习理论与应用　30min搞定　（名：13江苏师大；简：16华东师大；论：19华中师大）

1. 社会建构主义学习理论的内涵　（名：13江苏师大，16华东师大）

（1）**基本观点：**鲍尔斯菲尔德和库伯提出社会建构主义。社会建构主义关注学习和知识建构背后的社会文化机制。它包含两个要点：①学习是一个文化参与的过程；②学习者需要通过学习共同体的合作互动来完成知识的建构。

（2）**代表理论：**维果茨基的文化内化与活动理论（文化历史理论）、情境性认知与学习理论等。

2. 两种典型的社会建构主义学习理论①

（1）文化内化与活动理论。

维果茨基认为，人的高级心理机能的发展是社会文化内化的结果。所谓内化，就是人把存在于社会中的文化（语言、概念体系、文化规范等）变成自己的一部分，来有意识地指引、掌握自己的各种心理活动。维果茨基分析了两种知识在内化过程中的相互作用。

①**自下而上的知识：** 学习者在日常生活、交往和游戏等活动中形成的个体经验（直接经验），由具体水平向高级水平发展，直至实现以语言为中介的概括，形成更加明确的理解，并更有意识地加以应用。

②**自上而下的知识：** 在人类的社会实践活动中形成的公共文化知识（间接经验），首先以语言符号的形式出现在个体的学习中，由概括向具体经验领域发展，形成学习者的个人意义。

③**人的心理是在人的活动中发展起来的，强调活动在内化过程中的关键作用。**

（2）情境性认知与学习理论。

让·莱夫、布朗等提出情境性认知与学习理论。其基本观点如下：

①**知识是情境性的。** 学习应该与情境性的社会实践活动结合起来。

②**倡导情境性教学。** 情境性教学指让学习者在一定情境的活动中完成学习，是情境性学习观念在教学中的具体应用。

③**人的认知除情境性认知外，还有分布式认知。** 分布式认知是指分布在个体内、个体间，以及媒介、环境、文化、社会和时间等之中而进行的认知。如在中国餐厅吃饭，只需要支付餐费；在美国餐厅吃饭，除了支付餐费，还要交税和给小费。在不同国家，我们对餐厅支付文化的认知是不同的。分布式认知强调的是认知现象在认知主体和环境间分布的本质。

总结： 在教学中，对于以教师为权威的教学和以学生为中心的教学，学生的认知感受是不同的，也就是学生的分布式认知不同。所以，我们大力提倡班级教学之外的各种教学模式，如认知学徒制、抛锚式教学、合作学习、远程教育等。

3. 社会建构主义学习理论的应用

（1）抛锚式教学。（名：23渤海；论：22鞍山师大）

含义： 抛锚式教学属于一种情境性教学模式，它将学习活动与某种有意义的大情境挂钩，让学生在真实的问题情境中进行学习。这种教学以具有感染力的真实事件或真实问题为基础，确定这类真实事件或真实问题就相当于"抛锚"，因为这类事件或问题一旦被确定了，整个教学内容和进程也就被确定了，就像轮船被锚固定一样。

举例： 关于"奥林匹克运动会"的教学，教师先以奥运历史或我国历次奥运中的成绩这类真实性事件或问题作为"锚"（学习的中心内容），来激发学生的学习兴趣和主动探索的精神，再通过展开讨论，把对有关教学内容的理解逐步引向深入。

（2）认知学徒制。

含义： 认知学徒制指知识经验较少的学习者在专家的指导下参与某种真实的活动，从而获得与该活动有关的知识技能。这种模式与一些行业中师傅带徒弟的实践活动方式非常相似。在这种学习活动中，任务是真实的，环境是真实的，知识技艺是蕴含在真实活动之中的，徒弟学到的是可以解决实际问题的

---
① 此知识点根据陈琦、刘儒德的《当代教育心理学》（第3版）编写，凯程建议考生用该教材的知识进行更全面的总结学习。

本领。徒弟在工作坊中经历了一个"合法的边缘参与"的过程，从最初的打杂开始，逐渐参与更高级的任务，获得高级的技能，从新手变成一个老手或专家。在这个过程中，徒弟学到的不仅是知识技能本身，更多的是从专家那里学到了解决实际问题的高级思维方式。

举例：医学生在见习期间，通过观察、参与主任医师对临床病例的处理，接受经验丰富的医生的点拨与指导，从而获得了许多医学经验和技能，面对不同的病例，也可以灵活应用自己的医学知识。

（3）情境式教学。 （名：20渤海）

情境式教学在第二章第二节"维果茨基的文化历史发展理论"中做了详细介绍，此处不再赘述。

（4）支架式教学。 （名：18江西师大，20临沂；简：18西北师大）

支架式教学是在维果茨基的最近发展区思想的基础上发展而来的新教学模式，在第二章第二节"维果茨基的文化历史发展理论"中做了详细介绍，此处不再赘述。

（5）合作学习。 （名：13四川师大；简：12重庆师大，18湖北师大；论：17江苏）

合作学习在第二章第二节"维果茨基的文化历史发展理论"中做了详细介绍，此处不再赘述。

（6）交互式教学。

交互式教学在第二章第二节"维果茨基的文化历史发展理论"中做了详细介绍，此处不再赘述。

凯程提示

建构主义一直是比较受重视的教学理论，其应用范围也比较广，所衍生出来的教学模式也较多。考生需要把第二章第二节"维果茨基的文化历史发展理论"的教学应用与此处所讲的建构主义的教学应用结合在一起，按照"助记1"的表格，尽可能全面地掌握常见的建构主义的教学应用。

凯程助记

助记1：建构主义理论取向的分类及教育应用

理论取向	详细分类	教育应用
认知建构主义	①激进建构主义；②生成学习理论；③认知灵活性理论	①探究性学习；②随机通达教学
社会建构主义	①文化内化与活动理论（文化历史理论）；②情境性认知与学习理论	①抛锚式教学；②认知学徒制；③情境式教学；④支架式教学；⑤合作学习；⑥交互式教学

助记2：学习理论流派总结表

流派	基本观点	助记顺口溜
行为主义	共有观点：我们只能通过外显行为去研究人的学习。 内部差异： ①巴甫洛夫：我发现生物界普遍存在S—R联结。 ②华生：我帮你把S—R联结用到人的学习中。 ③桑代克：我来完善，学习需要试误，$S \xrightarrow{试误} R$。 ④斯金纳：我来补充，学习需要强化，R—S（强化）。 ⑤班杜拉：我来点睛，学习不需要亲自出马，观察就好，$S \xrightarrow{试误} R—强化$	巴甫洛夫的狗， 华生的娃， 桑代克的小猫， 斯金纳的鼠， 班杜拉的宝宝观赏罚

续表

流派	基本观点	助记顺口溜
认知主义	共有观点：听说大脑内部是无法研究的黑匣子，我们偏要研究，并成功揭示了学生主动在头脑内部构造认知结构的过程。 内部差异： ①布鲁纳：大脑很神奇，采用发现法可以形成认知结构。 ②奥苏伯尔：发现法和接受法都能形成认知结构，关键看是不是有意义。 ③加涅：我更关心如何通过记忆的三级加工长久地记住新知识	布鲁纳："我发现！" 奥苏伯尔："我接受！" 加涅："我把信息加工一下！"
建构主义	共有观点：学习是个体原有经验与社会环境互动的加工过程。所以，学习在每个人的头脑里建构出来的知识不一样	建构主义者："你和我建构的不一样！"
人本主义	共有观点：学习不仅需要大脑里的认知过程的参与，也需要学习情感的参与。只有知情合一，才能真正促进学习的发生	人本主义者："我得有心情才能学进去！"

经典真题

名词解释

1. 建构主义学习观（12 沈阳师大，20 首师大） 2. 建构主义教学观（12 陕西师大，16 广西）
3. 支架式教学（18 江西师大，20 临沂，21 渤海） 4. 合作学习（13 四川师大）
5. 探究性学习（16 江苏，18 江苏师大、广东技术师大，19 陕西师大，20 河北、青岛）
6. 学习共同体（23 广西师大） 7. 抛锚式教学（23 渤海）

辨析题
建构主义的核心教学模式是程序教学。（16 重庆师大）

简答题

1. 简述建构主义学习理论的基本观点。（10 江苏师大，10、15 渤海，10、21 山西师大，11 哈师大，11、18 聊城，12 广西师大、闽南师大、湖南，13 华东师大，13、14 苏州，13、15 南京师大，13、15、16 四川师大，14 辽宁师大、曲阜师大，15 中央民族，15、17、20 内蒙古师大，16 江西师大，17 陕西师大、扬州，17、20、23 海南师大，18 山西，19、21 沈阳师大，20 东北师大、临沂、中国海洋，21 广东技术师大、淮北师大、西北师大、西藏、江苏，22 延安、济南，23 西华师大、宁夏）

2. 简述建构主义的不同理论取向。（11 曲阜师大）
3. 简述建构主义学习理论的要义及其教学指导原则。（17 扬州）
4. 简述激进主义教育思潮的基本观点。（20 山西师大）
5. 简述建构主义的学习观。（11 苏州，15 湖南科技，17 陕西师大，19 北华，23 三峡、宁波、聊城）
6. 简述建构主义学生观。（16 湖南科技，20 广东技术师大，22 苏州）
7. 简述合作学习。（12 重庆师大，18 湖北师大）

论述题

1. 谈谈你对建构主义的理解。(19 哈师大)

2. 试述建构主义教学观。(13、14 江西师大，17 江苏，21 湖南师大，23 新疆师大)

3. 试评述建构主义学习理论。(10 首师大、浙江师大，11 安徽师大，11、14 杭州师大，11、20 鲁东、12 西北师大、西南，12、19 辽宁师大，13、14 江西师大，13、19、20 重庆师大，15 山西师大、青岛、集美，16、17 上海师大，17 西安外国语，18 温州，19 天津师大、淮北师大、四川师大，20 南京师大、浙江、鲁东)

4. 试说明建构主义的基本观点及其对教育改革的意义。(12 西北师大，19 四川师大，20 鲁东)

5. 试述建构主义理论的基本观点，并做出评价。(20 南京师大)

6. 材料：对于传统课堂教学模式和发现学习法，我们应该摒弃传统课堂教学模式，提倡发现法，因为发现法能促进学生探索能力、问题解决能力的提高。

    (1) 请结合布鲁纳和奥苏伯尔的理论，分析材料中的观点。

    (2) 请结合建构主义的相关理论，谈谈如何将传统课堂教学模式与发现法相结合。(21 浙江师大)

7. 论述社会建构主义的观点及其教学启示。(19 华中师大)

8. 联系教学实际，论述认知建构主义学习理论与应用。(14 安徽师大)

9. 试述基本问题（抛锚式教学）的实施过程。(22 鞍山师大)

10. 材料分析：一只青蛙和一条鱼，青蛙出去看了牛，把牛的特征描述给鱼听，但鱼听完把自己的特征和牛的特征结合到一起了。

    (1) 结合案例分析建构主义的学习理论。

    (2) 结合案例阐述建构主义的教学观。(23 浙江师大)

第四章　学习动机

考情分析

图例：选　名　辨　简　论

第一节　学习动机的概述
考点1　学习动机的含义与作用　　74　9
考点2　学习动机的分类　　12　2　1
考点3　学习动机与学习效果的关系　　2　5　1

第二节　学习动机的主要理论　2　3
考点1　学习动机的强化理论　　1　3
考点2　学习动机的需要层次理论　　2　20　17
考点3　学习动机的认知理论　　85　1　38　36
　　　期望—价值理论
　　　成败归因理论
　　　自我效能感理论
　　　自我价值理论
　　　目标定向理论

第三节　学习动机的培养与激发
考点1　影响学习动机的因素　　17　3
考点2　学习动机的培养　　1
考点3　学习动机的激发　　4　75

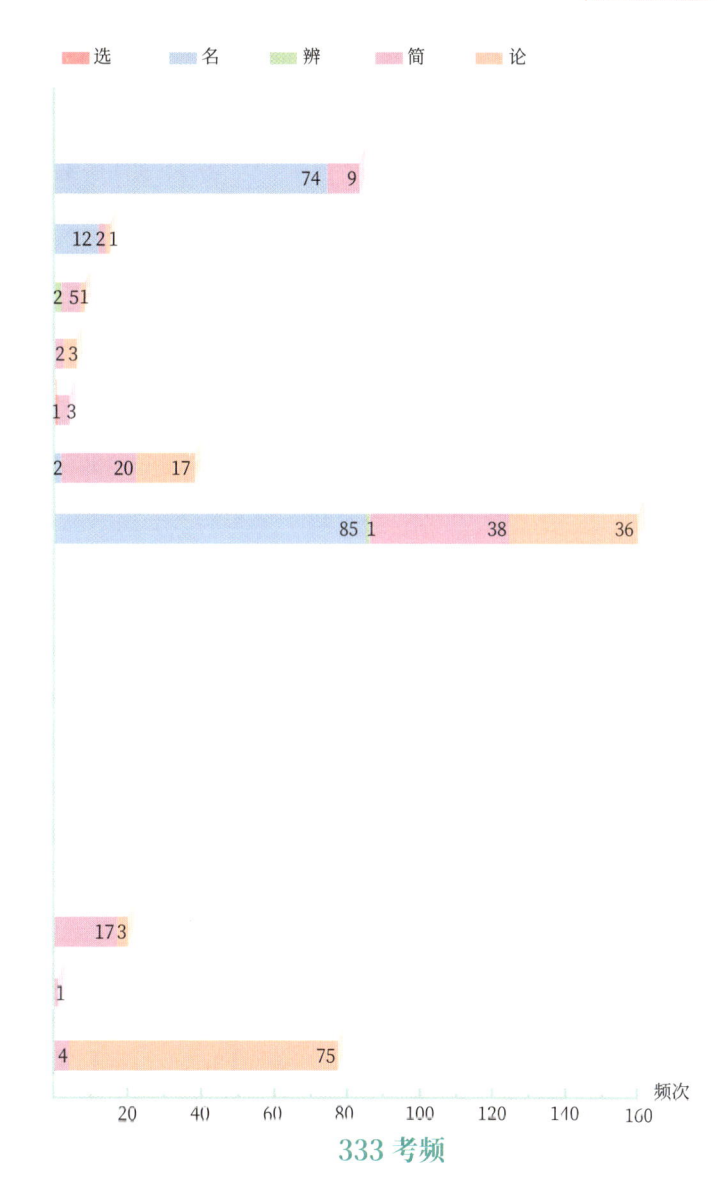

频次：20　40　60　80　100　120　140　160

333考频

---

① 本章主体部分参考陈琦、刘儒德的《当代教育心理学》（第3版）第八章，其中自由学习理论参考第七章。辅助参考冯忠良的《教育心理学》（第三版）第十二章和张大均的《教育心理学》（第三版）第五章。

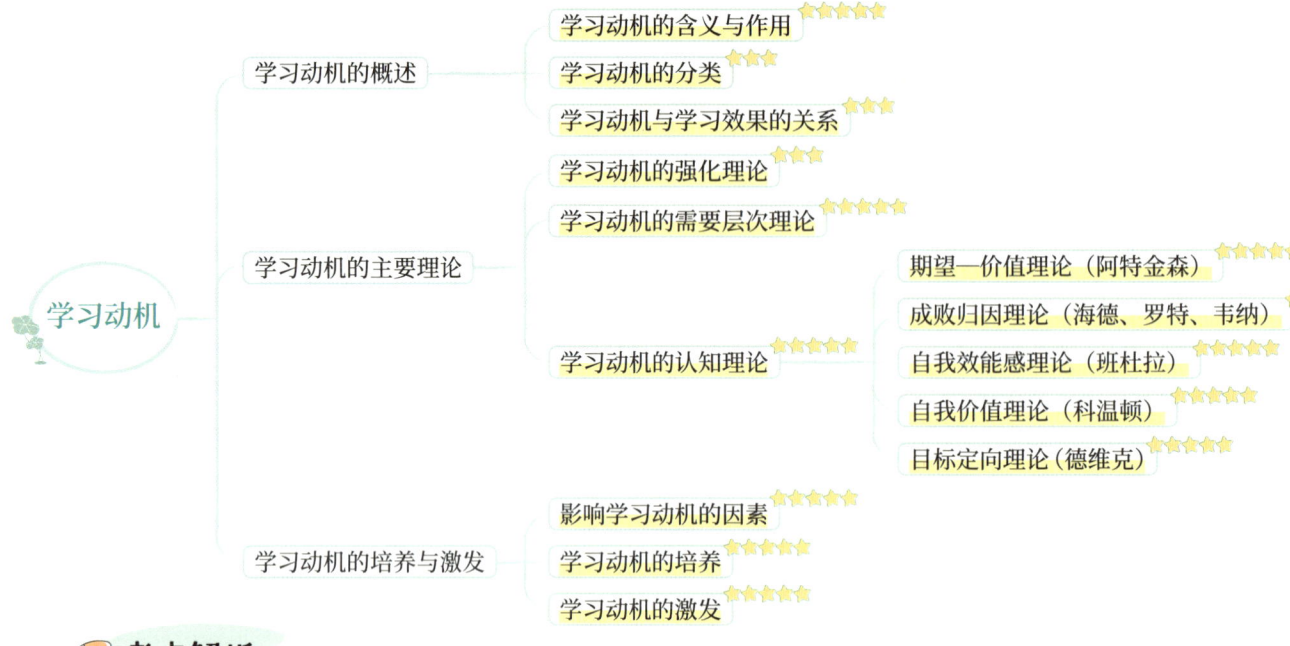

知识框架

```
学习动机
├── 学习动机的概述
│   ├── 学习动机的含义与作用 ★★★★
│   ├── 学习动机的分类 ★★★★
│   └── 学习动机与学习效果的关系 ★★★
├── 学习动机的主要理论
│   ├── 学习动机的强化理论 ★
│   ├── 学习动机的需要层次理论 ★
│   └── 学习动机的认知理论
│       ├── 期望—价值理论（阿特金森）★★★★★
│       ├── 成败归因理论（海德、罗特、韦纳）★★★★★
│       ├── 自我效能感理论（班杜拉）★★★★
│       ├── 自我价值理论（科温顿）★★★
│       └── 目标定向理论（德维克）★★★
└── 学习动机的培养与激发
    ├── 影响学习动机的因素 ★
    ├── 学习动机的培养 ★★★
    └── 学习动机的激发 ★★★
```

考点解析

第一节 学习动机的概述

考点 1 学习动机的含义与作用 ★★★★ 3min搞定 （名：10+ 学校）

1. 内涵

学习动机是激励并维持学生朝向某一目的的学习行为的动力倾向。学习动机与学习兴趣、学习需要、个人价值观、态度、志向水平、外来鼓励、学习后果等都有密切联系。

2. 作用 （简：5+ 学校）

（1）**引发作用**。当学生对某些知识或技能产生迫切的学习需要时，就会引发学习内驱力，最终激起学习行为。

（2）**定向作用**。学习动机以学习需要和学习期待为出发点，使学生的学习行为在初始状态就指向一定的学习目标，并推动学生为达成目标而努力学习。

（3）**维持作用**。其表现为学生在某项学习上的坚持时间、出现频次以及投入状态。学生学习是认真还是马虎，是持之以恒还是半途而废，在很大程度上取决于学习动机的水平。

（4）**调节作用**。学习动机调节学习行为的强度、时间和方向。如果行为活动未达到既定目标，动机还将驱使学生转换行为活动方向以达成既定目标。

考点 2 学习动机的分类 ★★★ 10min搞定 （简：19 吉林师大；论：21 温州）

1. 根据学习动机的动力来源分为：内部动机和外部动机 （简：13 湖北）

（1）**内部动机**：指对学习本身的兴趣所引起的动机。它不需要外界的诱因、奖惩来使行动指向目标，

因为行动本身就是一种动力。(名：12湖北，17湖南)

(2) **外部动机**：**指由外部诱因所引起的动机**。学习者不是对学习本身感兴趣，而是对学习所带来的结果感兴趣。如有的学生是为了得到奖励、避免惩罚、取悦教师等。(名：12湖北)

二者可以共同存在，相互影响。一方面，外部动机使用不当会削弱内部动机；另一方面，外部动机可以转化为内部动机。

2. 奥苏伯尔根据学习动机影响学生学业成就的不同分为：认知内驱力、自我提高内驱力与附属内驱力 ★★★

(1) **认知内驱力**。

含义：认知内驱力指个体了解、理解和掌握知识，以及系统地阐述问题并解决问题的需要。

特点：认知内驱力并非天生的，而是在实践中逐渐培养起来的。认知内驱力从好奇的倾向中派生出来，但个体的好奇心，最初只是潜在的而非真实的动机，没有特定的内容和方向，需要通过个体在实践中不断获得成功，才能真正表现出来。

评价：在有意义学习中，认知内驱力是最稳定和最重要的内部动机，这种动机指向学习任务本身，学习的过程就是为了追求获得知识的满足感。

(2) **自我提高内驱力**。(名：10南京，12天津、北师大，23西安外国语)

含义：自我提高内驱力指个体因自己的胜任能力或工作能力而赢得相应地位的需要。

特点：自我提高内驱力从儿童入学开始显得日益重要，成为成就动机的主要组成部分。自我提高内驱力与认知内驱力不同，它并不直接指向学习任务本身。

评价：自我提高内驱力把成就看作赢得地位和自尊的根源，因而是一种外部动机。学生为了避免自尊受到威胁而努力学习。

(3) **附属内驱力**。

含义：附属内驱力指个体为了获得和保持长者（家长、教师等）的赞许或认可而表现出来的把工作做好的一种需要。

特点：附属内驱力具有三个条件。第一，学生与长者在感情上具有依附性；第二，学生从长者的赞许或认可中获得一种派生地位；第三，享受这种派生地位乐趣的学生会有意识地使自己的行为符合长者的标准和期望。

评价：附属内驱力是学生另一种重要的外部动机，普遍存在于学生的学习生活中。

> **凯程助记** 奥苏伯尔关于学习动机的分类就是奥苏伯尔的学习动机理论。

3. 根据学习动机起作用的范围不同分为：个人动机与情境动机 ★

(1) **个人动机**：指与个体自身的需求、信念、价值观以及性格特征（自主需求、成就动机、自我效能感、自我价值和归因风格等）密切相关的动机。它比较稳定、持久，贯穿于个体学校生活的始终乃至毕生，广泛存在于各学科、课题和学习活动之中。

(2) **情境动机**：指与情境因素（外在刺激的吸引力、奖励和评价等）密切相关的动机。它是暂时的、不稳定的，往往表现在某一具体学习活动中。

4. 根据学习动机在活动中的地位分为：主导性动机和辅助性动机 ★

(1) **主导性动机**：指对学习活动起支配作用的动机。

(2) **辅助性动机**：指对学习行为起辅助作用的动机。

5. 根据学习动机的作用和与学习活动关系的远近分为：近景的直接性动机和远景的间接性动机

（1）**近景的直接性动机**：指与近期目标相联系的一类动机，它与学习活动直接相连，源于对学习内容或学习结果的兴趣。

（2）**远景的间接性动机**：指动机行为与长远目标相联系的一类动机，它与学习的社会意义和个人的前途相连。

6. 根据学习动机内容的社会意义分为：正确的、高尚的学习动机与错误的、低级的学习动机

凯程助记

学习动机的分类

分类标准	动机类型
动力来源	内部动机、外部动机
对学生学业成就的影响	认知内驱力、自我提高内驱力、附属内驱力
起作用的范围	个人动机、情境动机
在活动中的地位	主导性动机、辅助性动机
作用和与学习活动关系的远近	近景的直接性动机、远景的间接性动机
社会意义	正确的、高尚的学习动机，错误的、低级的学习动机

考点3　学习动机与学习效果的关系（必要补充知识点）（简：10+学校）

（1）**学习动机是影响学习效果的一个重要因素，但不是唯一因素。**

（2）**学习动机与学习效果的关系并不是直接的**，它们之间往往以学习行为为中介。学习行为不仅受到学习动机的影响，也会受到一系列主、客观因素的影响。所以，只有把学习动机、学习行为、学习效果三者放在一起，才能看出学习动机与学习效果之间的关系。

（3）**学习动机强度与学习效率并不完全成正比。**依据耶克斯－多德森定律来看学习动机与学习效率的关系，如下图所示：

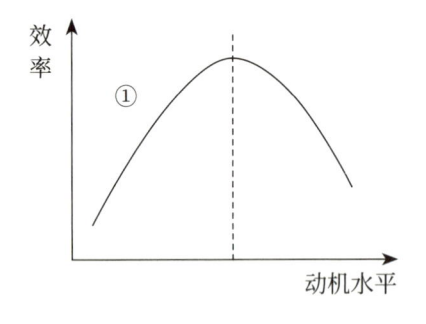

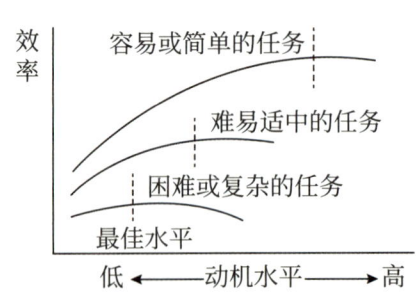

①**学习动机存在一个最佳水平。**在一定范围内，学习效率随学习动机强度的增大而提高，直至达到学习动机的最佳强度而获最佳，之后则随学习动机的强度进一步增大而下降。

②**动机强度的最佳水平会随学习活动的难易程度的变化而变化。**一般来说，从事比较容易的学习活动，动机强度的最佳水平点会高些，而从事比较困难的学习活动，动机强度的最佳水平点会低些。

③**动机强度的最佳水平会因人而异。**进行同样难度的学习活动，对有的学生来说，动机强度的最佳水平点高一些更为有利，但对于另一些学生来说，可能最佳水平点低一些更为有利。

④**学习动机强度与学习效率之间不是一种线性关系，而是一种倒 U 型曲线关系**。中等强度的动机，最有利于任务的完成，一旦动机强度高于这个水平，就会对行为具有阻碍作用。如过分强烈的学习动机往往使学生处于一种紧张的情绪状态，这会降低学习效率。

凯程助记

学习动机强，学习行为也好，则学习效率高。学习动机弱，学习行为也弱，则学习效率低。

学习动机强，学习行为不好，则学习效率低。学习动机弱，学习行为却好，则学习效率可能高。

经典真题

>> 名词解释

1. 学习动机（10、12、23 闽南师大，10、23 重庆师大，11 北京航空航天，11、12 中南、南京师大，11、12、16、17 华南师大，11、13、16、22 四川师大，11、16 浙江师大，12 山西师大，12、13 北师大，12、13、15、16、18 西华师大，12、17、22 江西师大，13 辽宁师大，13、15、16 聊城，13、22 宁波，14、15、18 曲阜师大，15 淮北师大、鲁东、扬州、重庆三峡学院，16、18 江苏师大，16、20 贵州师大，17 湖南师大、云南师大、新疆师大，17、18、22 苏州，18 集美、湖南、湖北、江汉、河北，19 太原师范学院、天津师大、内蒙古师大、中国海洋，19、23 广东技术师大，20 陕西师大、湖南理工学院、江苏，21 广西师大、上海师大、天水师范学院，22 杭州师大，23 青海师大、温州、沈阳师大）

2. 自我提高内驱力（10 南京，12 天津、北师大，23 西安外国语）

3. 内驱力（13 重庆师大）

4. 认知内驱力（17 湖南，19 山西师大，20 安徽师大，22 西北师大）

5. 附属内驱力（14 湖南，20 河北，22 山东师大）

>> 辨析题

1. 学习动机越强，学习效果越好。（21 西华师大）

2. 在复杂任务下，学习动机越高，学习效果越好。（23 山东师大）

>> 简答题

1. 简述学习动机的种类。（19 吉林师大，21 湖南）

2. 简述学习动机与学习效率的关系。（17 西北师大，19 首师大）

3. 简述学习动机的作用。（15 吉林，16 内蒙古，17 南京，20 四川轻化工、西藏，20、21 广东技术师大，22 宁夏、湖北）

4. 简述学习动机与学习效果的关系。（21 山东师大，22 云南师大、湖南）

>> 论述题

1. 内部动机，外部动机，特长班。（关键词）（21 温州）

2. 论述动机强度与学习效率关系。（23 合肥师范学院）

第二节 学习动机的主要理论

（简：10 东北师大，20 吉林师大，23 广西师大；论：23 山西师大）

考点 1 学习动机的强化理论 5min搞定

（简：16 华中师大、辽宁师大、18 北师大；论：15 江西师大，18 北师大，20 济南）

（1）**观点**：学习动机的强化理论的代表人物为行为主义心理学家。他们不仅用强化来解释学习的发生，还用它来解释动机的产生。①人的某种学习行为倾向完全取决于先前的这种学习行为与刺激因强化而建立起来的稳固联系。②联结学习理论的核心是刺激与反应之间的联结，而不断地强化则可以使这种联结得到加强和巩固。

（2）**应用**：在引导学生展开学习活动时，需要有效地增加正强化（表扬）和合理地利用负强化，以此激发学生的学习动机，改善他们的学习行为及其结果。各种外部手段，如奖赏、评分、竞赛等，都可以激发学生的学习动机。

（3）**局限**：过分强调引起学生行为的外部力量（外部强化），忽视甚至否定了人的期望、信念、自觉性与主动性（自我强化）以及其他想法。

考点 2 学习动机的需要层次理论 15min搞定

（填：19 陕西师大；名：15 中国海洋，17 鲁东；简：15+ 学校；论：10+ 学校）

（1）**主要观点**。

美国心理学家马斯洛提出了人本主义学派最具代表性的动机理论——需要层次理论。他认为人类的学习动机与各种切身需要紧密相关，这些需要从低级到高级可分为以下七个层次。

①**生理的需要**：维持生存和延续种族的需要。

②**安全的需要**：受保护与免遭威胁、获得安全感的需要。

③**归属与爱的需要**：被人接纳、爱护、关注、鼓励、支持的需要。

④**尊重的需要**：希望被人认可、关爱、赞许等维护个人自尊心的需要。

⑤**求知与理解的需要**：通过探索、试验、阅读、询问等，了解自己不理解的东西的需要。

⑥**审美的需要**：欣赏、享受美好事物的需要。

⑦**自我实现的需要**：个人理想全部实现的需要，是最高层次的需要。

马斯洛需要层次图

（2）**特点**。

①**层次化**。各种需要不仅有高低层次之分，而且有先后顺序之别，较低层次的需要必须得到部分满足之后，才能出现对较高层次的需要的追求。

②**分类化**。马斯洛把这七种需要分为缺失需要和成长需要。其中前四种需要属于缺失需要，它们是我们生存所必需的，一旦这种需要得到满足，对其需要的强度就会降低；后三种需要属于成长需要，对我们适应社会有重要的积极意义，它们很少能得到完全满足。

③**缺失需要和成长需要相互制约、相互影响**。一方面，缺失需要是最基本的需要，也是成长需要的基

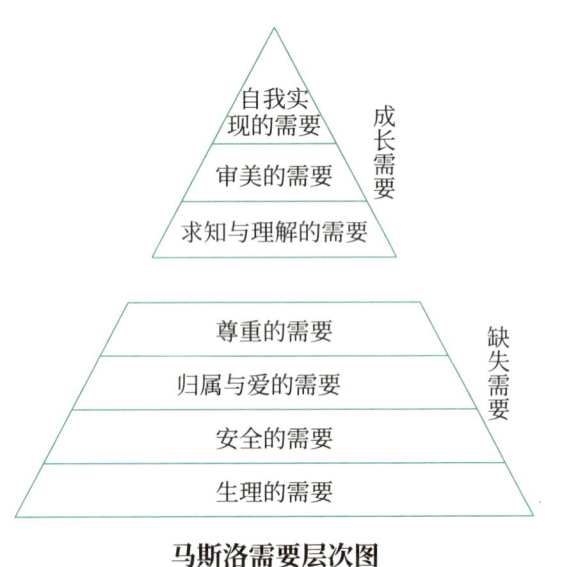

础，缺失需要得不到一定程度的满足，成长需要就不会产生；另一方面，成长需要对缺失需要有引导作用，特别是居于顶层的自我实现的需要，对其以下各层次的需要都具有潜在的影响力。

④**只有少数人可以达到自我实现的境界。**虽然很少有人能彻底达到自我实现的状态，但每个人都在为之奋斗。

(3) 教学应用。（简：20 青海师大）

①**在某种程度上，学生缺乏学习动机可能是由于某种缺失需要没有得到一定程度的满足而引起的。**所以，教师要关心学生的学习、生活和情感，排除影响学习的一切干扰因素。这样学生才会有更多的精力用于学习，甚至进行创造性学习。

②**学校里最重要的缺失需要是爱与尊重。**只有民主、公正、理解、尊重、爱护学生的教师，才有可能使学生产生学习的热情、克服困难的意志和创造的欲望，这样学生就更易于投入学习，渴望学习，接受挑战，更容易接受新思想。

③**教师要引导学生追求成长需要。**在实际教学中，通过外部动机固然可以激发学生的学习行为，但最重要的是让学生的学习行为转化为内部动机，使学习成为学生一种稳定而持久的需要，高层次的成长需要才能使学生更好地生活。

(4) 评价。

①优点。

a. **马斯洛对人的需要进行了系统化、层次化的研究，对教育富有启发意义。**马斯洛把人类的需要看成一个有组织的系统，并按各需要出现的先后顺序排成系列，系统地探讨了需要的性质、结构、发生、发展和作用，这对于深入研究人的需要是富有启发性的，对于教育的意义也十分重大。

b. **需要层次理论将外部动机和内部动机结合起来，考虑其对学习行为的推动作用，具有一定的科学意义。**它被心理学界誉为最完整、最系统的动机理论。

②缺点。

a. 这一理论忽视了人的主观能动性对自身行为的调节作用。

b. 该理论认为只有低一级的需要得到满足之后，才能出现高层次的需要。但是许多例子证明，人可以为了更高一级的需要暂时放弃低一级需要的满足。

考点 3 学习动机的认知理论 ★★★★★ 95min搞定

1. 期望—价值理论（成就动机理论）★★★★★ （名：10+ 学校；简：13 湖南；论：21 江苏师大）

(1) 主要观点。

心理学家默里、麦克里兰和阿特金森是对人类的动机、成就和行为进行科学研究的先驱者。

①**默里认为，成就动机是一种成就需要，指个体对重要成就、技能掌握、控制或者高标准的渴望。**成就动机高的人往往会为了实现高远的目标而下定决心，不懈努力，克服困难，最终获得成功。

②**麦克里兰认为，成就动机是追求卓越、获得成功的动机，并将其分为两种倾向——力求成功的倾向与避免失败的倾向。**

a. **力求成功者。**力求成功的学生敢于冒风险去尝试并追求成功，他更倾向于选择具有挑战性的任务，并保证具有一定的成功可能性。

举例：在课堂竞赛中，力求成功者会结合自己的情况选择难度适中的题目，保证自己能够赢得比赛，获得心理上的满足。

b. 避免失败者。有些学生也追求成功，但他更想避免失败，他更倾向于选择非常容易或非常难的任务。

举例：在课堂竞赛中，避免失败者会选择特别难的题目或者特别简单的题目。选择特别难的题目，失败的时候可以找借口，减少失败感；选择特别简单的题目，可以避免失败。

③阿特金森对成就动机进行了量化形式的描述，认为趋向成功的倾向（Ts）= 需要（Ms）× 期望（Ps）× 诱因（Is）。

他认为个体趋向成功的倾向由成就需要、期望水平和诱因价值三者共同决定。其中，成就需要（Ms）指个体稳定地追求成功的需要或动机；期望水平（Ps）指个体在某一任务上获得成功的可能性；诱因价值（Is）指个体成功完成某项任务所带来的价值和满足感。

（2）教学应用。

①对于力求成功者：教师要给他们设置有一定难度的任务，营造竞争的学习环境，并且给予较严格的分数评定。

②对于避免失败者：教师要发挥表扬、激励的作用，营造竞争性较弱的环境，给予较为宽松的评分。

③教师需要适当地掌握评分标准：使学生感到要得到好成绩是可能的，但也不是轻而易举的。

（3）评价。

①优点：成就动机理论把人的动机的情感方面与认知方面统一起来。用数学模型来简明地表达，揭示了影响成就动机的一些变量和规律，并用大量的实证研究证实和检验了其理论假设的合理性和客观性，在动机理论研究上取得了突破性的进展。

②缺点：成就动机的理论模型还不够完善，如过分重视内部因素的作用而忽视了外部因素的作用，成就动机与整个人格特征的关系尚缺乏充分的研究，等等。

凯程助记

力求成功与避免失败两种意向的作用模式

条件	求成意向 > 避免失败意向	求成意向 < 避免失败意向	求成意向 = 避免失败意向
结果	趋向成就活动	避免失败	心理冲突

2. 成败归因理论☆☆☆☆☆（名：19宁夏；简：5+学校；论：10+学校）

（1）主要观点。

归因是人们对自己或他人活动及其结果所做出的解释和评价。海德、罗特和韦纳都相继对归因理论做了阐述和发展，其中韦纳对归因理论的解释最完善，在实践应用领域最具影响力。

①海德：把个体行为的原因归结为内部原因和外部原因。

②罗特：根据"控制点"把人对结果的归因划分为"内控点"和"外控点"。内控型的人认为结果由个体的自身行为造成或者由个体稳定的个性特征（如能力）决定；外控型的人则认为结果是由个体之外的因素导致的，如运气、机会、命运和偏见等。

③韦纳：在前人的基础上，对行为结果的归因进行了系统探讨，将人们对活动成败的归因总结为三个维度、六个因素。**三个维度是内部归因和外部归因、稳定归因和不稳定归因、可控归因和不可控归因。六个因素是能力高低、努力程度、任务难度、运气好坏、身心状态、外界环境。**其中能力高低、努力程度、

任务难度、运气好坏是四个最主要的归因。（如下表所示）

韦纳三维度六因素归因模式

	稳定性		内外源		可控性	
	稳定	不稳定	内部	外部	可控	不可控
能力高低	+		+			+
努力程度		+	+		+	
任务难度	+			+		+
运气好坏		+		+		+
身心状态		+	+			+
外界环境		+		+		+

（2）韦纳的归因理论对动机的解释。

韦纳认为，一个人解释自己行为结果的原因会反过来激发他的动机，影响其行为、期望和情感。

①把成功归结为内部原因，会使学生感到满意和自豪；把失败归结为内部原因，会使学生产生羞愧感和无助感。

②把成功归结为外部原因，会使学生产生侥幸心理；把失败归结为外部原因，会使学生感到气愤和产生敌意。

③把成功归结为稳定因素，会提高学生学习的积极性；把失败归结为稳定因素，会降低学生学习的积极性。

④把成功归结为不稳定因素，会使学生产生侥幸心理；把失败归结为不稳定因素，会使学生感到生气。

⑤把成功归结为可控因素，学生学习的信心会提升；把失败归结为可控因素，学生会很内疚，认为自己可以通过努力改变失败现状。

⑥把成功归结为不可控因素，学生学习的信心会下降；把失败归结为不可控因素，学生的心情会是沮丧的，甚至是绝望的。

凯程助记

不同的成败归因对个体动机及行为的影响

	内部	外部	稳定	不稳定	可控	不可控
成功	自豪	侥幸	积极性提高	侥幸	积极争取	无动力
失败	羞愧	气愤	积极性降低	生气	内疚并继续努力	绝望

（3）成败归因的影响因素。

①他人操作的有关信息：个体根据别人行为结果的有关信息来解释自己行为结果的原因。比如，班上多数人得高分，则易产生外部归因（如老师判卷松）；少数人得高分，则产生内部归因（如能力强、刻苦）。

②先前的观念：个体以往的经验或行为结果的历史。如果努力做事，而且每次都成功，则易归因为稳定因素（如能力强）；如果努力做事，但结果时好时坏，则易归因为不稳定因素（如运气不佳）。

③自我知觉：个体对自己能力的看法。自认为有能力者，易将成功归因为能力强，将失败归因为老师的不公、偏见。

④**其他：** 教师或权威人物对学生行为的期待与奖惩、学生的性格类型、教育训练等都会影响学生的归因。

（4）教育应用。

①**教师要引导学生正确归因**。a. 韦纳倾向于引导学生进行内部的、稳定的、可控的维度的归因。b. 无论成败，归因于努力相比归因于能力，会引发更强烈的情绪体验。努力而成功，体验到愉快；不努力而失败，体验到羞愧；努力而失败，也应受到鼓励。c. 在付出同样的努力时，能力低的，应得到更多的奖励。d. 能力低而努力的人受到最高评价，能力高而不努力的人则受到最低评价。

②**教师要引导学生建立积极的自我概念**。自我概念指个体对自身存在的体验，它包括一个人通过经验、反省和他人的反馈，逐步加深对自身的了解。正确归因是帮助学生获得自我概念的方式之一。

③**一般情况下，引导学生将成败归因于努力，但不能将一切均归因于努力**。如学生已经很努力但还是没有成功时，要帮助学生找到正确的原因，避免学生产生**习得性无助**。

（5）评价。

①**优点**：a. 成败归因理论是对成就动机理论的重要发展，该理论阐明了认知对成就动机的重要作用。b. 韦纳把成败的原因归纳为三个维度，具有高度概括性。c. 研究结论既有科学性，又有实践价值，为教育实践提供了可行的方法和途径。

②**缺点**：a. 人对行为结果的归因是复杂多样的，三维度六因素归因模式是否能完全解释人类的归因尚待验证。按照哪些维度对归因进行分类，也需要进一步研究。b. 在可控性上，努力程度是否完全可控，其他因素是否就完全不可控，也有争议。因此，对各种原因的稳定性和可控性都应该用辩证的观点看待，且不同原因的稳定性和可控性并不能截然相对。

> **凯程拓展**
>
> **习得性无助** （名：23西北师大）
>
> 习得性无助：指个体后天习得的，由于认为自己无论怎样努力也不可能取得成功，从而采取逃避努力、放弃学习的无助行为。
>
> 相关实验：美国心理学家塞利格曼等人用狗做了一项经典实验，起初把狗关在笼子里，只要蜂音器一响，就给以电击，狗被关在笼子里逃避不了电击。多次实验后，蜂音器一响，即使在给电击前已把笼门打开，狗不但不逃，而是不等电击出现就先倒在地上开始呻吟和颤抖，本来可以主动逃避电击，却绝望地等待痛苦的来临，这就是习得性无助。随后的实验证明了习得性无助在人身上也会发生。习得性无助的学生形成了自我无能的策略，最终导致他们努力避免失败。他们力求实现无法实现的目标，拖延作业，或只完成不费力气的任务，常常表现出沮丧或者愤怒。

3. 自我效能感理论 ★★★★★ （选：22南京师大；名：35+学校；简：5+学校；论：22山西师大，23内蒙古师大）

（1）主要观点。

①**含义**：自我效能感指个体对自己能否成功进行某一成就行为的主观判断。这一概念最早由班杜拉提出。

②**形成自我效能感的分析**：人的行为受行为的结果因素与先行因素的影响。

a. 行为的结果因素就是通常所说的强化。但班杜拉对强化的看法与传统的行为主义者不同，他认为学习中没有强化也能获得相关信息，形成新的行为。强化能激发和维持行为的动机，以控制和调节人的行为。但是行为的出现不是由于随后的强化，而是由于人认识了行为与强化之间的依赖关系后建立了对下一步强化的期望。因此，班杜拉把强化分为直接强化、替代强化和自我强化三种（此内容在第三章第二节"班杜拉的观察学习理论及其教学应用"中已有详细讲解，此处不再赘述），完善了人们对强化的认识。

b. **行为的先行因素就是"期望"**。班杜拉的"期望"概念也不同于传统的"期望"概念，传统的"期望"概念指的是对结果的期望，而班杜拉认为除了结果期望，还有一种效能期望。结果期望指人对自己某种行为会导致某一结果（强化）的推测。效能期望指人对自己能否做出某种行为的能力的推测，即自我效能感。

（2）**影响自我效能感的因素**。（简：10+学校）

①**直接经验**。学习者的亲身经验对自我效能感的影响最大。成功的经验会提高自我效能感；反之，多次失败的经验会降低自我效能感。

②**替代经验**。学习者通过观察榜样的行为而获得的间接经验也会影响自我效能感。

③**言语说服**。他人的建议、劝告和解释以及对自我的引导也有助于改变个体的自我效能感，但依靠这种方法形成的自我效能感不持久。

④**情绪唤醒**。情绪和生理状态也影响自我效能感。如高度的情绪唤起、紧张的生理状态会妨碍行为操作，降低个体对成功的预期水准。

（3）**自我效能感对教育的启示**。

①**自我效能感影响个体对活动的选择及对该活动的坚持性**。人倾向于选择并做完自认为能胜任的工作，而回避自认为不能胜任的工作。

②**自我效能感影响个体在困难面前的态度**。自我效能感高者有信心克服困难，更加努力；自我效能感低者则信心不足，甚至放弃努力。

③**自我效能感影响个体新行为的获得和习得行为的表现**。自我效能感高者表现自如；自我效能感低者则缩手缩脚。

④**自我效能感影响个体活动时的情绪**。自我效能感高者能够承受压力，情绪饱满、轻松；自我效能感低者则感到紧张、焦虑。

（4）**评价**。

①**优点**：a. 在理论上，自我效能感理论克服了传统心理学重行轻欲、重知轻情的倾向。把人的需要、认知、情感结合起来研究人的行为动机，是动机理论的又一大进步。b. 在实践上，该理论对教育实践的帮助很大，教师应注重培养学生的自我效能感。此外，教师还应该帮助学生加强行动中的努力和坚持性。

②**缺点**：该理论没有形成一个比较完整、统一的理论框架。

> **凯程提示**
>
> 请考生认真归纳总结，在教育学的五门科目中，班杜拉出现了几次？他的理论有哪些？
> ①教育学原理：德育理论——社会观察学习模式。
> ②教育心理学：学习理论——观察（社会）学习理论。
> ③教育心理学：动机理论——自我效能感理论。

> **凯程助记**
>
> 关于自我效能感的影响因素的记忆口诀：言语唤醒情绪，直经（直接经验）可以替代（替代经验）。

4. 自我价值理论 ⭐⭐⭐⭐⭐ （论：19沈阳师大）

（1）**主要观点**：科温顿提出了自我价值理论。**自我价值指认为自己是优秀、有能力的个体的一种信念**。接纳自我是人的最优先追求，而接纳自我的前提是自我价值。一旦自我价值受到威胁，人将竭力予以维护和防御，以建立正面的自我形象，从而接纳自我。

（2）**分类**：自我价值理论根据阿特金森成就动机的追求成功和避免失败两个独立的维度，将学生划分为四种类型，分别对应建立自我价值的四种动机倾向。

低趋高避型 "逃避失败者" 怕失败，不努力		高趋高避型 "过度努力者" 隐讳努力
低趋低避型 "失败接受者" "漠不关心"		高趋低避型 "乐观主义者" 自信、机智、接受挑战

自我价值动机的分类

①**高趋低避型**。这类学生拥有无穷的好奇心，对学习有极高的卷入水平。他们通过不断地刻苦努力来发展自我，通常表现得自信、机智，被称为"乐观主义者""成功定向者""掌握定向者"。

举例：屠呦呦致力于青蒿素的研究，经过无数次失败后终于发现了抗疟药物——青蒿素。屠呦呦获诺贝尔奖后，多次谢绝媒体采访，对身边的工作人员表示："咱们还是加紧青蒿素的研究吧。"

②**高趋高避型**。这类学生同时受到成功的诱惑和对失败的恐惧。他们对某一项任务具有既追求又排斥的矛盾情绪，追求成功的同时又要掩饰自己的努力，就会出现一种"隐讳努力"的现象，被称为"过度努力者"。

举例：高趋高避型的学生在同学中尽量表现得贪玩，不在乎考试，私下里却偷偷努力，拼命学习。这样，成功时他们的成绩更有价值，更能说明他们能力过人。即使失败，也可以给自己的失利找到很好的理由，不会被认为无能。

③**低趋高避型**。这类学生更看重逃避失败而非期望成功。他们并不一定存在学习问题，只是对课程的兴趣不高，看起来懒散，不爱学习的背后隐藏着他们对失败的强烈恐惧，被称为"逃避失败者"。

举例：幻想心理，如"我希望考试取消"；尽量降低任务的重要性，如"这门课根本不重要，学好学坏无所谓"；为自己的失败找借口，如"因为我昨天晚上失眠，所以考试发挥失利"；对别人吹毛求疵以减少自己所要承担的责任，如"如果我有一个好老师，我会学得更好"。

④**低趋低避型**。这类学生不奢望成功，对失败也没有羞耻感和恐惧感。他们对成功表现得漠不关心，不接受任何有关能力的挑战，被称为"失败接受者"。

举例：某场考试中，有的学生直接在考场睡觉，他们不接受任何有关能力的测试，也不在乎考试的结果，对于考试失败也没有羞耻感和恐惧感。

（3）**教育应用**。

①**把培养学生的学习动机视为学校教育最重要的目的**。提高学生对学习的卷入水平，让学生把学习当作获取快乐的途径，而非外界的刺激带给他们的快感。

②**可以合理解释教育过程中的很多现象**。比如，学生对努力的态度、学习动机随年龄增长而降低、任务的选择、目标的选择、抱怨考试等现象的解释。

③**教师要合理设置任务，采用相应的措施**。比如，教师可以鼓励小组合作学习，让学生有机会将学习视为集体的共同活动，将学习成绩的提高视为集体共同努力的结果而非个人能力的体现。

④**为了学生保护自我价值的需要，教师要引导学生进行正确的自我评价**。教师采用基于学生自我比较而非与他人比较的评价，促进学生产生学习的内在动机，形成成功定向。

（4）评价。

①**优点：** 自我价值理论有很强的教育实践价值。它实实在在地指导学生认识学习目的，培养学生的学习动机，也解释了很多现实的教育现象。

②**缺点：** 该理论缺乏系统性和完整性。从总体上看，它仅仅是成就动机理论和成败归因理论的补充。

5. 目标定向理论（即成就目标理论） ★★★★★ （浙江师大、陕西师大 333 大纲知识点）

（1）主要观点。

德维克提出了目标定向理论。这一理论由两种能力内隐观和两种成就目标定向构成。

①**两种能力内隐观。** 德维克首先区分了人的两种能力内隐观，即能力实体观和能力增长观。能力实体观认为能力是固定的、不可改变的；能力增长观认为能力是不稳定的、可以控制的，可以随着知识的增长、技能的训练而不断提高。

②**两种成就目标。** 持有不同能力观的学生倾向于设置不同的成就目标。成就目标是个体对从事学业成就任务的目的或原因的认识。持有能力实体观的学生倾向于设置表现目标，持有能力增长观的学生则倾向于设置掌握目标。

a. **表现目标（成绩目标、自我卷入目标）：** 指能让他人对自己的表现做出好评的目标。这类学生有向他人展示自己才智和能力的意愿，但极力回避那些可能失败或会表现出自己低能的情境，因此，他们倾向于选择那些容易实现并能够证明自己有能力的工作。

b. **掌握目标（学习目标、任务卷入目标）：** 指旨在学习新事物、提高技能的目标。这类学生把注意力集中在能力的提高和对任务的把握与理解之上，因此他们倾向于选择那些有挑战性的任务，以求通过自己的努力而能真正发展自己的能力。（名：23 河北师大）

两种成就目标定向的表现各有不同，如下表所示：

两种成就目标定向的区别

维度	掌握目标	表现目标
成功的含义	改善，进步	高分，高水平的表现
看重的方面	努力学习	高于他人的能力
满足的原因	努力学习，挑战性	比别人做得好
教师的取向	学生如何学习	学生如何展示成绩
对错误的看法	学习的一部分	产生焦虑
关注的焦点	学习过程	学习结果
努力的原因	学习新东西	高分，优于他人
评价标准	自身的进步	与常模比较
任务选择	有挑战性的	非常容易或者非常难的（防御性策略）
学习策略	理解，有意义学习，元认知	机械性的、应付式的学习
认为教师的作用	帮助学习的资源和向导	给予奖惩的法官
控制感	强	弱

凯程助记

能力观	成就目标定向	特点
实体观：能力不会改变	成绩目标定向	有展示才智的意向，但极力回避表现低能的情境，群体参照
增长观：能力可以不断提高	学习目标定向	任务掌握，能力提高，个体参照

（2）该理论的深化发展。

有研究者将趋近和回避两种动机与成就目标相结合，组合出四种目标类型：

①掌握趋近目标： 着眼于掌握知识、完成任务，获得比自己过去高的能力或者胜任任务的能力。

②掌握回避目标： 着眼于避免跟自己相比、跟任务相比感到自己无能，避免任务没有完成或者内容没被掌握，如努力避免对数学课的内容不完全理解。

③表现趋近目标： 着眼于展现自己的能力，做到比别人优秀，根据常模标准来判断自己的表现。

④表现回避目标： 着眼于避免在别人面前表现差劲，避免跟别人相比显示自己无能。

（3）教育应用。

①对于成绩目标定向的学生，教师要引导学生正确看待学习成绩，强调学习内容的价值和意义，淡化分数和其他奖励。

②对于学习目标定向的学生，教师要引导学生发挥优势，提供挑战性任务，适当利用激励的作用，引导学生更加努力、自信。

③总体来说，要通过前测，设置具体的、中等难度的、近期可达到的目标，加强动机的持久性。

（4）评价。

目标定向理论对教育实践有很多启示和作用。它从全新的角度将学生的学习按照不同的目标进行分类，解释了都能完成目标的学生的不同的学习心态，这是对以往动机理论极大的完善。

凯程提示

掌握目标定向与表现目标定向的区别在于：掌握目标定向的判定标准来自学习者的内省；而表现目标定向的判定标准来自外界的反馈。事实上，在同一个人身上可能同时具有两种目标定向，而其中一种占优势。

凯程助记

动机理论总结表

流派	理论	观点	教学应用
行为主义	强化理论（行为主义者）	强化可以增强人的学习动机	把正负强化、自我强化、替代强化、内部强化与外部强化等都应用于教学
人本主义	需要层次理论（马斯洛）	七种需要：生理→安全→归属与爱→尊重→求知与理解→审美→自我实现	①满足低层次需要；②追求成长需要；③给予学生爱与尊重

续表

流派	理论	观点	教学应用
认知主义	期望—价值理论（阿特金森）	①趋向成功的倾向（Ts）= 需要（Ms）× 期望（Ps）× 诱因（Is）；②力求成功者与避免失败者	分析学生的成就动机，想办法增强动机需要、期望与诱因
	成败归因理论（韦纳）	①三个维度：内部和外部，稳定和不稳定，可控和不可控；②六个因素：能力高低、努力程度、任务难度、运气好坏、身心状态、外界环境	①引导学生正确归因；②建立积极的自我概念；③引导学生将成败归因于努力
	自我效能感理论（班杜拉）	①自我效能感是对自己能否成功进行某一成就行为的主观判断；②影响因素：直接经验、替代经验、言语说服、情绪唤醒	了解学生的自我效能感，培养学生较强的自我效能感
	自我价值理论（科温顿）	①自我价值指认为自己是优秀、有能力的个体的一种信念；②分类：高趋低避型、低趋高避型、高趋高避型、低趋低避型	①重视培养学习动机；②合理解释教育现象；③分析学生动机类型，促进学生自我评价，并对症下药
	目标定向理论（德维克）	①表现目标：为了获得他人的好评而学习；②掌握目标：为了掌握知识而学习	引导学生成为掌握目标定向的个体

经典真题

一、关于学习动机的强化理论

>> **简答题** 简述学习动机的强化理论。（16 华中师大、辽宁师大，18 北师大）

二、关于学习动机的需要层次理论

>> **名词解释** 需要层次理论（15 中国海洋，17 鲁东）

>> **简答题**

1.简述马斯洛的需要层次理论。（10 杭州师大，10、12 西北师大，11 广西师大，13 福建师大、闽南师大、西南，16 沈阳师大、广东技术师大，17 江苏师大，18 贵州师大、南宁师大、广西民族，19 温州，20 西华师大，21 西藏、陕西理工）

2.简述马斯洛需要层次理论对教育的启示。（20 青海师大）

>> **论述题**

1.试述马斯洛需要层次理论的主要内容,并分析其对教育的启示意义。（10、16 福建师大，21 华东师大）

2.论述马斯洛的需要层次理论。（10 西北师大，10、13 山西师大，12、14 沈阳师大，13 东北师大，14 吉林师大，18 南京师大、河北，20 青海师大）

3.试论述需要层次理论及其对中小学教师工作的启示。（20 四川师大）

4."仓廪实而知礼节，衣食足而知荣辱。"请根据马斯洛的需要层次理论解析这段话，并述评马斯洛的需要层次理论。（23 三峡）

三、关于学习动机的成就动机理论

>> 名词解释

　　成就动机理论（10 天津师大，11 西华师大，12 首师大，13 苏州，15、19 陕西师大，17 山东师大、湖南，18 信阳师范学院，19 湖南师大、浙江师大，21 湖南师大、西华）

>> 简答题　简述成就动机理论。（13 杭州师大、湖南，20 青岛）

>> 论述题

　　1. 论述期望—价值理论。（21 江苏师大）

　　2. 如何培养和激发学生的成就动机？（22 渤海）

四、关于学习动机的成败归因理论

>> 名词解释　习得性无助（23 西北师大）

>> 辨析题　教师应指导学生将学业的成功和失败归因于个人能力。（22 南京师大）

>> 简答题

　　1. 不同的归因对学生有什么影响？如何指导学生进行正确归因？（20 华中师大，22 吉林）

　　2. 简述归因理论及其对学习动机培养的作用。（20 山东师大）

　　3. 简述韦纳的成败归因理论。（10 四川师大，11、12 东北师大，20 山西师大、华中师大、新疆师大，21 青海师大）

　　4. 简述成败归因理论及其教育指导。（22 长江）

>> 论述题

　　1. 论述成败归因理论。（12 上海师大，12、19 北师大，14 河北，15 江苏师大，15、18 东北师大，15、20 江苏师大，16 青岛，17 宁波，18 合肥师范学院，19 重庆师大、西北师大、中央民族、宁夏，20 集美、太原师范学院、苏州，21 宁波）

　　2. 材料分析（材料略）：(1) 论述韦纳的归因理论的内容。(2) 依据甲、乙、丙同学的归因特点，分析其带来的情绪体验和对学习动机的影响。(3) 作为老师，如何引导学生进行正确归因？（22 温州）

　　3. 根据韦纳的成败归因理论分析如何培养和激发学生的学习动机。（22 济南）

　　4. 论述归因理论的观点并举例说明如何引导学生进行正确归因。（23 天水师范学院）

　　5. 请用归因理论分析：(1) 他的这种归因是否正确？这种归因对他以后的学习会产生什么影响？(2) 如果不正确，正确的归因是怎样的？(3) 对教师来讲，正确掌握归因理论有何意义？（材料略）（23 江苏师大）

　　6. 阐述韦纳的成败归因理论并联系实际阐述教师帮助学生进行成败归因的基本策略。（23 福建师大）

五、关于学习动机的自我效能感理论

>> 选择题

　　人们对自己是否能够成功地从事某一成就行为的主观判断，叫作（A）。（22 南京师大）
　　A. 自我效能感　　　B. 自信　　　　　C. 自我同一感　　　D. 自我概念

>> **名词解释**

自我效能感（10 南京师大，10、13、15 扬州，11、12 天津师大，11、16 西北师大，12 四川师大、中山，12、16 鲁东，13、14、15、18 山西师大，14 淮北师大，14、15、23 华东师大，14、17 浙江师大，14、17、18 福建师大，15 东北师大、中国海洋，15、22 辽宁师大，16 山东师大、曲阜师大、闽南师大、湖南师大、湖南、宁波，17 沈阳师大，17、18 北师大、渤海，17、19、20 重庆师大，18 新疆师大、中央民族、聊城，19 华南师大、青海师大、内蒙古师大、山西、河北，20 江苏师大、西安外国语、大理，21 首师大，22 西华师大，23 安徽师大、江西师大）

>> **简答题**

1.简述影响自我效能感的因素。（12 河南师大、山东师大，15、21 福建师大，17 东北师大，20 西北师大，22 华中师大、四川师大、广西师大、长江，23 济南、上海师大、天津师大）

2.自我效能感的功能有哪些？/简述自我效能感的基本功能。（15 河南师大，17 宁夏，23 齐齐哈尔）

3.简述自我效能感理论。（10 浙江师大，13 辽宁师大，15 内蒙古师大，19 山东师大，20 西北师大、天水师范学院，21 北京联合、南宁师大）

4.简述自我效能感及其来源。（14 青岛）

5.简述自我效能感的内涵及其功能。（23 哈师大）

6.按照班杜拉的观点，写出自我效能感的形成因素有哪些？（23 苏州）

7.如何理解自我效能感？影响自我效能感的因素有什么呢？（23 内蒙古师大）

>> **论述题**

1.结合实际论述自我效能感及其培养途径。（17 安徽师大、北师大，18 渤海）

2.试述班杜拉自我效能感的主要内容。（22 曲阜师大）

3.论述自我效能感理论及其教育启示。（22 山西师大）

六、关于学习动机的自我价值理论

>> **论述题** 结合实际，谈谈科温顿的自我价值理论对我们教育活动的启示。（19 沈阳师大）

七、关于学习动机的目标定向理论

>> **名词解释** 掌握目标（23 河北师大）

八、关于学习动机理论的综合

>> **名词解释** 自我卷入的学习者（22 大理）

>> **简答题**

1.简要介绍几种主要的动机理论。（10 东北师大）

2.简述学习动机理论。（23 广西师大）

>> **论述题**

1.试阐释四种学习动机理论，并结合实际分析如何在这些理论的指导下激发学生的学习动机。（14 重庆师大）

2.试述学习动机理论有哪些。（20 吉林师大）

3.从已有的学习动机理论，试述教师应如何有效激发学生的内部动机。（23 山西师大）

第三节 学习动机的培养与激发

(论：21曲阜师大、中央民族)

考点1 影响学习动机的因素 ★★★★★ 10min搞定

(简：5+ 学校；论：15、18华南师大、20江苏师大、中央民族)

1. 内部因素 (简：20河南师大，22扬州)

（1）**学生自身兴趣、需要和目标结构**。每个人的兴趣需要不同，所产生的动机不同。每个人的目标结构也不同，有的属于掌握目标（以掌握知识为学习目的，属于内部归因倾向），有的属于表现目标（以获得好成绩为学习目的，属于外部归因倾向），学习动机自然不同。

（2）**学生的身心发展规律和年龄特点**。年幼儿童更注重外部动机，随着年龄的增长，逐渐转变为内部动机。年幼儿童更注重需要层次理论中的缺失需要，随着年龄的增长，逐渐转向成长需要。

（3）**学生具有差异性**。学生的兴趣和好奇心各有不同，产生动机的领域也各不相同，维持动机的意志力也会不同。

（4）**学生的价值观与志向水平**。学生的世界观、人生观、价值观的境界各不相同，对事物产生的动机的持续性和强烈度各有不同。志向和理想越高远，往往动机水平越强烈。

（5）**焦虑**。焦虑即一种普遍的不自在和紧张的感觉，它包含了部分害怕的情绪。焦虑可能是导致学生学习失败的原因，也可能是失败造成的结果。

2. 外部因素 (简：20沈阳师大)

（1）**学校与教师**。学校教育的课程安排是否合理、有趣，会影响学生的学习动机。尤其是教师，是否给予学生期待和赞美、教学是否吸引学生、布置作业是否合理、开展的活动是否有意义等都影响着学生的动机。

（2）**家庭教育**。家庭是孩子的第一所学校，父母的言行举止、价值观、生活习惯等都影响着孩子的心境与动机。父母的教育方式也极大地影响着孩子的学习动机。

（3）**社会教育**。社会环境广阔无边，身为社会中的个体，会不自觉地受到社会环境的影响和制约。当全社会尊重知识，倡导终身教育，也会对学生的学习动机产生引领作用。

考点2 学习动机的培养 ★★★★★ 10min搞定

(简：10+ 学校)

在教学中，我们应该利用先前所学的各种动机理论培养学生良好的学习动机。下面，我们主要利用最常用的三种动机理论来进行学习动机的培养。

1. 成就动机的培养 (简：23曲阜师大)

成就动机的培养一般采用直接训练和间接训练两种形式。直接训练指学生直接接受研究者的训练；间接训练指教师先接受研究者的训练，然后再去训练学生。一般成就动机的培养可分为意识化、体验化、概念化、练习、迁移、内化六个阶段。

（1）**意识化**。与学生谈话、讨论，使他们意识到与成就动机有关的行为。

（2）**体验化**。开展游戏或其他活动，让学生体验成功与失败，了解取得成功所必须掌握的行为策略。

（3）**概念化**。让学生在体验的基础上理解与成就动机有关的概念，如成功、失败、目标等。

---

[1] 关于学习动机的培养与激发，参考陈琦、刘儒德的《当代教育心理学》（第3版）和张大均的《教育心理学》（第三版）。

(4) **练习**。在实际操作上是（2）和（3）的多次重复，使学生将感性知识与理性知识紧密地结合起来，不断加深体验和理解。

(5) **迁移**。让学生把学到的行为策略应用到专门设计的特殊学习场合。

(6) **内化**。使取得成就的要求内化为学生自身的需要，让学生可以自如地运用学到的行为策略。

2. 成败归因训练

归因训练的关键在于引导学生把成败归因为努力和学习方法，以增强学生的学习信心。引导学生做努力归因的过程一般分为四个阶段：(1) 了解学生的归因倾向；(2) 创设情境，让学生体验到努力就能取得成功；(3) 让学生对自己的成败进行归因；(4) 引导学生进行积极归因。要注意有些学生在学业上的困难仅靠努力是不能克服的，应适当地引导学生把成败归因为学习方法。

3. 自我效能感的培养

自我效能感的培养可以通过直接经验培训、间接经验培训、说服教育、情绪唤醒等方式开展。直接经验培训指教师通过引导学生参与实践活动来加强直接经验；间接经验培训指给学生提供示范行为和模仿的榜样；说服教育即通过书面或口头说服性的建议、劝告、解释及自我引导等方式来增强学生的自我效能感；情绪唤醒指通过保持良好的身心状态增强自我效能感，教师应为学生营造舒适、温馨的环境。

考点3　学习动机的激发　★★★★ 15min搞定　（简：14 陕西师大，22 中央民族、山东师大，23 西南；论：20+ 学校）

1. 外部学习动机的激发

(1) **为学生设置明确、具体、适当的学习目标**。教师既应善于向学生提出学习目标，又应注意教会学生自己设立目标。

(2) **及时反馈与评价**。

①**学习结果的及时反馈，能够有效激发学生的学习动机**。学生通过反馈的结果可以看到自己的进步，激发进一步学好的意愿，也可以加强克服缺点的信心，从而提高学习的积极性。教师反馈要注意：学习结果的反馈要及时；学习结果的反馈要具体；学习结果的反馈要经常给予，即具有连续性。

②**评价也是激发学习动机的重要手段，通常与反馈结果结合使用**。评价是指教师在一定评价指标的基础上（如分数）进行的等级评定和评语。有人认为，外界的等级评定与成绩会抑制学生的学习欲望。然而，更多的研究发现，没有等级评定，学生的学业更糟糕。其关键在于教师如何评价，教师应该将过程性评价与终结性评价、质的评价与量的评价相结合，以此激发学生的学习动机。

③**善于利用表扬**。表扬是非常重要的反馈和评价的方式之一。教师要善于利用表扬，但教师表扬的频率与学生的学习收获并不一定成正比。教师进行表扬时，应该注意以下原则：a. 表扬要简单明了、直截了当，语气、语调要自然，不要夸大其词。b. 表扬要用直接的肯定句，不要用热情洋溢的解释和反诘句，后者更像给人施加恩惠。c. 表扬要使用多种多样的词语，用一些表扬的套话会让学生感到不真诚。d. 要用非言语的交流来支持言语表扬，如教师面带微笑，很欣赏地说"那太好了"。e. 平时对个别学生要进行私下表扬。

④**引导学生进行自我评价**。教师要教学生学会自我评价。自我评价可以真正建立在学生的自我判断之上，看到自身的每一次成长，对自我的激励作用非常显著。

(3) 合理奖励与惩罚。

奖励与惩罚是对学生学习成绩和态度的肯定或否定的一种强化方式。它可以提高学生的学习认知水平，激发学生的上进心和自尊心。正确利用奖励与惩罚是激发学生学习动机的重要手段之一。使用奖励与惩罚要注意以下原则：①一般表扬和奖励比批评和指责更能激发学生的学习动机；②合理运用奖励，不能滥用奖励，一些外在奖励会降低学生的内部动机（如下方凯程拓展中的教育实验）；③奖励要充分考虑学生的个别差异，做到有的放矢、对症下药。

> **凯程拓展**
>
> **外在奖励降低内部动机的实验**[①]
>
> 在莱泊尔等人的实验中，研究者首先让儿童用特制的笔画画，儿童对此热情甚高，随后研究者将儿童随机分成三组。第一组儿童被事先告知他们画完一幅画会得到奖励；第二组儿童虽未事先被告知，但在画完后也会意外得到同样的奖励（但不是每次都能得到奖励）；第三组儿童没有得到任何奖励。4天后，研究者记录儿童的自由活动情况，结果发现第一组儿童的绘图时间是第二、第三组儿童所用时间的一半。可见，原本儿童对画画本身感兴趣，由于有了外部奖励，其兴趣转移到了奖励物，当没有奖励的时候画画的兴趣反而降低。总结：外在奖励会降低内部动机。
>
> 我们应学会合理运用奖励：①奖励的质量比奖励的形式更重要；②奖励的时间和方式要恰当；③奖励要针对不感兴趣但需要完成的任务；④奖励的内容要属于社会性的而非物质性的；⑤奖励最好用于完成常规任务而非新任务；⑥每名学生获得奖励的机会要平等合理；⑦奖励要充分考虑学生的个别差异，有的放矢。

2. 内部学习动机的激发

在学校教育活动中，激发和维持学生内部学习动机的措施主要有以下几点。

（1）**教学吸引**。为了激发学生的内部学习动机，教师需要增强教学的吸引力，可以从以下几方面入手：

①**利用灵活的教学方式唤起学生的学习热情**。教师在课堂教学中要采用灵活多样的教学方法。比如采用探究式教学和小组教学相结合，让同学们在团队的协助下去探索真知。

②**加强教学内容的新颖性，吸引学生的注意力**。新颖的东西能激发人的兴趣，吸引人的注意力。教师应重视教学内容的新颖性和趣味性，应注意既不能脱离教材内容也不能忽视学生自觉性的培养。

③**调动学生在课堂练习中的积极性**。教师在教学中不能搞"一言堂"，应充分调动学生的主动性，鼓励学生提问，指导学生大胆设想，活跃课堂气氛，使学生在积极思考中获得极大的享受。

④**创设问题情境，激发学生好奇心**。一个真实有趣的问题情境，可以引起认知矛盾，使学生产生特殊的好奇心，这是激发内部动机的有效途径。

（2）**兴趣激发**。（简：23青岛）

①**利用教师的期望效应培养学生的学习兴趣**。教师的期望对学生具有深刻的影响，只有当教师把学生看作渴望学习的人时，学生才更有可能成为渴望学习的人。

②**利用已有的动机和兴趣形成新的学习兴趣**。教师可以利用学生对游戏或其他科技、文体活动的动机和兴趣，使这些已有的动机和兴趣与学习发生联系，把这些活动的动机转移到学习上。

[①] 材料题有时会考查此知识点。

③**加强课外活动指导，发展学习兴趣**。课外阅读和课外活动对于培养兴趣、增长知识、开阔视野是极好的手段。教师要针对学生的个别差异，指导学生的课外阅读和课外活动，培养学生的学习兴趣。

（3）建立合理的动机信念。

①**建立正确的归因模式**。教师要引导学生进行客观归因，尽量将学习上的成功归因于自己的能力和努力，同时，教师要帮助学生建立积极的自我概念，因为积极的自我概念容易激发学生的学习动机。

②**树立较高的成就动机水平**。成就动机的水平与完成学业任务的质和量紧密相关。高度的趋向成功者在没有外力控制的环境下，仍然能保持良好的表现；在经历失败时，还能有较强的坚持性、自信心以及良好的内归因。

③**设置合理的目标定向**。教师需要引导学生建立掌握目标定向，即明确具体的、中等难度的、近期可达到的学习目标，同时提供学习策略的指导，加强学生的动机和完成目标任务时的持久性。

（4）竞争与合作。

①**利用竞争，激发学生更强烈的成就动机**。通过竞争，学生能提高学习兴趣，增强克服困难的毅力，表现出更高的学习积极性。但是竞争的次数要适当，不宜过于频繁，否则会造成长期紧张，加重负担。

②**利用合作，调动学生更大限度的学习积极性**。合作的学习环境比竞争的学习环境更容易使学生产生成功经验及内部学习动机，使学生努力追求掌握目标。因此，要努力创设一种既有竞争又有合作的学习环境。

（5）学习动机的迁移。

学习动机的迁移是指把其他活动的动机转移到学习上来，或者把对某一学科的学习动机转移到另一学科的学习中去。有效地促进学习动机的迁移，应从以下四个方面入手：

①**分析现有动机**：看它是否合理、正确。

②**找出共同之处**：即现有动机与将要形成的学习动机有哪些相同的地方。

③**强化共同之处**：在强化的过程中，一定要让学生体验到新的学习的重要性（即知识价值）和乐趣。

④**导向新的学习**：即把强化后的有利因素与新的学习活动联系在一起，并帮助学生在新的学习中获得成功。

3. 外部学习动机和内部学习动机的相互交替、转化

在学生的学习活动中，外部学习动机和内部学习动机有时是其中一种起作用，有时是二者同时起作用，两种动机相互交替、转化，贯穿于学习活动的全过程，直至达到既定的学习目的。利用两种学习动机相互交替、共同作用时，教师应注意：

（1）**在学生没有学习动机时**，应创设外部条件，以激发学生的学习动机。

（2）**当学生有了一定的外部学习动机之后**，应当有目的、有计划地培养其内部学习动机。

（3）**当学生有了强烈而持久的内部学习动机之后**，仍然要不断激发其外部学习动机，使内部学习动机和外部学习动机共同推进学习活动。

凯程提示

"培养"和"激发"有什么不同呢？有的教材把"学习动机的培养与激发"写在一起，不做区分地说明其具体方法，如陈琦、刘儒德的《当代教育心理学》（第3版）；有的教材非常注重"培养"和"激发"的区别，如张大均的《教育心理学》（第三版）。下面，我们来梳理一下"培养"和"激发"的关系：一般认为先有培养后有激发，学习动机的培养是使学生把社会和教育对学生的客观要求转变为自己内在的学习需要的过程，这说明本来没有学习动机，经过长期的引导使得学生往这个方向发展（侧重从无到有）；学习动机的激发是把已经形成的学习需要充分调动起来的过程，这说明本来就有学习动机，但以前没有被发现，经过一定的激励和奖励后，能够展现出应有的能力（侧重从有到展示出来）。可见，培养是激发学习动机的前提，而在激发学习动机时又进一步培养和加强了已有的学习动机。

凯程助记

学习动机的培养和激发
- 学习动机的培养
  - 成就动机的培养——意识化→体验化→概念化→练习→迁移→内化
  - 成败归因训练——努力—方法—有信心
  - 自我效能感的培养——直接—间接—可说服—情绪唤醒
- 学习动机的激发
  - 外部学习动机的激发
    - 设置目标
    - 反馈评价
    - 合理奖惩
  - 内部学习动机的激发
    - 教学吸引
    - 兴趣激发
    - 建立合理的动机信念
    - 竞争与合作
    - 学习动机的迁移
    - （教学要有吸引力，激发兴趣与信念，竞争合作中迁移）
  - 外部学习动机和内部学习动机的相互交替、转化
    - 在学生没有学习动机时，激发学习动机
    - 当学生有了一定外部学习动机之后，培养内部学习动机
    - 当学生有了内部学习动机之后，仍然激发外部学习动机

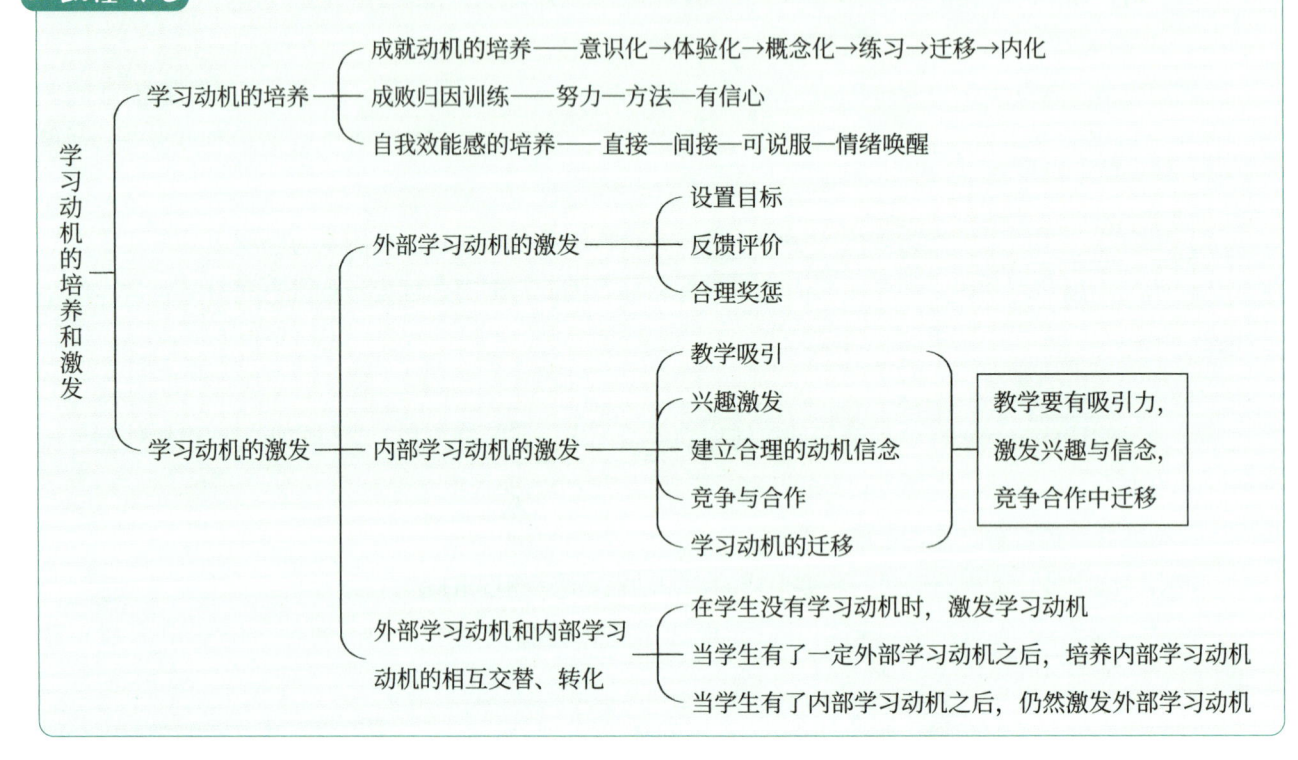

经典真题

简答题

1. 简述影响学生学习动机的因素。（10、12华中师大，13陕西师大、四川师大，15、18华南师大，20曲阜师大、中央民族，20、21北华，21新疆师大，22河南科技学院）
2. 简述学习动机的内部影响因素。/简述学习动机的内部条件。（20河南师大，22、23扬州，23大理）
3. 简述学习动机的外部影响因素。（20沈阳师大）
4. 简述激发学生学习动机的措施。（14陕西师大，22中央民族、山东师大，23西南）
5. 怎样激发学生的内部学习动机？（22重庆师大）
6. 简述成就动机的培育过程。（23曲阜师大）
7. 影响学习兴趣的主客观因素有哪些？如何培养学生的学习兴趣？（23青岛）

>> 论述题

1. 论述学习动机的激发与培养。(12 鲁东，12、17 河北师大，13 重庆，14 宁波，15 西北师大，19 广东技术师大、西华师大，20 云南，21 中国海洋，22 东北师大，23 淮北师大)

2. 论述学习动机的影响因素及培养措施。(15、18 华南，21 曲阜师大)

3. 如果一个学生自暴自弃，放弃学习，教师应该怎么做？(21 中央民族)

4. 联系实际分析什么是学习动机以及如何激发学生的学习动机。(10、11、16 渤海，11 华南师大，11、14 陕西师大，11、14、19 西华师大，11、14、20 天津师大，12 安徽师大、苏州，12、15 鲁东，12、17 河北师大，12、19 南京师大，13、14、16、19 重庆师大，13、17 山西，14 东北师大、宁波、湖北，15 西北师大、广西师大、青岛、浙江师大，15、16 湖南科技，16 哈师大、集美，16、21 中央民族，17 温州、河南，18 四川师大、中国海洋，18、21 聊城，19 贵州师大、广东技术师大，20 吉林师大、云南、大理、合肥师范学院，20、22 内蒙古师大，21 湖州师范学院，22 首师大)

5. 根据学习动机理论，论述线上教学如何激发学习动机。/ 结合线上教学的实际，谈谈如何提高学生的学习动机。(23 中国海洋、山西)

6. 如何激发学生学习的内部动机和外部动机，并举例说明具体方法。(23 信阳师范学院)

第五章 知识的学习[1]

考情分析

第一节 知识及知识获得的机制
考点1 知识的含义及其类型
考点2 知识获得的机制

第二节 知识的理解
考点1 知识理解的类型
考点2 知识理解的过程
考点3 影响知识理解的因素

第三节 知识的整合与应用
考点1 知识的整合
考点2 知识的应用与迁移

第四节 概念的转变
考点1 错误概念的性质
考点2 概念转变及其过程
考点3 影响概念转变的因素
考点4 为概念转变而教的策略

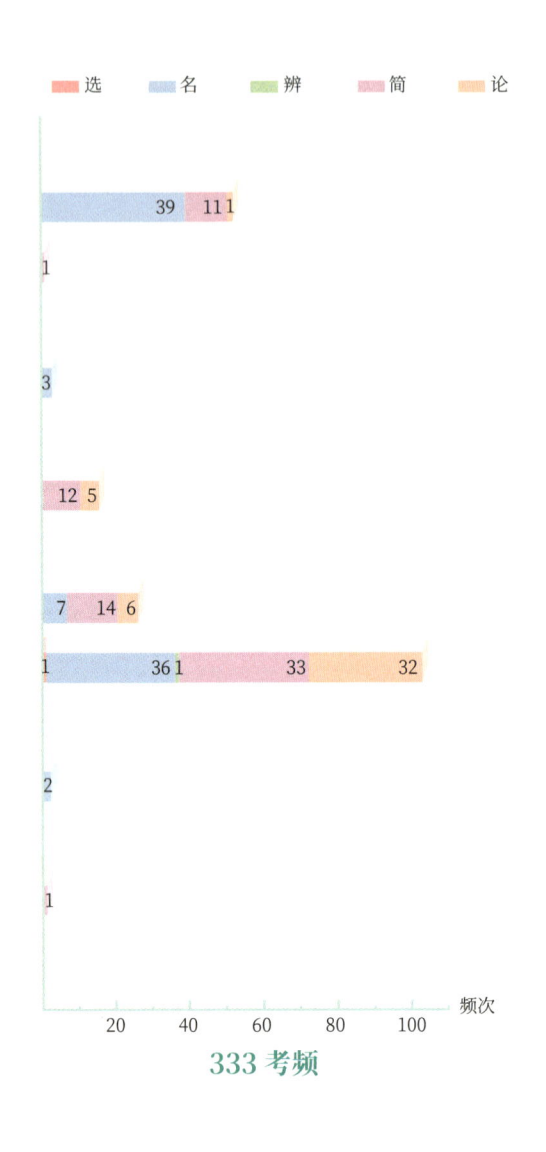

333考频

[1] 本章主体部分参考陈琦、刘儒德的《当代教育心理学》（第3版）第九章。

知识框架

```
                    ┌─ 知识及知识获得的机制 ─┬─ 知识的含义及其类型 ⭐⭐⭐⭐⭐
                    │                      │
                    │                      └─ 知识获得的机制 ⭐ ─┬─ 陈述性知识获得的机制：同化和顺应 ⭐
                    │                                          └─ 程序性知识获得的机制：产生式 ⭐
                    │
                    │                      ┌─ 知识理解的类型 ⭐
                    │                      │
                    ├─ 知识的理解 ─────────┼─ 知识理解的过程 ⭐ ─┬─ 理解的生成过程
                    │                      │                     └─ 理解的水平
                    │                      │
                    │                      └─ 影响知识理解的因素 ⭐⭐⭐⭐ ─┬─ 客观因素
                    │                                                     └─ 主观因素
知识的学习 ─────────┤
                    │                      ┌─ 知识的整合 ⭐⭐⭐ ─┬─ 记忆及其种类 ⭐
                    │                      │                     ├─ 遗忘的特点与原因 ⭐⭐⭐
                    ├─ 知识的整合           │                     └─ 促进知识整合的措施 ⭐⭐⭐
                    │  与应用              │
                    │                      │                     ┌─ 知识应用的形式 ⭐
                    │                      │                     ├─ 知识迁移的种类 ⭐⭐⭐
                    │                      └─ 知识的应用与迁移 ⭐⭐⭐ ─┼─ 知识迁移的理论 ⭐⭐
                    │                                            ├─ 学习迁移的影响因素 ⭐⭐⭐
                    │                                            └─ 促进知识应用与迁移的措施 ⭐⭐⭐
                    │
                    │                      ┌─ 错误概念的性质 ⭐
                    │                      ├─ 概念转变及其过程 ⭐
                    └─ 概念的转变 ─────────┼─ 影响概念转变的因素 ⭐⭐⭐
                                           └─ 为概念转变而教的策略 ⭐⭐⭐
```

考点解析

第一节　知识及知识获得的机制

考点1　知识的含义及其类型 ⭐⭐⭐⭐ 【10min搞定】

1. 知识的含义 ⭐⭐⭐⭐⭐　（名：10+ 学校）

关于知识的含义，学术界没有统一的定论。

（1）**从认识论的本质上讲，** 人在与外界相互作用的实践活动中，获得来自客体的各种信息，用一定的方式对这些信息进行加工和组织，形成对事物的理解，从而形成知识。知识，一方面储存在个体的头脑中，成为个体知识或主观知识；另一方面又可以通过文字符号等表述出来，并通过书籍、计算机或其他载体来储存，成为公共知识或客观知识。人可以通过学习和交往活动，借助于公共知识来发展自己的个体知识。

(2) 从学校教育的过程讲, 教育者不应把知识作为事先已经断定了的结论教给学生,而应该把知识当成一种看法、一种解释,让学生去理解、分析和鉴别。

(3) 从含义界定的广义和狭义讲, 广义的知识泛指人们所获得的经验,心智技能和认知策略也包含其中;狭义的知识仅指个体获得的各种主观表征,不包括技能和策略等调控经验。

2. 知识的类型 (论:15 三峡)

(1) 依据不同的分类标准,可以把知识分为不同的类型（如下表所示）。

分类标准	划分类型	含义 + 举例
获得知识的方式	直接经验知识	含义：直接经验知识来自个体亲身体验。 举例：我通过尝试发现这种蘑菇有毒
	间接经验知识	含义：间接经验知识来自书本。 举例：通过书中的描述,我已获得了辨别蘑菇是否有毒的方法
知识的抽象程度	具体知识	含义：具体知识是具体有形的、可通过直接观察获得的信息。 举例：我国的领土面积是960万平方公里
	抽象知识	含义：抽象知识是从许多具体事例中概括出来的、具有普遍适用性的概念或原理。 举例：教育是一种有目的地培养人的社会活动
知识反映的不同深度	感性知识	含义：感性知识是对事物的外表特征和外部联系的反映。 举例：我感到人人都需要教育
	理性知识	含义：理性知识是对事物的本质特征与内在联系的反映。 举例：我们总结了教育的本质,即教育是有目的地培养人的社会活动
知识的客观性（两类知识的划分是相对而言的）	主观知识	含义：主观知识指个人对事实的解释。 举例：我认为教育不应该与资本挂钩
	客观知识	含义：客观知识是相对约定俗成的知识,但也不是一成不变的。 举例：地球绕着太阳转,这已经成为世界公理
知识与言语的关系	显性知识	含义：显性知识是能用语言解释清楚的知识。 举例：通过语言说明如何发射火箭
	隐性知识	含义：隐性知识是并不能用语言充分表达的知识。 举例：教师怎样拥有教育机智;学生怎样才算有悟性
知识及其应用的复杂多变程度 ★★★★★	结构良好领域知识	含义：结构良好领域知识是由明确的事实、概念和规则构成的结构化的知识。 举例：万有引力定律、运算规则等
	结构不良领域知识	含义：结构不良领域知识是有关知识被灵活应用的知识。 举例：你认为如何做才能为中国的教师减负
知识的状态和表现方式 ★★★★★	陈述性知识	含义：陈述性知识是关于"是什么"的知识。 举例：北京的著名景点有哪些
	程序性知识	含义：程序性知识是关于"怎么做"的知识,解决这类问题需要一定的程序。 举例：用勾股定理解应用题

(2) 陈述性知识与程序性知识。 ★★★★★ (简:10、15 陕西师大,14 上海师大,18 安徽师大,23 新疆师大)

上述表格中,最重要的分类就是陈述性知识和程序性知识。

①含义。

a. **陈述性知识:** 主要反映事物的状态、内容及事物发展变化的时间、原因,是关于"是什么"和"怎么样"

的知识，也称描述性知识，一般可以用口头语言或书面语言清楚明白地表述。（名：5+学校）

b. **程序性知识**：主要反映活动的具体过程和操作步骤，是关于"做什么"和"怎么做"的知识，是一种实践性知识，主要用于实践操作，因此也称作操作性知识。它主要涉及做事的策略和方法，因此也称为策略性知识和方法性知识。（名：15+学校）

②**区别**。

a. 陈述性知识是静态的、描述性的；程序性知识是动态的，包括许多具体过程。

b. 陈述性知识较容易获得，但也容易遗忘；程序性知识较复杂，较难获得，一旦获得便不容易遗忘。

c. 陈述性知识建构的基本机制是同化和顺应；程序性知识建构的基本机制是产生式。

③**联系**。

a. 陈述性知识常常可以为执行某个实际操作程序提供必要的信息；反之，程序性知识的掌握也会促进陈述性知识的深化。

b. 学生学习常常从陈述性知识的获得开始，而后把陈述性知识与具体的任务目标联系起来，去解决一个又一个问题，变成可以灵活、熟练应用的程序性知识。

凯程助记

知识分类	陈述性知识	程序性知识
含义	关于"是什么"和"怎么样"的知识	关于"做什么"和"怎么做"的知识
区别	①静态的知识；②容易获得，容易遗忘；③基本机制是同化和顺应	①动态的知识；②获得较难，一旦获得便不容易遗忘；③基本机制是产生式
联系	①两种知识相互促进；②陈述性知识可以变成熟练应用的程序性知识

凯程提示

陈述性知识和程序性知识的异同是非常重要的知识点，请考生不要忽略。

考点2 知识获得的机制 10min搞定

1. 陈述性知识获得的机制：同化和顺应（简：17青岛）

（1）**同化**：指个体把新的刺激纳入已经形成的图式的认知过程。同化意味着学习者联系、利用原有知识来获取新概念，体现了知识发展的连续性和累积性。

（2）**顺应**：指儿童改变已有的图式或形成新图式来适应新刺激的认知过程。顺应意味着新旧知识之间的磨合、协调，体现了知识发展的对立性和改造性。

（3）**同化与顺应的关系**。

①同化新知识是原有知识发生顺应的基础，真正的同化离不开顺应的发生。因为只有转变了原有的错误观念，解决了新旧知识之间的冲突，新观念才能与原有知识体系协调起来，从而真正一体化。

②知识建构一方面表现为新知识的理解和获得，另一方面又表现为原有知识的调整和改变。同化和顺应作为知识建构的基本机制，是互相依存、不可分割的两个方面。

凯程提示

皮亚杰的同化与奥苏伯尔的同化含义一样吗？

皮亚杰的同化与奥苏伯尔的同化的关系：奥苏伯尔的同化 = 皮亚杰的同化 + 顺应。

2. 程序性知识获得的机制：产生式 （简：18 新疆师大，21 陕西师大、宁波）

（1）含义。现代认知心理学运用产生式理论来解释程序性知识获得的心理机制。"产生式"这一术语来自计算机领域，美国信息加工心理学创始人西蒙和纽厄尔首次将其应用于心理学，用来说明程序性知识的表征和获得机制。他们认为，人脑和计算机一样，都是"物理信号系统"，其功能都是操作符号。计算机之所以具有智能，能完成各种运算，是由于它储存了一系列以"如果……那么……"形式编码的规则。人经过学习，头脑中也储存了一系列以"如果……那么……"形式表示的规则，这种规则就是产生式。

所以，产生式是指条件—动作的配对，即"如果某种条件满足，那么就执行某种动作"的知识。它表明了所要进行的活动以及这种活动发生的条件。

（2）特点。

①自动激活，一旦存在，满足了特定的条件，相应的行为就会发生，常常不需要明确的意识。产生式由条件和行动两部分组成，产生式的基本原则是"如果条件是 A，那么实施行动 B"，即当一个产生式的条件得到满足，则执行该产生式规定的某个行动。解决一个简单的问题需要一个产生式，解决一个复杂的问题就需要若干个产生式，这些产生式组成产生式系统。所谓产生式系统，就是人所能执行的一组内隐的智力活动。

②产生式的提出为程序性知识的教学提供了便于操作的科学依据。程序性知识的学习本质上就是掌握一个程序，即在长时记忆中形成一个解决问题的产生式系统。以后遇到同样类型的问题，就可以按这一产生式系统来行动。

> **凯程助记**
> 陈述性知识获得的机制：同化与顺应。
> 程序性知识获得的机制：产生式。（产生式的基本原则：如果条件是 A，那么实施行动 B。）

经典真题

>> **名词解释**

1. 隐性知识（15 首师大）
2. 知识（11、13 浙江师大，11、14、15 四川师大，15 曲阜师大，16、17 华南师大，17 南宁师大，19 大理，19、20 宁夏，20 佛山科学技术学院，22 广西师大，23 广东技术师大）
3. 程序性知识（10 湖北，12 广西师大、聊城，13 华中师大，17 安徽师大、浙江师大、宁波、河北，18 南京师大、中央民族、华东师大，19 首师大，19、21 广州，20 西北师大、闽南师大，21 北华、佳木斯，22 湖州师范学院，23 四川师大）
4. 陈述性知识（12 广西师大，17 浙江师大，19 内蒙古师大，21 南宁师大，23 洛阳师范学院）

>> **简答题**

1. 简述陈述性知识和程序性知识的异同。（10、15 陕西师大，13、14 上海师大，18 安徽师大，23 新疆师大）
2. 什么是程序性知识？如何进行程序性知识的教学？简述程序性知识的教学策略。（18 南京师大、新疆师大，21 陕西师大、宁波）
3. 简述陈述性知识获得的机制。（17 青岛）

4. 简述显性知识和隐性知识的关系。(22 集美)

5. 简述程序性知识理解的一般过程。(22 沈阳师大)

›› 论述题　试述程序性知识及其教学设计。(11 河南)

第二节　知识的理解

考点1　知识理解的类型　3min搞定

1. 知识理解的含义

知识理解主要指学生运用已有的经验、知识去认识事物的种种联系、关系，直至认识其本质、规律的一种逐步深入的思维活动。它是学生掌握知识过程的中心环节。

2. 知识理解的类型

（1）陈述性知识理解的类型。

①陈述性知识的类型。加涅把陈述性知识看作言语信息，把它由简到繁分为以下几类：

a. 符号：主要指各种事物的名称或标记。

b. 事实：主要指表明两个或两个以上事物之间关系的言语陈述。事实有具体和抽象之分。前者如"北京是举世闻名的游览胜地"，后者如"科学技术是生产力"。

c. 有组织的知识：主要指由多个事实联结成的整体，如学生形成的关于我国地形地貌特点的知识。

②陈述性知识理解的类型。奥苏伯尔把他所区分的有意义学习的三种类型看作陈述性知识理解的类型。

a. 表征学习：指学习单个符号或一组符号的意义，或者说学习它们代表什么。其主要内容是词汇学习，即学习单词代表什么。表征学习的实质是符号和它所代表的事物在个体认知结构中建立了相应的等值关系。

举例：儿童将"猫"这个符号在头脑中与猫的形象建立相应的等值关系。表征学习有利于儿童迅速掌握大量有具体指称对象的词汇。

b. 概念学习：指掌握以符号代表的同类事物共同的本质特征。

举例：如学习"鸟"的概念,就是掌握鸟是"有羽毛"的"动物"这个本质特征,而与它的大小、形状、颜色、是否会飞等特征无关。

c. 命题学习：指学习某个句子的意义。由于构成命题的基本单位是概念或词汇，所以，命题学习实际上是学习概念之间的关系。学习者必须先了解组成命题的有关概念的意义，才能获得命题的意义。

举例：学习者没有获得"直径""半径""倍"的概念，便不能学习"直径等于半径的两倍"这个命题。命题学习以概念学习为前提，但比概念学习更复杂。

（2）程序性知识理解的类型。

①程序性知识的类型。按程序性知识的性质和特点，可以分为智慧技能、认知策略和动作技能。

②程序性知识理解的类型。

a. 模式识别学习：指学习者对某一特定内外刺激模式进行辨认和判断。模式识别具有两种不同的水平：低级水平的模式识别主要是识别事物的外部物理或化学特征，如识字、听声音、辨别味道等；高级水平的模式识别则是识别同类事物的共同本质特征。模式识别学习的主要任务是学会把握产生式的条件项，其心理机制是概括和分化。

b. 动作步骤学习： 指学习者学会顺利执行一项活动的一系列操作步骤。动作步骤学习从陈述性的规则和步骤开始，而其执行则从模式识别开始，通过程序化和程序合成两个阶段来完成。

考点 2　知识理解的过程[①] 5min搞定

知识的理解并不是一个简单的信息通过感官"进入"头脑的过程。有时候，我们阅读一本书，感觉这本书写的每句话都可以理解；有时候，我们阅读文章，发现整篇文章不知所云，难以理解。可见，知识的理解是一种意义的理解，是通过外界信息和已有的知识经验相互作用而实现的。这种双向过程我们已经在建构主义学习理论中做过介绍了。

加州大学维特罗克的生成学习理论对"知识的理解"这一过程做了深入分析。他认为学习是学习者生成信息的有意义的过程，这一过程是通过原有认知结构以及相关知识经验，与从环境中接收到的感觉信息进行相互作用而实现的。在这种相互作用的过程中，学习者主动地选择和注意信息，主动地建构信息的意义。

1. 理解的生成过程

（1）**理解的前提是各种长时记忆的信息进入短时记忆**。长时记忆中存储着影响个体知觉和注意倾向的知识经验，它们会影响个体以某种特殊方式加工信息的倾向。学习者把这些内容提炼出来，进入短时记忆。

举例：小明要跟着老师阅读《鲸》了，大脑里立刻展现了鲸的样子，以及平日通过书和《动物世界》等途径看到的鲸的相关信息，这些图像、信息一下子像海水一样涌入小明的脑海里，并不断闪现。

（2）**引起学习动机，进行选择性知觉**。这些内容和倾向实际上构成了学习者的动机，使学习者不仅能注意外来的、意想不到的、有兴趣的信息，也能主动地对感觉经验进行选择性注意，保持持续的兴趣进行选择性知觉。

举例：小明非常想深入了解鲸，于是开始带着强烈的学习意愿进行阅读。在阅读中，小明仔细阅读自己感兴趣的章节，粗略阅读自己不感兴趣的章节，边阅读边回忆与书中情节有关的鲸游泳的画面，还想到了鲸生小鲸的生动画面。

（3）**新知识与已有知识经验建立某种联系**。经过选择性知觉得到的信息，要达到对其意义的理解，或者说要生成学习，还需要和长时记忆中有关的已有知识经验建立某种联系，即主动地理解新信息的意义。

举例：每当小明阅读完一段，就感到与电视上、其他书本上看到的鲸的介绍有相似之处，这加深了小明对鲸的认识。

（4）**主动地建构新信息的意义**。在与长时记忆进行试探性联系、展开试验性意义建构的过程中，可以通过与感觉经验的对照，与长时记忆中已有的信息建立某种联系，即主动地建构新信息的意义。

举例：随着阅读的继续，小明感觉到这篇文章是在谈鲸的大小、生活习性、价值以及爱护鲸。他知道了一头成年鲸有他的卧室这么大，也理解了鲸是一种哺乳动物。

[①] 此知识点参考陈琦、刘儒德的《当代教育心理学》（第3版）。

(5) 意义建构不成功，需要考虑长时记忆中的其他知识经验。 如果经检验，意义建构不成功，应该回到感觉信息，检查感觉信息与长时记忆的试验性联系的策略。

举例：通过阅读文章《鲸》，小明初步理解的是鲸是一种哺乳动物，也是一种鱼类。此刻，小明结合已有经验去想，如果鲸是鱼类，那么为什么《动物世界》会说鲸不像鱼儿那样用鳃呼吸，而是用肺呼吸呢？再次阅读，小明发现自己理解有误，重新整理信息后得出对文章的新理解，即鲸是海洋中的一种大型哺乳动物，但它不是鱼类。

(6) 如果建构意义成功，即达到了意义的理解。

举例：小明很开心，他认为"鲸是海洋中的一种大型哺乳动物，但它不是鱼类"理解正确。

(7) 改变图式，促进记忆。 在新的信息达到意义的理解后，可以从短时记忆归到长时记忆中，同化到原有的认知结构中，或引起长时记忆中原有认知结构的重组。

举例：小明的图式开始悄然变化，原来的图式是"鲸属于鱼类"，现在的图式是"鲸不属于鱼类，鲸属于哺乳动物"。

2. 理解的水平

(1) **低级水平的理解：** 指知觉水平的理解，就是能辨认和识别对象，并且能为对象命名，知道它"是什么"。

(2) **中级水平的理解：** 指在知觉水平理解的基础上，对事物的本质与内在联系的揭露，主要表现为能够理解概念、原理和法则的内涵。

(3) **高级水平的理解：** 属于间接理解，指在概念理解的基础上，进一步达到系统化和具体化，重新建立或者调整认知结构，达到知识的融会贯通，并使知识得到广泛的迁移。

考点 3 影响知识理解的因素 ★★★★★ 5min搞定 （简：10+ 学校；论：5+ 学校）

1. 客观因素

(1) **学习材料的内容。** 学习材料的意义性、相对复杂性和难度以及学习材料内容的具体程度等，都会影响学习者对知识的理解。

(2) **学习材料的形式。** 学习材料在表达形式上的直观性，如是否采用实物、模型、言语等，一般来说也会影响学习者对知识的理解。

(3) **教师言语的提示和指导对学生的学习有直接影响。** 在教学中，教师言语的作用不应仅仅局限于对某一具体知识的描述和解释，重要的是用言语引导学生进行主动的建构。

2. 主观因素

(1) **学习者原有的知识经验背景。** 这种知识经验背景有着丰富而广泛的含义，它包括来源不同的、以不同表征方式存在的知识经验，是一个动态的、整合的认知结构。

(2) **学习者有主动理解的意识和方法。** 学生要有主动理解的意识倾向和主动理解的策略与方法。

(3) **学习者的认知结构特征。** 如认知结构中有没有适当的、起固着作用的观念，以及起固着作用观念的稳定性和清晰性。

(4) **学习者的能力水平。** 如学生的认知发展水平、语言能力等。

凯程助记

影响知识理解的因素：

客观因素：材料内容与形式，教师指导与提示。

主观因素：原有知识和经验，学生能力与主动，认知结构起作用。

经典真题

>> 名词解释

1. 表征学习（12 北师大）　　2. 概念学习（13 云南师大，18 西安外国语）

>> 简答题

简述影响知识理解的因素。（11 西华师大，12 四川师大，14 江西师大，15 北师大，16 山西师大，16、18 西北师大，17 广西师大，19 海南师大、安徽师大，23 华东师大、沈阳师大）

>> 论述题

论述知识理解的影响因素。（15 北师大，16 闽南师大，19 山西，20 河北，21 湖南理工学院）

第三节　知识的整合与应用

考点1　知识的整合　30min搞定

知识的整合不是知识间的简单相加，而是知识的彼此交融、贯通。整合后的知识是有机地统一在一起的，并且知识整合的过程也是知识不断深化的过程。这一过程离不开对人的记忆与遗忘的探讨。

1. 记忆及其种类　（简：19 河南）

（1）记忆的含义。（名：20 华南师大，21 南宁师大）

从信息加工阶段的观点来看，记忆是指人脑对外界输入的信息进行编码、存储和提取的过程。识记和保持是再现的前提，再现是识记和保持的结果，知识的整合与深化主要是通过识记和保持这两个记忆环节来实现的。

（2）记忆的种类。

①根据记忆的结构，可把其区分为瞬时记忆、短时记忆和长时记忆。（第三章第三节"加涅的信息加工学习理论"中有详细讲解。）

②在长时记忆中，从不同的角度可将其区分为程序性记忆和陈述性记忆、形象记忆和情绪记忆、情景记忆和语义记忆等。

2. 遗忘的特点与原因　（名：17 北师大、湖南；简：14 渤海，19 汕头；论：21 吉林师大，23 西北师大）

信息输入大脑后，遗忘也就随之开始了。遗忘随时间的流逝而先快后慢，特别是在刚开始识记的短时间内，遗忘最快，这就是著名的艾宾浩斯遗忘曲线（如下图所示）。遵循艾宾浩斯遗忘曲线所揭示的记忆规律，对所学知识及时进行复习，这种记忆方法即为艾宾浩斯记忆法。对所学知识及时进行复习和自测是艾宾浩斯记忆法的主要方式，其主要依据就是艾宾浩斯遗忘曲线。下面，我们通过艾宾浩斯遗忘曲线来梳理遗忘的特点。

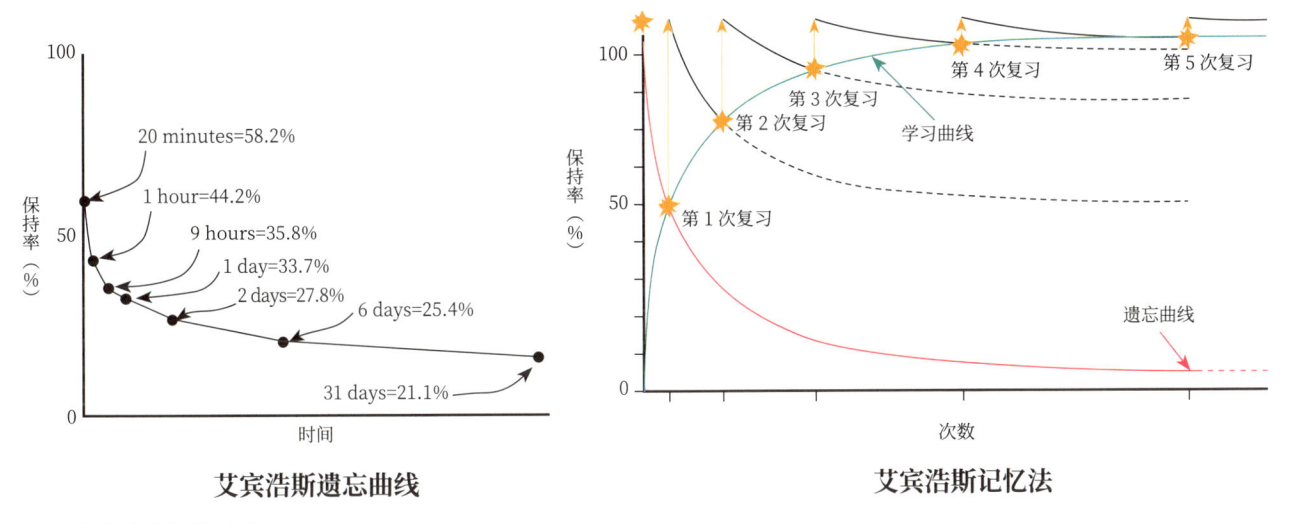

艾宾浩斯遗忘曲线

艾宾浩斯记忆法

（1）遗忘的特点。

依据艾宾浩斯遗忘曲线，记忆的保持随时间的流逝而逐渐消退，呈现先快后慢的特征。

①**保持量的减少**。保持量随时间、测量方法、学习程度、材料性质等因素的变化而有所不同。

②**保持量的增加**。儿童在学习后的两三天测得的保持量会比学习后立即测得的保持量要多，这种现象叫作记忆的恢复现象。记忆的恢复现象在儿童中较普遍，在学习较难的材料时比在学习较易的材料时更明显，在学习程度较低的情况下比在学习程度纯熟的情况下更容易看到。

③**记忆内容变化**。保存在头脑中的图形不是原封不动的，也不只是模糊化，而是进一步被加工并发生变化；故事逐渐被缩短和省略，变得更有连贯性、合理化且符合习惯与价值观。

④**复习与记忆**。不复习和不合理的复习都不能达到保持记忆的最好效果，只有合理复习才能尽可能保证好的记忆效果。

（2）遗忘原因的理论探讨。

①**记忆痕迹衰退说**。完形心理学家提出人们在学习时神经活动引起大脑产生某种变化，并留下各种记忆痕迹，这些记忆痕迹会随着时间的延长而逐渐衰退。只有通过不断的练习，这种学习所留下的记忆痕迹才能继续保持。

②**材料间的干扰说**。这一理论认为，遗忘的发生是由于人们在一种学习任务结束之后又去从事其他的学习任务，人们在某时期所学习的材料或所获得的信息之间会发生相互影响，正是这种影响造成了遗忘的发生。

③**检索困难说**。现代信息加工心理学认为，人们所获得的信息是以某种编码形式永久地储存在长时记忆中的，人们一时无法回忆起所需要的信息，并不是遗忘之故，而是因为难以找到其提取的线索。如果能够通过指导获得提取的线索，这些先前"遗忘"的信息仍然是能够找到的。

④**知识同化说**。奥苏伯尔根据其同化理论指出，遗忘是知识的组织和认知结构简化的过程。在有意义学习中，新旧知识之间通过相互作用建立起非人为的、实质性的联系，新知识同化到原有的认知结构中，人们长时记忆中储存的是经过转换后较为一般性的观念结构，遗忘的往往是一些被较为高级的观念所替代的低一级的观念，从而减轻了记忆的负担。

⑤**动机性遗忘说**。这一理论认为，遗忘是因为我们不想记而将一些记忆推到意识之外，因为它们太

可怕、太痛苦，太有损于自我。遗忘不是保持的消失，而是记忆被压抑。这种理论由此也被称为压抑理论。

总之，遗忘的原因是多方面的，上述每一种理论都能解释遗忘发生的部分原因，但又不能解释所有的遗忘现象，对遗忘需要进行多角度、多侧面、综合性的思考与解释。

3. 促进知识整合的措施 （简：13陕西师大，21吉林师大，23鲁东；论：5+学校）

知识的整合实际上是运用记忆规律促进知识保持的过程，其措施有：

（1）**提高对知识的加工水平**。学生要利用知识的特点，特别地做一些有趣、有逻辑的加工，促使自己理解和掌握相关知识。

（2）**多重编码**。学生对要求掌握的知识进行多种方式的编码，如除了找到知识的逻辑，还编纂了口诀，使用了当时学习这个知识的环境印象，等等，学生对知识的编码方式越特殊，或越多重编码，记忆越牢固。

（3）**联系记忆法**。依据布鲁纳的结构主义理论，将知识梳理为逻辑图，把新旧知识联系起来，将知识结构化，更有利于理解和记忆。

（4）**过度学习与试图回忆相结合**。过度学习指学生达到掌握水平后，继续进行过度的学习，有助于增强记忆效果，但过度学习时最好加强对知识的回忆，使用回忆法提取知识，效果最佳。

（5）**及时且多重复习**。学习新知识后，要想达到整合知识的效果，应该及时复习。往往复习次数较少，新知识容易遗忘，应依据艾宾浩斯遗忘曲线，增加复习的次数，这样才会记忆犹新。

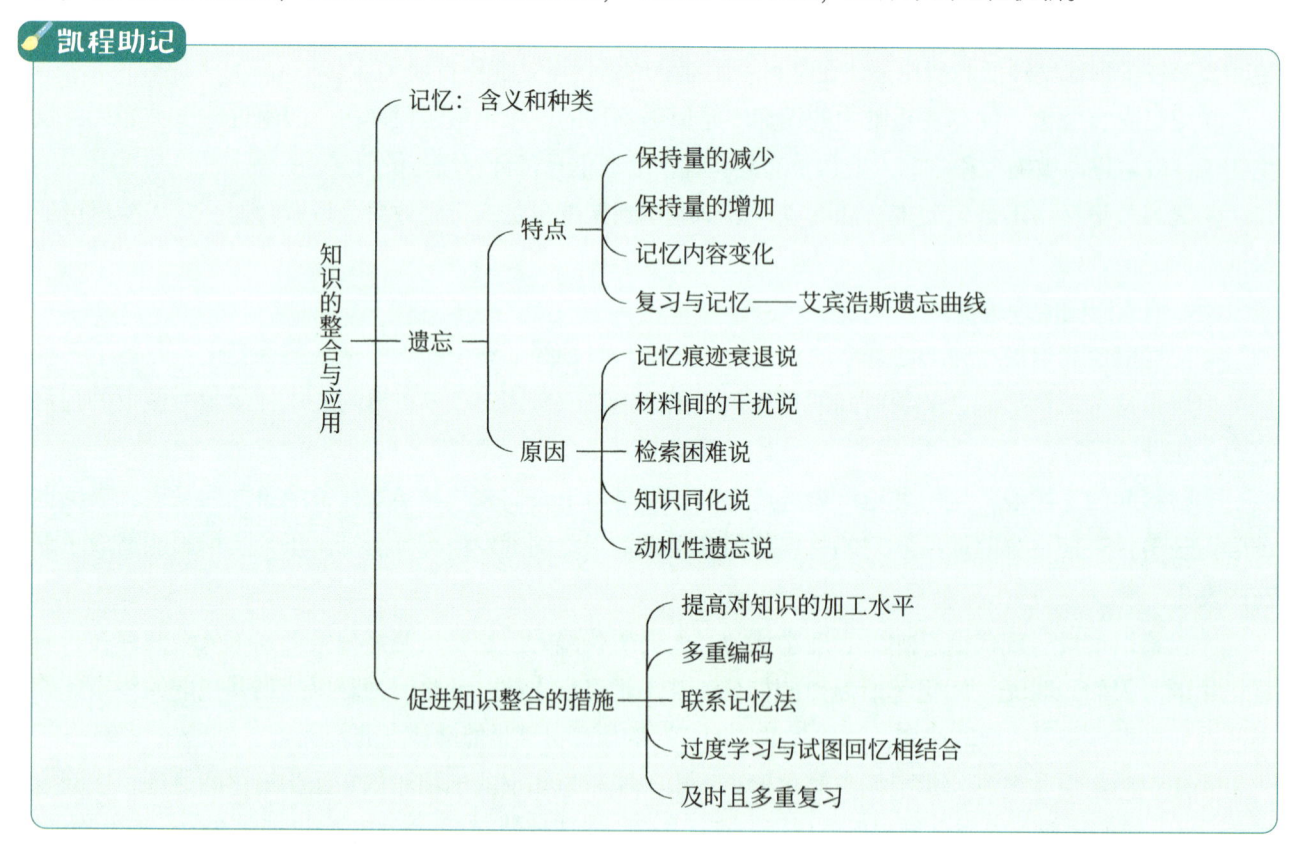

凯程助记

```
                         ┌─ 记忆：含义和种类
                         │
                         │              ┌─ 保持量的减少
                         │              │
                         │         ┌ 特点 ─ 保持量的增加
                         │         │    │
                         │         │    ├─ 记忆内容变化
                         │         │    │
知识的整合与应用 ─────────┼─ 遗忘 ─┤    └─ 复习与记忆——艾宾浩斯遗忘曲线
                         │         │
                         │         │    ┌─ 记忆痕迹衰退说
                         │         │    │
                         │         │    ├─ 材料间的干扰说
                         │         │    │
                         │         └ 原因 ─ 检索困难说
                         │              │
                         │              ├─ 知识同化说
                         │              │
                         │              └─ 动机性遗忘说
                         │
                         │                         ┌─ 提高对知识的加工水平
                         │                         │
                         │                         ├─ 多重编码
                         │                         │
                         └─ 促进知识整合的措施 ────┼─ 联系记忆法
                                                   │
                                                   ├─ 过度学习与试图回忆相结合
                                                   │
                                                   └─ 及时且多重复习
```

经典真题

名词解释
1. 短时记忆（16 曲阜师大）
2. 遗忘同化原理说（19 南京师大）
3. 遗忘的特点（17 湖南）
4. 内隐记忆（12、17 河南）
5. 记忆（20 华南师大，21 南宁师大）

简答题
1. 简述记忆的本质。（19 河南）
2. 简述艾宾浩斯遗忘曲线。（17 北师大）
3. 简述影响遗忘的因素。（20 贵州师大，22 河南）
4. 简述促进知识整合的措施。（12 河北、渤海，12、23 鲁东，16 贵州师大，17 闽南师大、江西师大，20 延边）

论述题
1. 结合记忆规律，谈谈教师应如何帮助学生改善和提高记忆力。（12 河北师大）
2. 如何看待教师"错一罚十""漏一补十"的做法，运用相关记忆规律分析此做法。（17 贵州师大、江西师大）
3. 结合自己的学习经验，谈谈如何根据记忆规律提高记忆效率，减少遗忘。（18 河南）
4. 根据记忆遗忘规律论述促进记忆和保持知识的方法。（18 广西师大）
5. 根据记忆的特点，论述如何运用记忆规律合理进行复习。（23 西北师大）

考点 2　知识的应用与迁移　40min搞定　（论：21 四川师大）

1. 知识应用的形式

（1）知识应用的含义。

广义的知识应用是指依据已有的知识经验去解决有关问题的过程；狭义的知识应用是指学生在领会教材的基础上，依据所得的知识去解决同类课题的过程。其形式可分为课堂应用和实际应用。其过程一般包括以下四个环节：

①**审题**。明确我们要解决的是一个什么样的应用类问题或现实问题，是否可以用一些抽象知识（如概念、定义、公式、原理）去分析这个应用类问题。

②**联想**。确定需要解决的应用类问题与抽象知识之间是否具有本质的联系。

③**课题类化**。将需要解决的应用类问题归入某一类知识。

④**检验**。根据有关定理、公式去解答问题，看是否可以达到解决问题的目的。

（2）应用与迁移的关系。

①**知识的应用可以促进迁移的发生**。加强基本知识和基本技能的应用是促进知识迁移的有效条件。

②**知识迁移的过程中存在着知识的应用**。知识迁移是保证知识应用成功的重要条件。当然，这里所说的迁移是正迁移。

2. 知识迁移的种类 ★★★★★

（1）迁移的概念。（名：20+学校；简：21华中师大）

迁移是一种学习对另一种学习的影响，指已经获得的知识、技能，甚至方法和态度对新知识、新技能的影响。这种影响可能是积极的，也可能是消极的。

（2）迁移的类型。（选：22南京师大；名：20+学校；辨：21山东师大）

分类标准	具体分类	含义+举例
从迁移发生的学习类型或领域看	知识与动作技能的迁移	含义：知识与动作技能的迁移指一种知识与动作技能的获得对另一种知识与动作技能的形成的影响。 举例：学会一种外语，有助于学习同一语系的第二种、第三种外语
	情感与态度的迁移	含义：情感与态度的迁移指一种情感与态度的形成对另一种情境中情感与态度的形成的影响。 举例：教师对作业卷面要求严格，强调整洁、有条理，这也许能培养学生对其他学科的作业卷面都严格要求自己的态度和习惯
从迁移的时间顺序看	顺向迁移	含义：顺向迁移指前面的学习对后面的学习的影响。 举例：学生在物理中学习了"平衡"概念，就会对以后学习化学平衡、生态平衡、经济平衡、心理平衡产生影响
	逆向迁移	含义：逆向迁移指后面的学习对前面的学习的影响。 举例：学生先学习加法的运算律，再学习乘法的运算律，乘法的运算会促使学生对原来数的运算观念得到扩充，知识面也随之开阔了
从迁移的影响效果看	正迁移	含义：正迁移指一种学习对另一种学习的积极影响。 举例：学习骑自行车有利于学习骑摩托车
	负迁移	含义：负迁移指一种学习对另一种学习的消极影响。 举例：学习汉语拼音会对学习英语国际音标产生干扰，不利于音标的学习
	零迁移	含义：零迁移指两种学习之间不存在直接的相互影响，也称中性迁移。 举例：学习滑板和学习游泳两种运动学习之间不存在相互影响
从迁移内容的抽象和概括水平看（加涅将正迁移分为横向迁移和竖向迁移）	横向迁移（水平迁移）	含义：横向迁移指个体把已学到的经验推广应用到其他内容和难度类似的情境中。 举例：学习了哺乳动物"老虎""狮子"的概念以后，这些概念可用于对不熟悉的鲸或海豚的识别
	竖向迁移（垂直迁移）	含义：竖向迁移指不同难度的两种学习之间的相互影响。 举例： a. 自上而下的迁移：对"树木"的概念特征的学习影响着对"柳树""杨树"等的学习。 b. 自下而上的迁移：对"植物""动物""微生物"等知识的学习影响着对"生态圈"的学习
从迁移的范围看	近迁移	含义：近迁移指个体把所学的经验迁移到与原来的学习情境比较相似的情境中。 举例：学生学习解决有关汽车的路程问题的应用题后，能够利用时间、速度和路程的关系解决坐飞机、骑自行车、坐轮船或者步行等情境中的路程问题
	远迁移	含义：远迁移指个体把所学的经验迁移到与原来情境极不相似的情境中。 举例：学生能够利用时间、速度和路程的关系解决工程问题（隐含着天数、每天完成的工作数量与总工作数量的关系）的应用题
	自迁移	含义：自迁移指个体所学的经验影响着相同情境中的任务操作。 举例：学生重新做自己错题本中的题目

续表

分类标准	具体分类	含义+举例
从迁移的内容看	特殊迁移（具体迁移）	含义：特殊迁移指某一领域或课题的学习直接对学习另一领域或课题所产生的影响。 举例：跳水的一些项目，弹跳、空翻、入水等基本动作是一样的，运动员在某些项目中将这些基本动作熟练掌握，那么在学习新的跳水项目时，就可以把这些基本动作加以不同的组合，很快形成新的动作技能
	非特殊迁移（一般迁移）	含义：非特殊迁移指迁移产生的原因不明确，可能是原理、原则的迁移，也可能是态度的迁移。 举例：学生学习中获得的一些基本的运算技能、阅读技能可以运用到各种具体的数学或语文学习中
从迁移发生的自动化程度看	低通路迁移	含义：低通路迁移指反复练习的技能自动化的迁移。 举例：驾驶不同类型的汽车
	高通路迁移	含义：高通路迁移指有意识地将在某一情境中习得的抽象知识运用到新的情境中。 举例：利用做笔记策略来阅读文章

凯程拓展

曼德勒研究总结了学习水平与迁移量之间的关系（如右图所示）。

结论：随着先前的学习，迁移刚开始时是负的，之后学生的练习不断扩大，先前的学习水平不断提高，迁移由负变为正，达到较高的迁移水平。之所以产生这样的情况，是因为刚开始时学生已有的错误概念起了阻碍作用，学生在后期的练习中不断提升自己的能力，获得了更多的经验，才有效地促进了正迁移，同时抑制了负迁移。

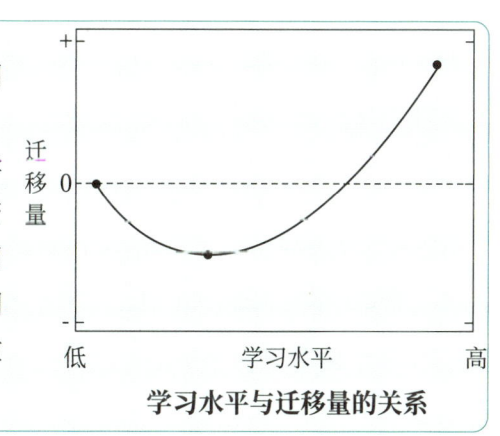

学习水平与迁移量的关系

3. 知识迁移的理论 （简：23 吉林师大、云南师大；论：19 东北师大，21 浙江海洋，23 天津外国语）

（1）形式训练说。 （名：10、13 福建师大，20 华东师大）

①观点：该理论以官能心理学为理论基础。沃尔夫认为，人的心智是由各种官能组成的，这些官能包括注意、记忆、推理等，它们可以像肌肉一样通过训练得到发展和加强。如果一种官能在某种学习情境中得到改造，就可以在与该官能有关的所有情境中自动起作用，从而表现出迁移的效应。

②教育应用：训练官能，如学习数学可以训练推理能力。

（2）相同元素说。 （名：20 山西师大，21 济南）

①观点：桑代克、伍德沃斯认为，只有在原先的学习情境与新的学习情境有相同要素时，原先的学习才有可能迁移到新的学习中去。并且，迁移的程度取决于这两种情境相同要素的多少。

②教育应用：教学内容的安排尽量与将来的实际应用相结合。

（3）概括化理论。 （名：11 东北师大）

①观点：贾德认为，迁移产生的关键在于学习者能够概括出两组活动之间的共同原理。学习者的概括水平越高，迁移的可能性就越大。

②教育应用：教师有意识地培养学生的概括能力。

(4) 关系理论。

观点：苛勒认为，迁移是学习者突然领悟两种学习之间所存在的关系的结果。

(5) 认知结构迁移理论。（简：23 宝鸡文理学院）

观点：布鲁纳、奥苏伯尔认为，认知结构的可利用性、可辨别性与稳定性是影响学习迁移的三个关键因素。

> **凯程助记**
> 学习迁移理论多，形式训练沃尔夫，相同元素桑代克，概括化论有贾德，关系转化格式塔，认知结构奥苏伯尔。

4. 学习迁移的影响因素（补充知识点）☆☆☆☆☆（简：13 宁波，15 新疆师大，16 河北师大，17 北师大）

(1) 主观因素。

①**个体加工学习材料的过程的相似性**。个体加工信息的方法、习惯和风格各有不同，个体善于将自己习惯化的加工信息的过程迁移到其他问题和情境中去。

②**已有经验的概括水平**。学习迁移实际上是已有经验的具体化或新旧经验的协调过程。因此，已有经验的概括水平对迁移的效果有很大影响。

③**学习态度和定势**。在学习态度上，个体是否具有主动迁移的意识、能否进行自我调控是学习迁移的关键。一般来说，定势对学习能够起促进作用，但是有时也会起阻碍作用。

④**年龄、智力水平**。学习者的年龄、智力水平等方面都在不同程度上影响迁移的产生。

(2) 客观因素。

①**学习材料、情境的相似性**。越是相似的材料、问题和情境，迁移越容易发生。

②**教学指导、外界提示语的影响**。越是清晰的教学指导或外界提示语，越容易促进迁移；越是模糊的、无效的教学指导或外界提示语，越阻碍迁移。

5. 促进知识应用与迁移的措施☆☆☆☆☆（简：15+ 学校；论：20+ 学校）

教学应该为迁移而教，把迁移渗透到每一项教学活动中去。主要措施有：

(1) **整合学科内容**。教师应注意把各个独立的教学内容整合起来，注意各门学科之间的横向联系，鼓励学生把在某一门学科中学到的知识运用于其他学科中。

(2) **加强知识联系**。教师应重视新旧知识技能之间的联系，要促使学生把已学过的内容迁移到新知识上去，可以通过提问、提示等方式，使学生利用已有知识来理解新知识。

(3) **重视学习策略**。教师要有意识地教学生学会如何学习，帮助他们掌握概括化的认知策略和元认知策略。认知策略和元认知策略是可教的，教授学习策略从而促进学习迁移。

(4) **强调概括总结**。教师要有意识地启发学生对所学内容进行概括总结。教师可以引导学生提高概括总结的能力，充分利用原理、原则的迁移。在讲解原理、原则时要尽可能用丰富的举例说明，帮助学生将理论应用于实践之中。

(5) **培养迁移意识**。教师通过反馈和归因控制等方式使学生形成关于学习的积极态度，鼓励学生大胆地进行迁移，将知识灵活应用。

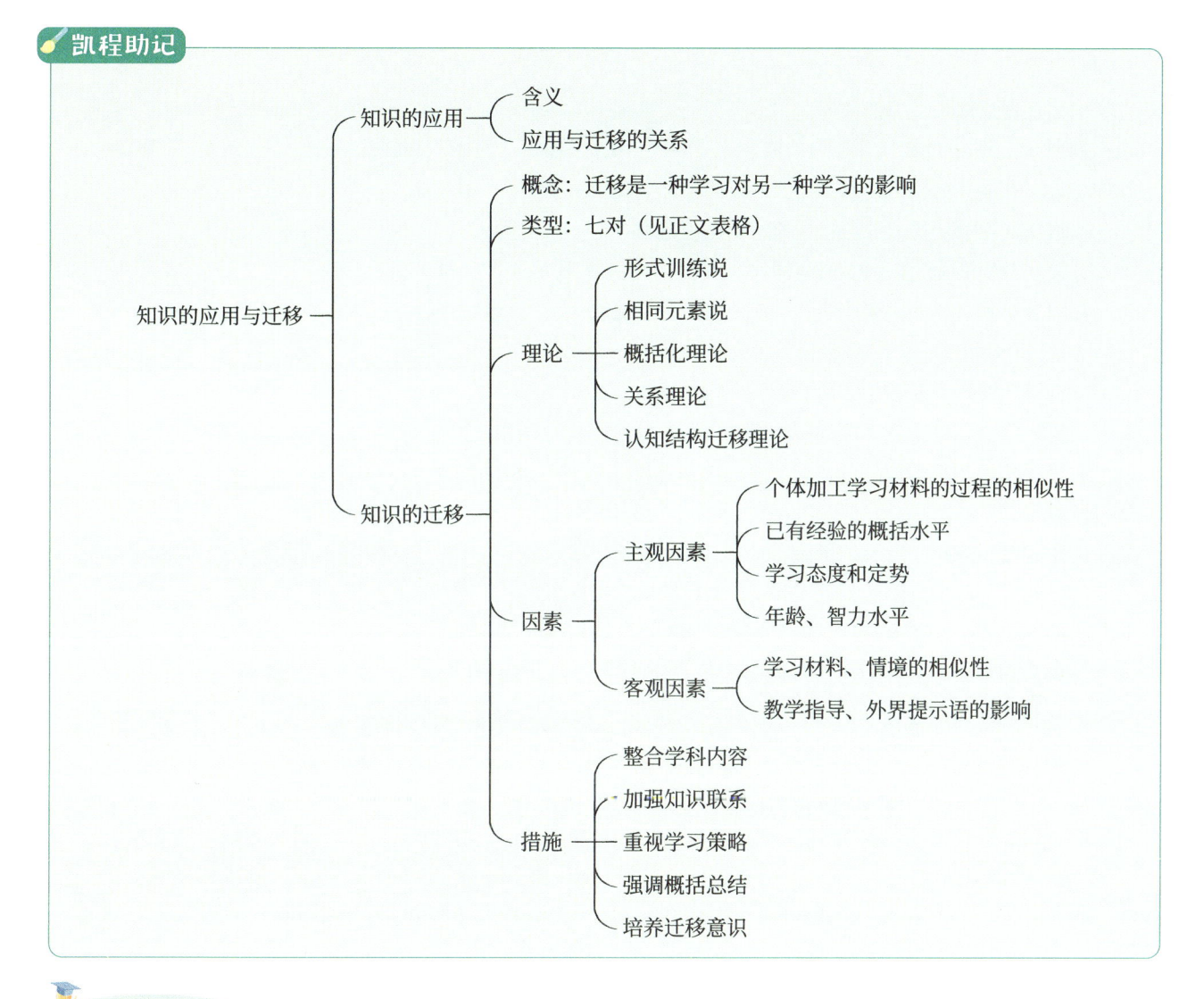

凯程助记

```
                          ┌─ 含义
          ┌─ 知识的应用 ─┤
          │              └─ 应用与迁移的关系
          │
          │              ┌─ 概念：迁移是一种学习对另一种学习的影响
          │              │
          │              ├─ 类型：七对（见正文表格）
          │              │
          │              │         ┌─ 形式训练说
          │              │         │
          │              │         ├─ 相同元素说
          │              ├─ 理论 ──┼─ 概括化理论
知识的应用与迁移 ─┤              │         ├─ 关系理论
          │              │         └─ 认知结构迁移理论
          │              │
          │              │         ┌─ 个体加工学习材料的过程的相似性
          │              │         │
          │              │         ├─ 已有经验的概括水平
          │              │    ┌─ 主观因素 ─┼─ 学习态度和定势
          │              │    │    └─ 年龄、智力水平
          │              ├─ 因素 ─┤
          └─ 知识的迁移 ─┤    │    ┌─ 学习材料、情境的相似性
                         │    └─ 客观因素 ─┤
                         │         └─ 教学指导、外界提示语的影响
                         │
                         │         ┌─ 整合学科内容
                         │         ├─ 加强知识联系
                         └─ 措施 ──┼─ 重视学习策略
                                   ├─ 强调概括总结
                                   └─ 培养迁移意识
```

经典真题

选择题

先前学习对后继学习的影响是（C）。**（22 南京师大）**

A. 正迁移　　　　B. 负迁移　　　　C. 顺向迁移　　　　D. 逆向迁移

名词解释

1. 知识的迁移/学习迁移 **（10 宁波，11 鲁东，15 南京航空航天，16 西华、中国海洋，16、20 新疆师大、成都，17 江西师大、聊城、延安，18 宁夏、云南师大，19 汕头、河北，21 东理工、南宁师大，22 华南师大、湖北，23 湖南师大、杭州师大）**

2. 正迁移 **（13 湖北，18 山东师大）**　　　　3. 顺向迁移 **（12 重庆师大，14、17 湖南师大）**

4. 形式训练说 **（10、13 福建师大，20 华东师大）**　　5. 特殊迁移 **（20 安徽师大）**

6. 逆向迁移 **（20 山东师大）**　　　　7. 共同要素说 **（20 山西师大，21 济南）**

8. 负迁移 **（13 湖北，21 新疆师大）**　　　　9. 远迁移 **（23 山东师大）**

辨析题

负迁移就是逆向迁移。**（21 山东师大）**

>> 简答题

1. 简述促进知识迁移的措施。(11 渤海，12 湖北，13 扬州，15、16 河北师大，16 陕西师大，17 北师大、沈阳师大、西北师大、山西，18 河北、石河子，20 安徽师大、扬州、海南师大，21 福建师大、贵州师大、华中师大、江西师大、河北师大，22 中国海洋，23 南京师大)
2. 简述同化性迁移、顺应性迁移、重组性迁移。(21 广西师大)
3. 简述共同要素论。(21 闽南师大)
4. 简述影响迁移的主要因素。(13 宁波，15 新疆师大，16 河北师大，17 北师大)
5. 简述迁移的理论。(23 云南师大)
6. 简述迁移理论对教学的启示。(23 吉林师大)
7. 简述学习动机促进知识迁移的措施。(23 浙江海洋)
8. 简述知识迁移的理论以及如何促进知识迁移。(23 天津外国语)

>> 论述题

1. 论述知识应用与迁移的措施。(11、18 哈师大，14 北师大，23 扬州)
2. 介绍三种学习迁移的理论。(19 东北师大)
3. 联系实际，谈谈促进迁移的有效教学策略。(16 山东师大，19 杭州师大)
4. 如何在教学中实现为迁移而教，促进知识的正迁移？请举例说明。(20 上海师大)
5. 在教学中如何促进学生的学习迁移？(20 东北师大、西安外国语，21 首师大)
6. 结合实例论述促进知识迁移的措施。(21 闽南师大)
7. 结合教学实际谈谈"为迁移而教"。(21 四川师大)
8. 试论促进知识迁移的措施。(10 中山，11、18 哈师大，14 北师大，16 山东师大、天津师大，17 鲁东、18 信阳师范学院，18、20 西安外国语，19 杭州师大，20 东北师大、上海师大，21 贵州师大、闽南师大、首师大、临沂、四川师大、齐齐哈尔、湖北师大、佛山科学技术学院，22 内蒙古师大)
9. 什么是迁移学习？教师怎样引导正迁移？(22 延安)

第四节　概念的转变（补充超纲知识点，陕西师大、湖南师大、新疆师大、延安等校使用）

考点 1　错误概念的性质 3min搞定

1. 错误概念的含义

错误概念也称另类概念，是指学习者持有的与当前科学理论对事物的理解相违背的概念。

2. 错误概念的性质（名：18 新疆师大，20 湖南师大）

（1）错误概念不单是由理解偏差或遗忘造成的，它们常常与学习者的日常直觉经验联系在一起，植根于一个与科学理论不相容的概念体系。

（2）错误概念的出现频率与年龄、学业水平之间没有明显的相关性。

考点 2　概念转变及其过程 5min搞定

1. 概念转变的含义

概念转变就是认知冲突的引发和解决的过程，是个体原有的某种知识经验由于受到与此不一致的新经验的影响而发生的重大改变。

2. 概念转变的过程

（1）**引发认知冲突**。

①**含义**：认知冲突是指人在原有观念与新经验之间出现对立性矛盾时感受到的疑惑、紧张和不适的状态。

举例：小学生学完自然数后知道4比2大，在最初学习分数时，可能会有1/4比1/2大的错误概念，可是他在发现1/2的西瓜比1/4的西瓜大一倍时，就产生了认知冲突。

②**意义**：只有体验到认知冲突，个体才能感受到原有概念的不足，认识到替换或调整原有概念的必要性。

（2）**认知冲突的解决与概念转变**。

人不愿忍受认知冲突的压力，就会努力试图调整新旧知识经验，解决认知冲突以建立新的平衡。解决认知冲突有不同的途径。胡森分析了个体对新概念的处理方式只有两种情况，要么拒绝新概念，要么接受新概念。

①**径直地或者在经过认真分析之后拒绝新概念**。

举例：过去人们以"地心说"为准，认为太阳和月亮都是围绕地球转动的，而哥白尼提出"日心说"这一新概念，认为地球是围绕太阳转动的，当时的人们都直接拒绝了这一新概念。

②**通过三种可能的方式纳入新概念**。

a. **机械记忆**：指只根据材料的外部联系或表现形式，采取简单重复的方式而进行的记忆。对于没有意义的数字、人名、地名、年代、化学符号、外语单词等，需要用机械法去记忆。

举例：小张同学之前不知道圆周率（π）的取值范围，通过反复背诵，得知 3.141 592 653 5 < π < 3.141 592 653 6。

b. **概念更换**：指以新概念代替旧概念，并与其他观念相协调。

举例：小张同学在地理课中把"六安市"的"六"读作"liù"，经过老师提示，了解到应该读"lù"，此后，小张同学在介绍六安市时，都介绍为"安徽省六（lù）安市"。

c. **概念获取**：指将新概念与包括原有概念在内的有关概念一起重新进行加工和整合，这意味着在原有的知识背景中理解新概念，新旧概念并不完全对立。

举例：小张同学在地理课中把"六安市"的"六"读作"liù"，经过老师提示，了解到应该读"lù"。此后，小张同学了解到"六"有两个读音，在表示数量时读"liù"，用于地名时读"lù"。

★ 考点3　影响概念转变的因素　☆☆☆ 10min搞定　（简：16延安）

1. 学习者的形式推理能力

为克服错误概念，学习者需要理解新的科学概念，意识到证明新概念有效性的证据，看到事实材料是如何支持科学概念而违背原有的错误概念的。所有这些都依赖于学习者的形式推理能力。

2. 学习者先前的知识经验

学习者先前知识经验的强度、一致性和坚信度三个特征影响概念转变的可能性。

3. 学习者的元认知能力

学习者在新情境里激活、联想起原有的知识经验，并试图对新旧经验进行对照、整合，只有在这种积极的认知活动中，学习者才能促进概念转变。

4. 学习者的动机以及对知识和学校的态度

概念转变会受到一些动机方面的因素的影响：

(1) **目标取向**。内在的、掌握型的学习目标更有利于学习者对信息的深层加工，更有利于概念转变的发生。

(2) **自我效能感**。它对概念转变的影响是双重的：一方面，学生对自己原有概念的自信可能会妨碍概念转变的发生；另一方面，自我效能感使学生相信自己能够改变原有的观点，运用策略对不同观点进行整合，从而有利于概念转变。

(3) **控制点**。内控的学生相信自己能够支配自己的学习，面对新旧经验的不一致，他们可能会更积极地去解决。

(4) **概念转变也受到学生态度的影响**。学生并没有完全抛弃学校知识，他们只是认为用先前经验更"舒适"。此外，成功的学生更喜欢新问题带来的认知冲突，不成功的学生不怎么喜欢认知冲突，他们的自我概念、对学校和学校任务的态度都是消极的，焦虑程度比较高。

5. 社会（课堂）情境

在教学中，概念转变是在一定的社会情境中发生的。课堂教学中的任务结构、权威结构、评价结构、课堂管理、教师的示范、教师的支架作用都有可能会影响概念转变。

考点4 为概念转变而教的策略 ★★★ 10min搞定 （简：17 新疆师大；论：16 温州）

1. 注意概念转变的条件 （简：16 延安）

(1) **对原有概念的不满**。让学生看到原有概念无法解释的事实，引起他们对原有概念的不满。

(2) **新概念的可理解性**。学生需要懂得新概念的真正含义，对新概念形成整体的理解和深层的表征。

(3) **新概念的合理性**。新概念与个体所接受的其他概念、信念是一致的，二者之间不存在冲突，可以一起被重新整合。

(4) **新概念的有效性**。学生需要看到新概念对自己的价值：它能解决用其他概念难以解决的问题，并且能向个体展示新的可能和方向，具有启发意义。

2. 促进错误概念转变的教学环节

(1) **揭示、洞察学生原有的概念**。教师首先需要探明学生原有的日常概念和相关的知识、信念，并用一定的策略促进学生认识到自己的错误概念，而不是仅仅告诉学生："你的想法错了，……才是对的。"

(2) **引发认知冲突**。认知冲突是在学生积极的推理、预测等思维活动中产生的，所以，引导学生积极投入思维活动并对当前问题进行分析和推理是引发认知冲突的重要条件。

(3) **通过讨论分析，使学生调整原来的看法或形成新概念**。教师不要在头脑中存有固定的讨论路线，不要牵强地把学生"诱导"到正确结论上，而是要按照学生在讨论中实际表现出来的真正思路，去自然而然地相互讨论，逐渐澄清问题，让个体在新旧概念的整合过程中有自我意识。

3. 教学中应该注意的问题

(1) **创设开放的、相互接纳的课堂气氛**。不管是对是错，学生都可以表达自己真正的想法，所有的见解都应该得到尊重，而不是对不同的见解嗤之以鼻。

(2) **倾听、洞察学生的经验世界**。①在教学开始时，教师应该保留自己或书本中的见解，先去了解学生对当前主题的想法。②在教学过程中和教学结束时，教师需要不断地观察学生的想法有什么变化。

比如采用一些开放的、具有揭示力的探测性问题，让学生在推论、预测中表现自己的想法。

(3) **引发认知冲突**。这是转变学生的错误概念的基本途径，它可以让学生意识到与原有概念相对立的事实或观点。呈现对立性事实的基本方法是实验和观察。

(4) **鼓励学生交流讨论**。在认知冲突的情境中，教师要进一步引导学生去思考其中的问题。教师应该组织学生进行讨论，交流各自的看法，引发学生积极的思维活动，促进学生对问题的深层理解。

凯程助记

概念	错误概念的含义与性质；概念转变的含义
概念转变的过程	引发认知冲突—解决认知冲突—概念转变
影响概念转变的因素	关键词：能力、知识、元认知、动机、情境。 (1) 学习者的形式推理能力（能力方面）。 (2) 学习者先前的知识经验（知识方面）。 (3) 学习者的元认知能力（元认知方面）。 (4) 学习者的动机以及对知识和学校的态度（动机方面）：①目标取向；②自我效能感；③控制点；④态度。 (5) 社会（课堂）情境（情境方面）
为概念转变而教的策略	(1) 转变条件：①对原有概念的不满；②新概念的可理解性；③新概念的合理性；④新概念的有效性。（记忆方法：对原概念不满意想理解，找到合理性才有效。） (2) 教学环节：洞察学生原有的概念—引发认知冲突—形成新概念。（洞察—引发—形成） (3) 注意问题：课堂氛围开放，洞察经验世界，引发认知冲突，鼓励交流讨论

经典真题

» **名词解释** 错误概念（18 新疆师大，20 湖南师大）

» **简答题**
1. 为促进错误观念的转变，教师应该注意哪些方面？（17 新疆师大）
2. 简述概念转变的条件。（16 延安）

» **论述题** 结合实例，谈谈教师应该如何促进学生有效掌握概念。（16 温州）

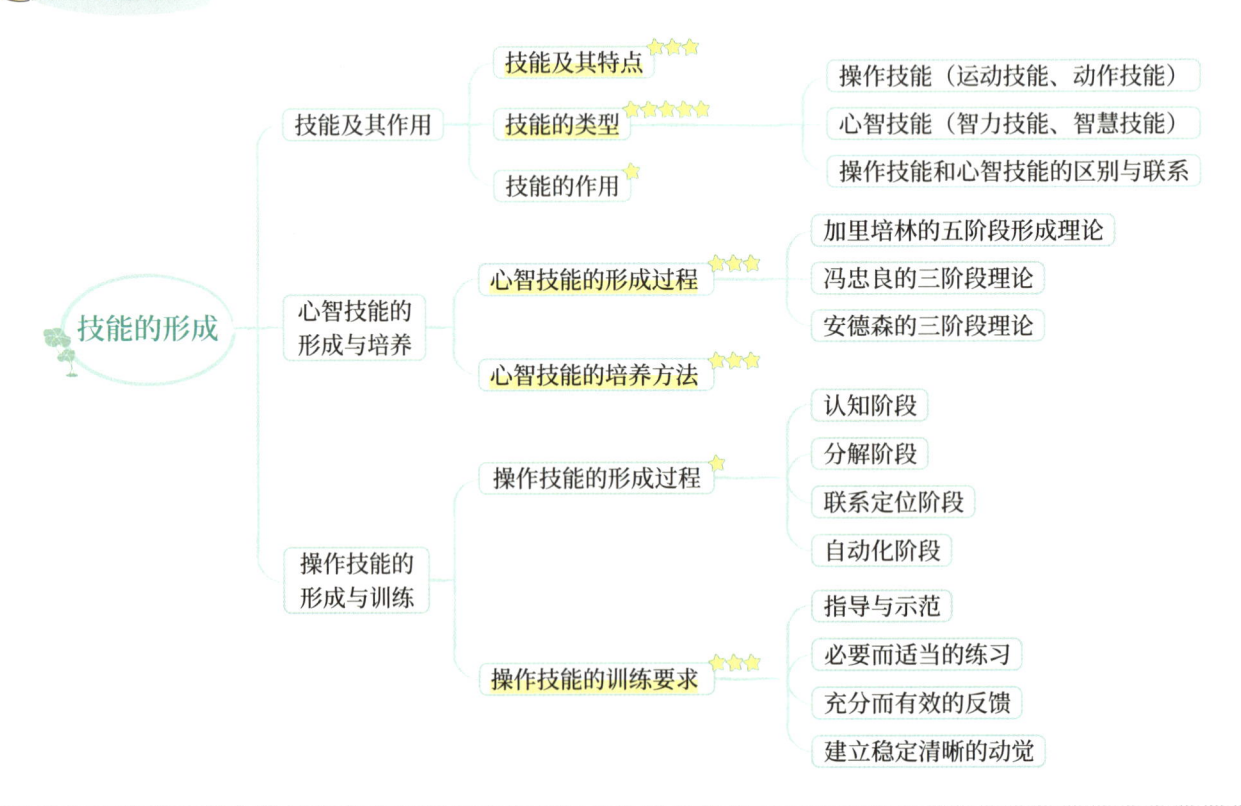

第六章 技能的形成 (简：21北师大)

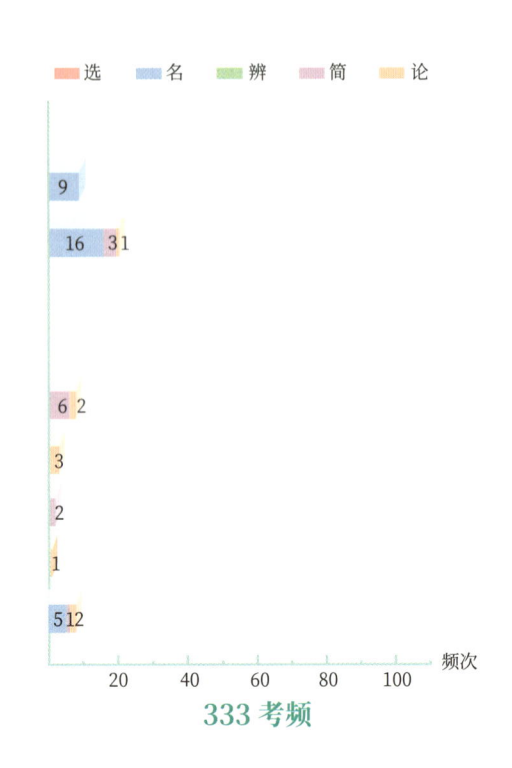

考情分析

第一节 技能及其作用
- 考点1 技能及其特点
- 考点2 技能的类型
- 考点3 技能的作用

第二节 心智技能的形成与培养
- 考点1 心智技能的形成过程
- 考点2 心智技能的培养方法

第三节 操作技能的形成与训练
- 考点1 操作技能的形成过程
- 考点2 操作技能的训练要求

图例：选 名 辨 简 论

考点1 技能及其特点：9
考点2 技能的类型：16 31
考点1 心智技能的形成过程：6 2
考点2 心智技能的培养方法：3
第三节 操作技能的形成与训练：2
考点1 操作技能的形成过程：1
考点2 操作技能的训练要求：5 1 2

横轴：频次 20 40 60 80 100
333考频

知识框架

技能的形成
- 技能及其作用
  - 技能及其特点 ★★★★
    - 操作技能（运动技能、动作技能）
  - 技能的类型 ★★★★★
    - 心智技能（智力技能、智慧技能）
  - 技能的作用 ★
    - 操作技能和心智技能的区别与联系
- 心智技能的形成与培养
  - 心智技能的形成过程 ★★★
    - 加里培林的五阶段形成理论
    - 冯忠良的三阶段理论
    - 安德森的三阶段理论
  - 心智技能的培养方法 ★★★
- 操作技能的形成与训练
  - 操作技能的形成过程 ★
    - 认知阶段
    - 分解阶段
    - 联系定位阶段
    - 自动化阶段
  - 操作技能的训练要求 ★★★
    - 指导与示范
    - 必要而适当的练习
    - 充分而有效的反馈
    - 建立稳定清晰的动觉

---

① 本章内容主要参考陈琦、刘儒德的《当代教育心理学》（第3版）第十章，同时简要参考冯忠良的《教育心理学》（第三版）第十八章至第二十章。

考点解析

第一节　技能及其作用

考点1　技能及其特点 ★★★ 3min搞定

1. 技能的概念（名：5+学校）

技能是通过练习形成的合乎规则或程序的身体或认知活动方式。

2. 技能的特点

（1）**技能是通过练习形成的**。技能不同于本能行为，如眨眼反射、咳嗽等动作都是身体的本能行为，而技能是通过不断地练习，由不会到会，由会到熟练而逐步完善的。

（2）**技能表现为身体动作或认知动作**。技能的掌握不是通过言语表述，而是通过实际的动作活动表现出来的。

（3）**合乎规则或程序是技能形成的前提**。在技能的形成过程中，各个动作要素及顺序都要遵循活动本身的要求。如初次打太极拳时，我们必须按太极拳的法则要求严格执行各个动作，通过反复练习逐步实现自动化。高手打太极拳时，其一招一式看似信手拈来，动作行云流水，其实每个动作都是合乎（规则）要领的。

考点2　技能的类型 ★★★★ 10min搞定

技能通常按其本身的性质和特点分为操作技能和心智技能两种。

1. 操作技能（名：15、16江西师大，21曲阜师大；简：18浙江工业）

（1）**含义**：操作技能又叫运动技能、动作技能，指由一系列外部动作以合理的程序组成的操作活动方式，如骑车、做体操、书写等。

（2）**特点**：①**动作对象具有客观性（物质性）**。操作活动的对象是物质性客体或肌肉。②**动作执行具有外显性**。操作动作的执行是通过外部显现的肌体运动实现的。③**动作结构具有展开性**。操作活动的每个动作必须切实执行，不能合并、省略。

2. 心智技能（名：10+学校；简：12中山）

（1）**含义**：心智技能也称智力技能、智慧技能，指借助于内部语言在人脑中进行的认知活动方式，如默读、心算、写作等。

（2）**特点**：①**动作对象具有观念性**。它是客观事物在人脑中的主观映象。②**动作执行具有内潜性**。一般是人脑中的内潜思维。③**动作结构具有简缩性**。不用像操作技能那样一一出现，内部语言是可以合并、省略及简化的。

3. 操作技能和心智技能的区别与联系

（1）区别。

①**活动的对象不同**。操作技能属于实际操作活动范畴，其对象是物质的、具体的；心智技能属于观念范畴，其对象是头脑中的，具有主观性和抽象性。

②**活动的表现不同**。操作技能是外显的，由一系列具体的、外显性的肌肉运动构成，要从实际出发，

符合实际；心智技能是内隐的，借助于内部语言实现，有时难以觉察到其活动的全部过程。

③**活动的要求不同**。操作技能具有展开性，一般要求学习者的每个动作必须切实执行，不能合并、省略；心智技能具有简缩性，它不用像操作技能那样一一出现，内部语言可以合并、高度省略和高度简缩。

（2）联系。

①操作技能是心智技能形成的最初依据和外部体现的标志；心智技能的形成常常是在操作技能的基础上，逐步脱离外部动作而借助内部语言实现的。

②心智技能往往是操作技能的调节者和必要组成部分；复杂的操作技能往往包含认知成分，需要学习者智力活动的参与，手脑并用才能完成。

③二者是相辅相成、相互制约、相互促进的。

凯程助记

技能分类	操作技能	心智技能
含义	一系列外部动作以合理的程序组成的操作活动方式（骑车、做体操、书写等）	借助于内部语言在人脑中进行的认知活动方式（默读、心算、写作等）
活动对象	物质性（肌肉、物质）	观念性（思维）
活动表现	外显性（外显的肌肉运动）	内潜性（内潜思维）
活动要求	展开性（不可合并）	简缩性（可合并）
联系	相辅相成、相互制约、相互促进。①操作技能是心智技能形成的最初依据和外部体现的标志。（如外部动作→脱离→内部语言）②心智技能是操作技能的调节者和必要组成部分（复杂操作，如打字需要手脑并用）	

凯程提示

有人认为，操作技能与心智技能还有一个不同点，操作技能必须掌握刺激—反应联结，心智技能必须掌握正确的思维方法，即获得产生式系统。这种说法不正确，操作技能和心智技能都需要形成一些刺激—反应联结，都需要获得产生式系统。

考点3 技能的作用

（1）**技能作为合乎法则的活动方式，可以调节和控制动作的进行**。技能不仅可以控制动作的执行顺序，即动作成分之间的顺序，而且可以控制动作的执行方式，即动作的方向、形式、强度和动作间的协调等。技能可以使个体的活动表现出稳定性、灵活性，能够适应各种变化的情境。

（2）**技能的掌握是进行学习活动、提高学习效率的必要条件**。对学生来说，技能的学习和掌握有利于提高学习效率，这也是学校教学的重要目标之一。

（3）**技能的形成有助于对有关知识的掌握**。虽然技能的形成要以对有关知识的掌握为前提，但技能的形成过程反过来又能促进个体对这些知识的理解和掌握。

（4）**技能的形成有利于智力和能力的发展**。学生掌握了某种技能，就能熟练地按照合理的动作方式去完成相应的活动任务，而这种活动效率的提高就是他们的智力和能力发展的体现。

经典真题

>> **名词解释**
1. 心智技能（11 广西师大、中南，13 苏州，16 北师大，17 新疆师大、聊城，18 合肥师范学院，19 天津师大，21 华南师大、西北师大、长江，22 四川师大，23 福建师大）
2. 技能（11、12 华中师大，13 天津师大，14 闽南师大，15 曲阜师大，17 湖南，20 石河子，21 湖南师大，22 鲁东）
3. 操作技能（15、16 江西师大，21 曲阜师大）

>> **简答题** 简述心智技能与操作技能的关系。（20 广西师大，21 沈阳师大，23 集美）

>> **论述题** 论述动作技能的内涵和形成过程。（22 闽南师大）

第二节 心智技能的形成与培养

考点1 心智技能的形成过程 15min搞定

1. 加里培林的五阶段形成理论（简：5+ 学校；论：10 天津师大，13 沈阳师大）

（1）**活动定向阶段**。活动定向是让学生在头脑中形成对活动程序和活动结果的映象。教师需要根据学生的基础水平，将活动分解成学生能够理解，并且能够做到的操作程序，建立起学生对活动原型的定向预期。

（2）**物质活动或物质化活动阶段**。物质活动指运用实物的教学活动；物质化活动指利用实物的模拟品进行的教学活动。在这一阶段，教师要将动作展开，经常变化动作对象，指导学生通过省略或合并操作程序，简化动作方式。

（3）**有声的外部言语活动阶段**。有声的外部言语活动指不直接依赖实物或模拟品，而是借助出声的外部言语活动来完成各个操作步骤。这是活动从外部形式向内部形式转化的开始。

（4）**无声的外部言语活动阶段**。无声的外部言语活动指以词的声音表象、动觉表象为中介，进行智力活动。这种不出声的外部言语活动貌似只是言语减去了声音，实则是动作向智力转向的开始。

（5）**内部言语活动阶段**。内部言语活动是凭借简化了的内部言语，似乎不需要多少意识的参与就能自动化进行的智力活动。这是外部动作转化为内在智力的最后阶段。其特点是简缩、自动化。

2. 冯忠良的三阶段理论（简：16 浙江工业）

（1）**原型定向阶段**。了解心智活动的实践模式或原型活动的结构，如动作构成要素、动作执行次序和执行要求等。

（2）**原型操作阶段**。依据心智技能的实践模式，以外显的物质与物质化操作方式，执行在头脑中建立的活动程序和计划。

（3）**原型内化阶段**。心智活动的实践模式从外部言语开始转向内部言语，最终向头脑内部转化，达到活动方式的定型化、简缩化和自动化。

3. 安德森的三阶段理论 （简：17华东师大）

（1）**认知阶段**。了解问题的结构，即问题的起始状态、要达到的目标状态、从起始状态到目标状态所需要的步骤，从而形成最初的问题表征。

（2）**联结阶段**。学习者把某一领域的描述性知识"编辑"为程序性知识。

（3）**自动化阶段**。个体对特定的程序性知识进一步进行深入加工和协调。此时，个体操作某一技能所需的有意识的认知投入较小，且不易受到干扰。

> **凯程助记**
> 加里培林的理论：活动定向物质化，有声言语变无声，内部言语最高级。
> 冯忠良的理论：定向操作与内化。
> 安德森的理论：认知联结自动化。

> **经典真题**
>
> ▶▶ 简答题
> 1. 简述安德森的心智技能形成的三个阶段。（17华东师大）
> 2. 简述加里培林的心智技能形成阶段理论。（10湖北，11陕西师大，11、19河南师大，19山东师大）
>
> ▶▶ 论述题　论述加里培林的心智技能形成阶段理论。（10天津师大，13沈阳师大）

考点2　心智技能的培养方法 ★★★ 10min搞定 （简：20河北、宁波；论：14河南师大，16华中师大，12扬州）

心智技能以陈述性知识为基础，是陈述性知识的运用。因此，对心智技能的培养应同知识教学结合起来。

（1）**帮助学生形成条件化知识**。心智技能形成的关键是把所学知识与该知识的应用触发条件结合起来，形成条件化知识，即在头脑中储存大量的"如果……那么……"的产生式。

（2）**促进产生式知识的自动化**。为使头脑中的产生式知识进一步熟练并达到自动化程度，学习者应对其进行进一步加工和协调，并加强变式练习，才能使其变成心智技能。

（3）**加强学生的言语表达训练**。研究表明，言语活动有利于减少学生思维的盲目性，帮助学生寻找新的更佳思路，能引发执行的控制加工过程，使注意力集中于问题的突出方面或关键因素，从而让问题解决的成功率更高。言语表达水平可以相当程度地体现内部思维水平，提高解决问题的速度和迁移水平，促使心智活动内化。

（4）**运用正例与反例**。由于学生在学校中学习心智技能主要是学习概念和规则，正例传递了最有利于概括的信息，反例则传递了最有利于辨别的信息。通过大量正例、反例的分析和比较、模式识别的概括化和分化，概念和规则就能被正确地运用到相应的问题情境中。

（5）**科学地进行练习**。练习要适合学生的认知发展水平，从易到难、从简单到复杂地进行。只有当学生通过练习对基本知识达到熟练掌握程度，获得成功的喜悦和价值感后，学生练习难题的条件才真正成熟，才能有信心地更加喜爱练习。

（6）**分阶段进行培养**。由于心智技能是按一定的阶段逐步形成的，同时，由于一种心智技能往往是由多种心智动作构成的。如果在某种心智技能中,有些动作成分是学生已经掌握了的,有些是尚未掌握的,就应该针对那些新的动作成分进行分阶段练习,并注意做好新旧动作间的组合关系的指导。

凯程助记 心智技能的培养:条件化知识→知识自动化→言语表达→正例反例→科学练习→阶段培养。

经典真题

>> **简答题** 简述心智技能的培养方法。(20 河北、宁波)

>> **论述题** 试述心智技能的培养方法。(14 河南师大,16 华中师大,18 扬州,20 宁波)

第三节 操作技能的形成与训练

考点 1 操作技能的形成过程 10min搞定 (简:10 西北;论:11 辽宁师大,23 湖南师大)

(1) **认知阶段**。该阶段是操作技能形成的开始阶段。从传授者角度看,主要是讲解与示范;从学习者角度看,主要是理解学习任务,形成目标表象和目标期望。在认知阶段,学习者认知的质量和学习时间取决于对现有任务的知觉和对有关线索的编码。

(2) **分解阶段**。在该阶段,传授者把整套动作分解成若干局部动作,学习者初步尝试,逐个学习。

(3) **联系定位阶段**。该阶段的重点是使适当的刺激与反应形成联系而固定下来,整套动作成为整体,变成固定程序式的反应系统。

(4) **自动化阶段**。该阶段是操作技能的熟练阶段。在这一阶段,各个动作似乎是自动流出的,无须特别地注意和纠正。各个动作的完成娴熟协调、得心应手,甚至出神入化,令旁观者眼花缭乱,叹为观止。

考点 2 操作技能的训练要求[①]★★★ 20min搞定 (简:22 天津师大)

1. 指导与示范

指导者应该做到:①掌握相关的知识;②明确练习目的和要求;③形成正确的动作映象;④获得一定的学习策略。

2. 必要而适当的练习

(1) **练习量**:过度练习是必要的,但不是越多越好,要防止疲劳、错误定型。

(2) **练习方式**:根据分配时间的不同分为集中练习、分散练习;根据完整性的不同分为整体练习、部分练习;根据练习途径的不同分为模拟练习、实际练习、心理练习。

3. 充分而有效的反馈

一是内部反馈,即操作者自身提供的感觉系统的反馈;二是外部反馈,即操作者自身以外的人和事给予的反馈。采用何种反馈应依据任务的性质、学习者的学习进程而定。

4. 建立稳定清晰的动觉

动觉是复杂的内部运动知觉,它反映的是身体运动时各种肌肉活动的特性,如紧张、放松,而不是外部特性。进行专门的动觉训练,可以提高动作的稳定性和清晰性,充分发挥动觉在操作技能学习中的作用。

---
① 此知识点依据陈琦、刘儒德的《当代教育心理学》(第3版)编订,请用第3版的内容进行学习。

凯程助记

指导示范再练习，给予反馈和动觉。

凯程拓展

操作技能学习中的练习规律

在操作技能的形成过程中，学生的练习起到了重要作用。练习是指以形成某种技能为目的的学习活动，是以掌握一定的动作方式为目标而进行的反复操作过程。练习包括重复和反馈，但不是单纯的反复操作或机械重复。

练习曲线（如下图所示）指在连续多次的练习过程中所发生的动作效率变化的图解。它有三种表示法：（1）随着练习次数的增加，每次完成的工作量逐渐增加；（2）随着练习次数的增加，每次练习所需的时间越来越少；（3）随着练习次数的增加，每次练习的错误量越来越少。

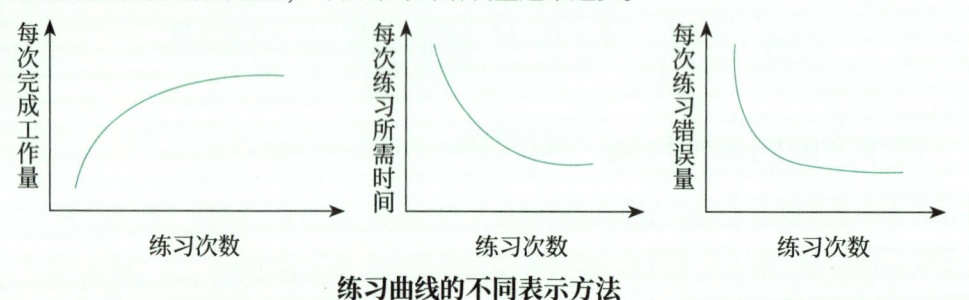

练习曲线的不同表示方法

由此可见，学生的操作技能存在这样一些特点：

（1）练习成绩逐步提高。①练习进步先快后慢。这是因为：首先，练习初期有旧经验的积极影响，而后期需要组建新经验，旧经验逐步减少；其次，练习初期一般只涉及简单的局部动作，而后期是系统的复杂动作；最后，练习初期学生的兴趣浓厚，而后期兴趣降低。②练习进步先慢后快。这是因为：学生在练习初期动作不够熟练，而后期时间量减少，速度加快。③练习进步前后比较一致。这种情况是个别的。

（2）高原现象。练习到一定阶段往往会出现进步暂停的现象，称为高原现象或高原期。它表现为练习曲线保持在一定的水平而不再上升，甚至有所下降。但是在高原期后，练习曲线又会上升，即练习成绩又有进步。高原现象的产生主要有两个原因：①当练习成绩达到一定水平时，继续进步需要改变现有的活动结构和完成活动的方式方法，而代之以新的活动结构和完成活动的新的方式方法。②经过较长时间的练习，学生的练习兴趣有所下降，甚至产生厌倦情绪，或者因身体疲劳等导致进步暂停。

（3）练习成绩的起伏现象。学生的练习成绩时而提高、时而下降、时而不变的现象，称为练习成绩的起伏现象。这是一种正常现象，主要原因有：①主观方面，有无学习兴趣与动机，意志努力程度如何，注意力是否集中，等等；②客观方面，学习环境、练习工具、教师指导等有所改变。

（4）练习中有个别差异。

经典真题

▸▸ 名词解释 练习的高原期（10、20 杭州师大，13 广西师大，18 渤海，22 上海师大）

▸▸ 简答题

1.简述变式练习及其在技能形成过程中的作用。（21 北师大）

2.简述操作技能的训练要求。（22 天津师大）

论述题

1. 人们通常不会把"学生在写字时能熟练控制自己的手部运动"这件事称为动作技能的学习。请你对何时才会出现动作技能的学习做出确认，并逐一描述动作技能获得的阶段及其影响因素。（11 辽宁师大）

2. 根据学生动作技能的心理规律，论述动作技能的培养过程和方法。（23 湖南师大）

第七章 学习策略及其教学

考情分析

第一节 学习策略的概念与结构
- 考点1 学习策略的概念
- 考点2 学习策略的结构

第二节 认知策略及其教学
- 考点1 认知策略的概念
- 考点2 注意策略
- 考点3 精细加工策略
- 考点4 复述策略
- 考点5 编码与组织策略

第三节 元认知策略及其教学
- 考点1 元认知及其作用
- 考点2 元认知策略
- 考点3 元认知策略的教学

第四节 资源管理策略及其教学
- 考点1 资源管理策略的概念
- 考点2 时间管理策略
- 考点3 努力管理策略
- 考点4 环境管理策略
- 考点5 学业求助策略

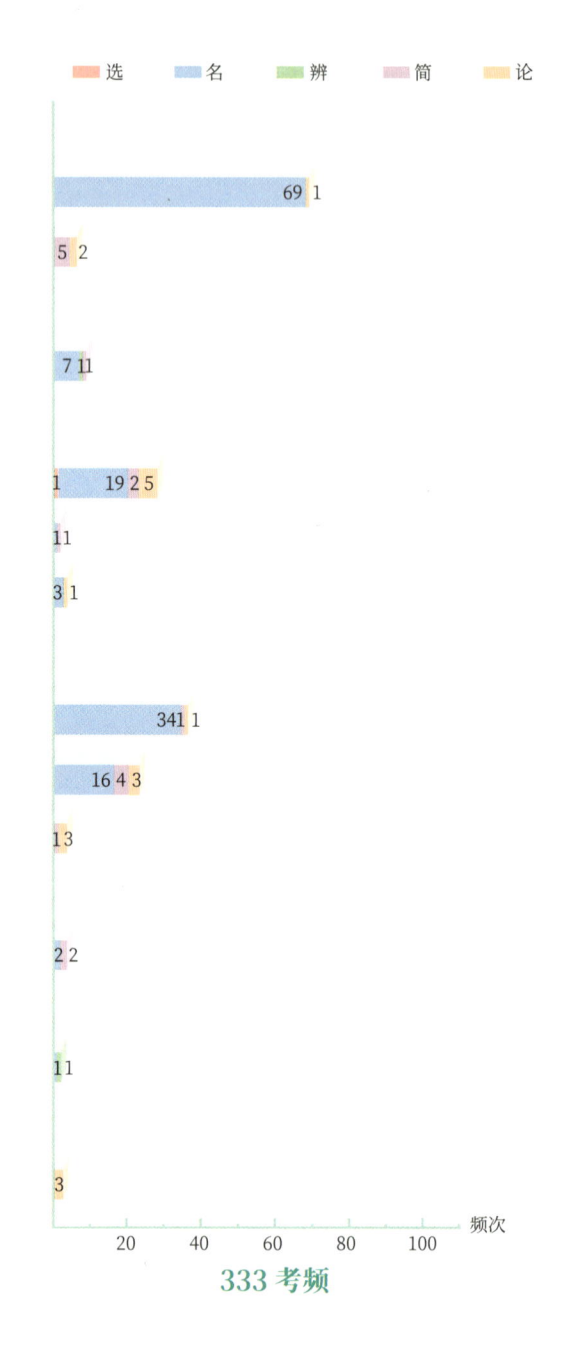

333考频

① 本章全部参考陈琦、刘儒德的《当代教育心理学》(第3版)第十二章。

知识框架

学习策略及其教学
- 学习策略的概念与结构
  - 学习策略的概念 ⭐⭐⭐⭐⭐
  - 学习策略的结构 ⭐⭐⭐
    - 认知策略
    - 元认知策略
    - 资源管理策略
- 认知策略及其教学
  - 认知策略的概念 ⭐⭐⭐⭐⭐
  - 注意策略
  - 精细加工策略 ⭐⭐
  - 复述策略 ⭐⭐⭐
  - 编码与组织策略 ⭐⭐⭐
- 元认知策略及其教学 ⭐⭐⭐⭐⭐
  - 元认知及其作用 ⭐⭐⭐
    - 元认知的概念
    - 元认知的结构
    - 元认知的作用
  - 元认知策略 ⭐⭐⭐⭐⭐
    - 计划策略
    - 监察策略
    - 调节策略
  - 元认知策略的教学
- 资源管理策略及其教学
  - 资源管理策略的概念
  - 时间管理策略
  - 努力管理策略
  - 环境管理策略
  - 学业求助策略

考点解析

第一节　学习策略的概念与结构

考点1　学习策略的概念 ⭐⭐⭐⭐⭐ 5min搞定 （名：65+ 学校；论：21青海师大）

1. 含义

学习策略是指学习者为了提高学习的效果和效率，有目的、有意识地制订的有关学习过程的复杂方案。

2. 特征

(1) **主动性**。学习者采用学习策略一般是有意识的心理过程。学习者先要分析学习任务和自己的特点，然后据此制订适当的学习计划。

(2) **有效性**。学习策略可以增强学习的有效性。比如，记忆英语单词表，采用分散复习或尝试背诵的方法，记忆的效果和效率会得到很大的提高。

(3) **过程性**。学习策略是有关学习过程的。它规定学习时做什么不做什么、先做什么后做什么、用什么方式做、做到什么程度等方面的问题。

(4) **程序性**。同一种类型的学习存在着基本相同的计划，这些基本相同的计划就是我们常见的一些学习策略。

考点 2　学习策略的结构① ★★★ 5min搞定　（简：5+ 学校；论：14 渤海，18 东北师大）

许多学者对学习策略的成分和层次提出了自己的看法，并据此对学习策略做出了不同的分类。比较典型的是迈克尔等人提出的学习策略结构，用框架图表示如下：

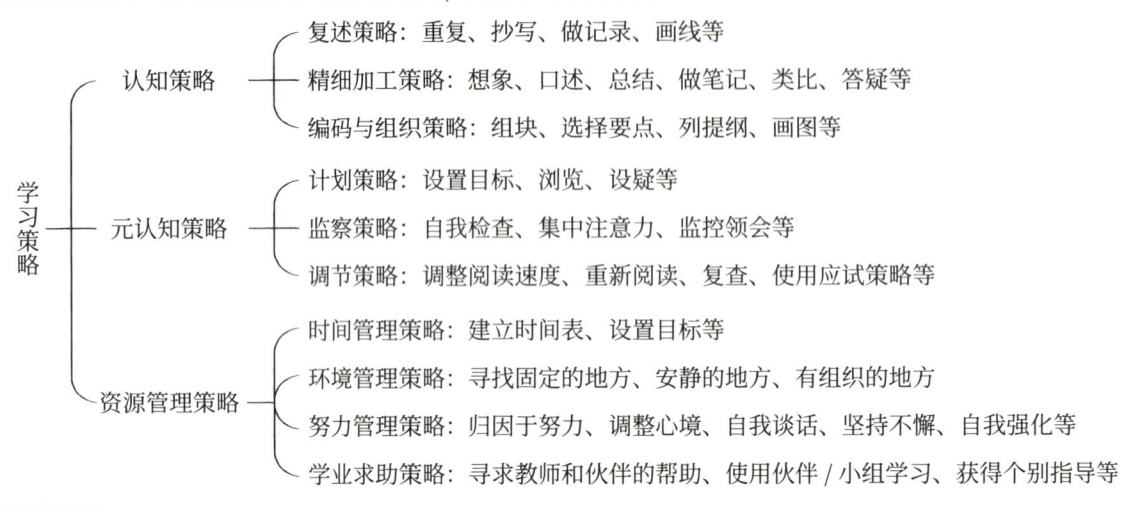

```
                ┌─ 认知策略 ─┬─ 复述策略：重复、抄写、做记录、画线等
                │            ├─ 精细加工策略：想象、口述、总结、做笔记、类比、答疑等
                │            └─ 编码与组织策略：组块、选择要点、列提纲、画图等
学              │
习              │
策  ────────────┼─ 元认知策略 ─┬─ 计划策略：设置目标、浏览、设疑等
略              │              ├─ 监察策略：自我检查、集中注意力、监控领会等
                │              └─ 调节策略：调整阅读速度、重新阅读、复查、使用应试策略等
                │
                └─ 资源管理策略 ─┬─ 时间管理策略：建立时间表、设置目标等
                                 ├─ 环境管理策略：寻找固定的地方、安静的地方、有组织的地方
                                 ├─ 努力管理策略：归因于努力、调整心境、自我谈话、坚持不懈、自我强化等
                                 └─ 学业求助策略：寻求教师和伙伴的帮助、使用伙伴/小组学习、获得个别指导等
```

> **凯程提示**
> 1. "学会如何学习"的实质就是学会在适当的条件下使用适当的学习策略。
> 2. 学习策略这一结构表，考生一定要在理解的基础上熟记。

经典真题

》名词解释

学习策略（10、11、13、20 闽南师大，11 首师大，11、13、14、15、18、23 曲阜师大，11、13、18 山西师大，11、22 陕西师大，重庆师大，12 浙江师大，安徽师大，福建师大、西南、聊城、苏州，12、14、17 鲁东，12、15、18 天津师大，12、19 江西师大，12、20 辽宁师大，13 山西、华南师大，14 东北师大，14、22 西北师大，15 北师大、郑州，15、16、19 吉林师大，15、23 四川师大，17 河北，17、22 贵州师大，18 华中师大、华东师大、海南师大，19 山东师大、上海师大、北华、青岛、大理，19、22 湖南科技，20 云南师大、宁波，21 淮北师大、吉林外国语、黄冈师范学院、延安，22 湖北，23 济南、湖州师范学院）

》简答题

1. 简述迈克尔等人关于学习策略的结构和内容的基本主张。（11 沈阳师大）
2. 简述学习策略的结构。（12 山西师大，23 阜阳师大）
3. 简述学习策略的层次分类。（17 西安外国语，22 湖南）

---
① 实际上，关于学习策略的分类还有很多种，陈琦、刘儒德的《当代教育心理学》（第 3 版）中还有温斯坦、丹瑟洛等人的分类，张大均的《教育心理学》（第三版）中有奥克斯福德的分类，鉴于这里历年几乎没有考查过，故不做详细讲解。

>> 论述题

1. 论述学习策略。(21 青海师大)
2. 论述学习策略的类型及其意义。(18 东北师大)
3. 论述学习策略的分类及其教学条件。(14 渤海)

第二节 认知策略及其教学

考点 1 认知策略的概念 4min搞定
(名：5+ 学校；辨：20 山东师大；简：18 吉林师大)

1. 含义

认知策略是学习者加工信息的方法和技术，能使信息有效地从记忆中提取出来。认知策略是如何对信息进行认知加工，即学习者用来调节自己内部注意、记忆、思维等过程的技能，其功能在于使学习者不断反思自己的认知活动，调控对概念和规则的使用。这样一来，学习者就不断地对信息进行编码、转换、储存，学习效率就会提升。

2. 认知策略与学习策略的关系

认知策略并不等同于学习策略，但二者也有联系。学习策略是比认知策略更广的概念，它针对学习活动的整个过程，而认知策略是学习策略的基础，是学习策略的主要构成部分。加涅还认为，认知策略和学习策略具有因果关系：认知策略的改进是学习策略改进的原因。

3. 分类

认知策略可以分为注意策略、精细加工策略、复述策略、编码与组织策略。（下面，我们将在考点 2～5 分别介绍这几种认知策略。）

考点 2 注意策略 3min搞定

1. 含义

注意策略指的是学习者在学习情境中激活与维持学习的心理状态，将注意力集中于有关学习的信息或重要信息上，对学习材料保持高度的觉醒或警觉状态的学习策略。注意策略指向学习活动的各个阶段，帮助学习者进行知觉定向，实行自我控制，促进有意义学习。

2. 注意策略的教学

（1）有意识地培养学生区别重要信息与次要信息的能力。
（2）教给学生专注于重要信息的策略。
（3）以问题为导向，引导学生对重要信息加以注意。
（4）巧妙运用刺激物的特点，吸引学生的选择性注意。

考点 3 精细加工策略 15min搞定
(选：18 南京师大；名：15+ 学校；简：15 山西师大，16 苏州；论：5+ 学校)

1. 含义

精细加工策略是通过把所学的新信息和已有的知识联系起来以增加新信息意义的策略。例如，学习"医生讨厌律师"这一句话时，我们附加一句"律师起诉了医生，所以医生讨厌律师"。如此一来，以后回忆就相对容易一些。一个信息与其他信息联系得越多，能回忆出该信息原貌的途径就越多，提取的线索也就越多。

2. 精细加工策略的教学

在精细加工策略的教学上，教师应注意给学生适当的思考时间，充分利用学生原有的知识，及时进行反馈评价。教师可以教给学生如下策略：

（1）简单的精细加工策略：记忆术。

记忆术是一种通过给识记材料安排一定的联系以帮助记忆并提高记忆效果的方法。比较流行的记忆术有：

①位置记忆法： 指通过联系自己熟悉的某些地点顺序来记忆一些名称或者客体顺序。

举例：要记住奶粉、黄油、面包、啤酒、香蕉等物品，可以首先在头脑中创建熟悉的场景，如想象校园里从宿舍到商店的路上有书店、邮局、招待所、水房和食堂。然后，将所要记的项目全都转变成视觉形象。于是，学生的脑海里或许会出现这样奇特的画面：在书店里到处都弥漫着奶粉，在邮局里人们全用黄油贴邮票，招待所里的家具全是面包制成的，水房中的水龙头流出热气腾腾的啤酒，香蕉式的人们正在食堂翩翩起舞。

②首字联词法： 指利用每个词或每句话的第一个字形成一个缩写。

举例：识记莎士比亚的四大悲剧——《哈姆雷特》《奥赛罗》《李尔王》《麦克白》，可以记为"哈啰（罗），李白"。

③限定词法（即谐音联想法）： 指学习一种新材料时运用联想赋予其一定意义。

举例：背诵圆周率（π=3.141 592 653 589 793 238 462 6……）时，可将其编成顺口溜"山巅一寺一壶酒，尔乐苦煞吾，把酒吃，酒杀尔，杀不死，乐尔乐……"进行识记。

④琴栓—单词法： 指学习者把记忆序列中的项目与一系列线索相联系。

举例：要按顺序记忆苹果、面包、牙膏、胡萝卜、派，然后学习一系列与数字音律相符的单词（琴栓词），如"one is a sun"，最后把要学的每个项目和琴栓词以一种奇特的方式联系起来，形成形象的心理图像。再回忆的时候，学习者首先会想到数字顺序，因为琴栓词与数字有相似的节奏，记忆很快被激活，然后就可以依次回忆起目标项目了（如下图所示）。

为了记住一列项目：

apple　　bread　　toothpaste　　carrots　　pie

①学习一列与数字音律相符的琴栓词。

one is a sun　two is a shoe　three is a tree　four is a door　five is a hive

②将列表上的每个项目与相应的琴栓词关联起来，形成奇特的心理图像。

sun + apple　shoe + bread　tree + toothpaste　door + carrots　hive + pie

③按数字顺序回想每个项目。每个数字提示回想琴栓词，琴栓词提示回想相关联的项目。

琴栓—单词法

⑤关键词法： 指将新词或概念与相似的声音线索词通过视觉表象联系起来。

举例：识记英语单词时可利用此方法，如把"economy"记成"依靠农民"——经济，把"ambulance"记成"俺不能死"——救护车。

⑥**视觉想象**：指通过形成心理想象来帮助人们联想记忆。

举例：可以将"飞机—箱子"想象为"飞机穿过箱子"，"橘子—狗"想象为"一个比狗还大的橘子砸中了一条狗"，"计算器—书"想象为"计算器印在书的封皮上"，等等。

> **凯程助记**
>
> 口诀：四词两情景。四词：首字联词限定词，琴栓单词关键词。两情景：位置记忆带想象，视觉谐音都能想。

（2）复杂的精细加工策略：灵活处理信息。

精细加工除了采用记忆术，还可以采用一些其他方法对信息进行加工，如寻找信息之间的意义和逻辑，主动应用。

①**意义识记**。在学习时，不要孤立地去记东西，而要找出事物之间的关系。这样即使部分所学信息被遗忘了，也可以利用信息之间的关系将其推导出来。

举例：利用数字的平方来记忆历史年代。如公元前525年波斯征服埃及，636年阿拉伯与拜占廷会战，这两个年份都是第一位数字的平方等于后两位数。

②**主动应用**。学习者不仅要记住某个信息，而且要知道如何以及何时使用所拥有的信息。教师不仅要帮助学生理解信息的意义，而且要帮助学生在课堂以外的环境中应用信息。

举例：学生在课上学习了"比例尺"的知识后，在生活中能够应用所学知识绘制校园平面图、小区平面图等，学生感受到了所学知识的有用性，自然记忆牢固。

③**利用背景知识**。教师要帮助学生把新的学习内容和他们已有的背景知识联系起来。学习者如果非常了解某一课题，那么他就有更丰富的图式融合新的知识。

举例：学生已经学习了"正方形是特殊的长方形"这一关系，在新的学习中遇到"正方体与长方体的关系"这一问题时，学生把之前学习的长方形与正方形的关系与新知识联系起来，得到"正方体是特殊的长方体"这一关系。

考点4 复述策略 ★★★ 15min搞定 （名：22闽南师人，简.16哈师人）

1. 含义

复述策略是在工作记忆中为了保持信息，运用内部言语在大脑中重现学习材料或刺激，以便将注意力维持在学习材料之上的策略。

2. 复述策略的教学[①]

教师应该经常要求学生复述，培养学生的复述习惯，并通过多种方式发展学生的复述能力，引导学生通过理解材料之间的意义、连接、关系来复述而不是死记硬背。教师可以教给学生如下策略：

（1）利用记忆规律。

①**避免干扰**。干扰会阻碍个体复述刚才所学的信息。在学习时，我们需要考虑短时记忆的有限容量，在进行进一步学习之前，要在头脑中进行复述，避免干扰。

举例：我们初次与多人见面，当对方一一介绍自己的姓名之后，我们会发现自己连一个人的姓名都没有记住。倘若我们在认识下一个人之前，在头脑中有意识地复述眼前人的信息，我们对这个人的印象

[①] 关于复述策略的教学的内容均来自陈琦、刘儒德的《当代教育心理学》（第3版）第十二章第二节，有的资料误认为这部分知识点是第五章第三节"促进知识整合的措施"的要点，凯程以原教材为主。

可能会格外深刻。

②**抑制和促进**。前后所学信息之间的消极影响称为抑制；前后所学信息之间的积极影响称为促进。在所有遗忘的原因中，倒摄抑制可能是最重要的原因。在安排复述时要尽量考虑抑制和促进的作用。

a. **前摄抑制**：先前所学的信息干扰了对后面信息的学习。

举例：当我们学习英语单词时，以前学过的汉语拼音会对我们的记忆产生干扰。

b. **倒摄抑制**：后面所学的信息干扰了先前所学的信息在记忆中的保存。

举例：当我们能熟练使用英语单词时，英语单词对我们回忆汉语拼音会产生干扰。

c. **前摄促进**：学习某件事常常有助于以后学习类似的事。

举例：学生在学习正方形、长方形、正三角形时已经形成了轴对称图形的概念，那么在之后学习圆时，便可以很快地认识到"圆也是轴对称图形"这一概念。

d. **倒摄促进**：后面所学的信息有助于对先前信息的学习。

举例：刚学习化学时，学生并不清楚为何两个化学物质相加就变成了另外的几种物质，只能硬性地去记形成物质的化学名、系数，后来老师讲到化学离子的运动规律后，学生茅塞顿开。

③**首因效应和近因效应**。

a. **首因效应**：人们倾向于记住开始的事情。其原因可能是我们对首先呈现的项目倾注了更多注意，付出了更多心理努力。

举例：在学完一系列词汇后，马上进行测验，往往刚开始学的几个单词记得更牢。

b. **近因效应**：人们同样倾向于记住最后的事情。因为最末的项目几乎不存在其他信息的干扰。

举例：某教师在班会上强调了学习、纪律、卫生等班级的各方面问题，而学生往往对最后强调的问题记得最清楚。

因此，开始阶段和最后阶段所学的信息比其他信息更易被记住。

(2) 合理复习。

①**及时复习**。根据艾宾浩斯遗忘曲线，遗忘的进程有先快后慢的特点，最好及时复习。复习的黄金2分钟是指学习后10分钟就着手进行复习，只用2分钟复习就能取得良好效果。

②**集中复习和分散复习**。集中复习就是集中一段时间一下重复学习许多次。分散复习就是每隔一段时间重复学习一次或几次。因此可以将复习时间安排为10分钟、1天、1周、1个月、2个月、半年对同一个材料各复习一次。

③**整体学习和部分学习**。整体学习可以减少其他事情对学习的干扰。但是对于许多人来说，一下学习较长的一段内容是极其困难的。相反，将较长的一段内容分成一小段一小段的，学习起来则相对容易，这就是所谓的部分学习。

④**自问自答或尝试背诵**。在学习一篇材料时一边阅读，一边自问自答或自己背诵。根据自己回答或背诵的情况，检查自己的错误和薄弱环节，从而重新分配努力。

⑤**过度学习**。如果学习一篇文章时，每次从头到尾读一遍就回忆一次，假设要读10次才能做出完全无误的回忆，那么这10次就是我们的掌握水平。接下来继续读这一篇文章，记忆的保持就会加强，这一策略被称为过度学习。过度学习的次数越多，保持的成绩越好，并且保持的时间也越长。研究表明，150%的过度学习是最适宜的。

（3）**自动化**。随着学得越来越好，我们完成任务所需要的注意力就越来越少，这样一个过程就叫作自动化。自动化主要是通过操练和练习获得的。

（4）**亲自参与**。在学习完成某个知识时，让个体亲自参与这个知识的实践应用更有助于巩固知识，从多个方面灵活运用所学的内容，也是一种有效的复习方法。

（5）**情境相似性和情绪生理状态相似性**。相似的情境更有助于回忆。我们可以在不同的情境、不同的情绪或生理状态下进行复习，以求回忆时（如考试）的情境与情绪或生理状态，和复习时的情境与情绪或生理状态相似的可能性更大。

（6）**心理倾向、态度和兴趣**。我们对感兴趣的事或持积极态度的事会记得牢固一些。因此在教学时：一方面，教材的意义必须适合学生的态度和兴趣；另一方面，教师可以设法引导，使学生形成建设性的态度和兴趣，使他们容易记住和保留所学的知识。

考点 5　编码与组织策略　（名：20 河北，21 安徽师大，22 扬州；论：17 云南师大）

1. 含义

编码与组织策略指整合所学新知识之间、新旧知识之间的内在联系，形成新的知识结构的策略。编码与组织是学习新信息的重要手段，其方法是学习者将学习材料分成一些小的单元，并把这些小的单元置于适当的类别中，从而使每项信息和其他信息联系在一起。

2. 编码与组织策略的教学

（1）**列提纲**。以简要的语言来描述新知识的内在层次，体现出知识的组织结构，促进学习者的理解和记忆。

（2）**做图解**。运用图解的方式来说明信息之间的内在关系，用连线和箭头等符号形象地显示组织结构。如系统结构图、概念关系图和运用理论模型。

（3）**做表格**。对于复杂的信息，采用各种形式的表格，如一览表和矩阵表，都可以对信息起到组织的作用，有利于形成信息的视觉化，能促进对信息的记忆和理解。

凯程助记

认知策略及其教学

注意策略	区别—专注—引导—吸引
精细加工策略	(1) 简单的策略：记忆术——四词位置与想象（关键词法、首字联词法、限定词法、琴栓—单词法＋位置记忆法＋视觉想象）。 (2) 复杂的策略：灵活处理信息。 　　主动应用中↘构建意义 　　利用背景知识↗
复述策略	(1) 利用记忆规律：避免干扰；抑制与促进；首因效应与近因效应。 (2) 利用信息加工：合理复习自动化，亲自参与找相似。 合理复习：二复习（及时集中和分散）＋三学习（整体部分要过度）＋自问自答搞背诵。 (3) 利用心理特征：心理倾向、态度与兴趣
编码与组织策略	提纲—图解—表格

凯程拓展

精细加工策略和编码与组织策略的区别 ★★★

精细加工策略和编码与组织策略虽然都是在实现对知识的编码工作，但两种策略之间有较大区别。

（1）精细加工策略强调新旧知识之间有更多联系，是为了促进新知识的理解，增加新信息的意义。精细加工策略也会使一些知识形成网络联系或网络化，并为日后它们之间的相互激活与传播提供更多路径或通道，从而使人对所学知识的回忆变得容易。精细加工策略就是要在知识之间能够"左右逢源"。

（2）编码与组织策略强调新旧知识之间的组织方式，重在形成知识逻辑的层次结构。它是将所学的知识分成若干子类，并标明这些子类的逻辑关系，以形成整个知识逻辑上的层次结构，即形成通常所说的知识"金字塔"。编码与组织策略就是要在知识之间能够"上下通达"。

经典真题

选择题

精细加工策略有利于提高学习效果，不属于该策略的是（B）。（18 南京师大）
A. 运用表象记忆　　B. 进行过度学习　　C. 采用位置记忆法　　D. 采用首字连读法

名词解释

1. 认知策略（13 江苏师大，17 渤海，18 贵州师大，19 内蒙古师大、北华，21 长江，23 南京信息工程）
2. 精细加工策略（10、21 山东师大，16 东北师大，16、23 集美，17 山西师大，19 安徽师大、曲阜师大，20 江西科技师大、重庆三峡学院，21 重庆师大、中国海洋，22 聊城，23 陕西师大、贵州师大、扬州、宁波）
3. 组织策略（20 河北，21 安徽师大，22 扬州）
4. 复述策略（22 闽南师大）
5. 近因效应（22 河南）

辨析题

组织策略和计划策略同属于认知策略。（20 山东师大）

简答题

1. 简述主要的认知策略。（18 吉林师大）
2. 简述精细加工策略的主要内容。（15 山西师大，16 苏州）
3. 简述学生复述策略。（16 哈师大）

论述题

1. 论述精细加工策略。（11 华东师大，17 天津，19 湖南科技）
2. 举例说明常用的精细加工策略。/ 结合实际分析学习策略中的精细加工策略。（11、16 云南师大）
3. 举例说明策略中的组织策略。（17 云南师大）

第三节 元认知策略及其教学

考点1 元认知及其作用

1. 元认知的概念

元认知是关于个人自己认知过程的知识以及调节这些过程的能力，是对思维和学习活动的认知和控制。简单地说，元认知就是对认知的认知。

2. 元认知的结构

（1）**元认知知识**：指对认知过程的知识和观念（存储在长时记忆中）。它包括有关个人作为学习者的知识、有关任务的知识、有关学习策略及其使用的知识。

（2）**元认知体验**：指个体对自己的认知的心得或教训的情绪感受。

（3）**元认知控制**：指对认知行为的调节和控制（存储在工作记忆中）。它包括计划、监察、调节三个方面。

3. 元认知的作用

（1）**元认知可以提高认知活动的效率和效果**。元认知可以提高学生对学习目标的意识水平，要求自己选择最适合的方式达到目标，从而提高认知活动的效率和效果。

（2）**元认知的发展可以促进个体智力的发展**。学生利用元认知反思自己的认知过程，调控自己的认知策略。认知策略的不断提升，有助于提升个体的智力水平。

（3）**元认知的发展有助于个体发挥主体性**。元认知可以使学生意识和体验到学习情境中的变量，并且意识和体验到这些变量之间的关系与它们的变化情况。当学生在体验元认知、利用元认知时，就是学生在发挥学习主体性的时候。

考点2 元认知策略

元认知策略是对信息加工流程进行控制的策略。假如你在读一本书时，遇到一段文字读不懂，你会怎么办呢？或许你会重新读这一段，或许你会寻找其他线索帮助理解，这个过程就是元认知策略。元认知策略大致可以分为计划策略、监察策略（即监控策略）和调节策略。

1. 计划策略

计划策略指根据认知活动的特定目标，在一项认知活动之前计划各种活动，预计结果、选择策略，想出各种解决问题的方法，并预估其有效性。

2. 监察策略

监察策略指在认知活动的实际过程中，根据认知目标及时评价、反馈自己认知活动的结果与不足，正确估计自己达到认知目标的程度、水平，根据有效性标准评价各种认知行动、策略的效果。

（1）**领会监控**。领会监控一般在阅读中使用。熟练的读者在头脑里有一个领会的目标，如发现某个细节、找出要点等，并为了该目标而浏览课文。随着这一策略的执行，读者在达到目标后会体验到一种满意感。如果领会监控的最终目标没有达到，读者则会产生一种挫折感，接着采取补救措施，如重新浏览材料或者更仔细地阅读课文。

（2）**集中注意力**。教师要教学生一些对注意力进行监控和自我管理的学习策略，如注意此刻自己正在做什么、避免接触能分散注意力的事物等，提高学生的学习效果。提高注意力的方法有提前注意学习目标、重点标示（如教师讲话的重音）、增加材料的情绪性（如假如你是李鸿章，你会签订《马关条约》吗？）、使用独特的刺激（如教师上课演示实验过程）、告知重要性等。

3. 调节策略

调节策略指根据对认知活动结果的检查，如发现问题，则采用相应的补救措施；根据对认知策略效果的检查，及时修正、调整认知策略。

考点 3　元认知策略的教学　10min搞定　（简：22河南师大）

1. 教给学生元认知知识

在教学中，教师除了对学生进行具体教学内容的传授，还应结合学科知识教学向学生传授元认知知识（包括有关学习者本人特点方面的知识、有关教材特点和学习任务方面的知识、有关学习策略方面的知识等），有意识地帮助学生分析怎样根据自身和学习任务的特点科学选择学习策略和方法，引导学生把元认知知识应用到自己的学习中去。

2. 丰富学生的元认知体验

元认知体验是在一定学习情境中伴随认知活动而产生的认知和情感体验。因此，对元认知体验的培养，既要重"境"，即要在具体的认知活动中进行；又要重"情"，即要重视情感的激发和培养。

3. 经常给学生提供反馈的机会

教师必须向学生提供运用知识的机会。例如，让学生在实践中运用他们已学过的知识；代替教师向其他同学提供信息；让学生相互复述有关知识的内容；向他人表述自己的理解；等等。

4. 指导学生调节和监控自己的学习过程

自我监控能力直接影响学习者的智能甚至其综合能力与创造力的发展。教师在教学实践中可以通过开设自我监控指导课、构建学科教学与自我监控指导有效结合的教学模式等方式培养学生的自我监控能力。同时，还可以根据学生的特点引导他们进行自我监控的训练以及加强对学生学习动机、情绪、自控能力的培养。

> **凯程拓展**
>
> **元认知策略是如何起作用的？**
>
> 假设有一个学生正在学习科举制度的发展历程，他首先意识到这个问题可能会以简答题或分析论述题的形式进行考查，于是他决定制订一个计划来理解和记住重要的知识点（计划策略）。他监控自己的学习，发现自己理解科举制度的每一次改革（监察策略），但对改革中一些细节上的改变还记不太清楚，于是他画出一些自认为是考试要点的内容进行前后对比，通过这种方式防止知识的混淆（调节策略）。
>
> **认知策略与元认知策略的区别与联系** ★★
>
> **1. 区别**
>
> （1）**含义不同**：认知策略是学习者加工信息的方法和技术，能使信息有效地从记忆中提取出来，包括注意策略、精细加工策略、复述策略、编码与组织策略等；元认知策略是对信息加工流程进行控制的策略，是学习者用来设置学习目标、评估目标进展情况、选择和调整其他策略运用的策略，包括计划策略、监察策略、调节策略等。
>
> （2）**加工的信息不同**：认知策略主要用于提升对外部信息的加工质量（人对外部知识的加工）；元认知策略主要用于提升内部认知过程的质量（人对内部认知过程的加工）。
>
> （3）**发展时间不同**：儿童对认知策略的使用早于对元认知策略的使用。

2.联系

（1）认知策略和元认知策略本质上都是一种程序性知识，是一种特殊的智慧技能。认知策略和元认知策略的使用都有助于提升学习的质量。

（2）元认知策略总是和认知策略一同起作用。认知策略是学习必不可少的工具，元认知策略监控和指导认知策略的运用。也就是说，学生可以学习使用许多不同的策略，但如果没有用元认知策略来帮助他们决定在某种条件下使用哪种策略或改变策略，他们就不是成功的学习者。所以，两种策略往往同时发生作用。

凯程助记

元认知策略相关知识

含义	元认知策略是对信息加工流程进行控制的策略
策略	（1）计划策略。（2）监察策略：①领会监控；②集中注意力。（3）调节策略
教学	（1）教给学生元认知知识。（2）丰富学生的元认知体验。（3）经常给学生提供反馈的机会。（4）指导学生调节和监控自己的学习过程（调控知识体验需要好机会）
区别	认知策略——加工信息的方法和技术；外部信息；儿童使用较早。 元认知策略——能对信息加工流程进行控制；内部信息；儿童使用较晚
联系	都属于程序性知识，属于特殊的智慧技能；元认知策略总是和认知策略一同起作用

经典真题

›› 名词解释

1. 监控策略（19云南师大）
2. 元认知（10、11、20苏州，10、14华中师大，12、16扬州，13、17曲阜师大，13、20江西师大，15中央民族，15、16聊城，15、18西北师大，16鲁东，16、21江苏师大，17湖南师大，四川师大，19、20海南师大，20太原师范学院、上海师大、海南，21江苏师大、天津师大、闽南师大、江西科技师大、石河子，22中国海洋、湖南，23湖南科技、吉林师大）
3. 元认知策略（11北师大、天津，13辽宁师大、天津师大，15浙江师大、重庆三峡学院，16安徽师大，17内蒙古师大，18淮北师大，19贵州师大、中国海洋，20湖州师范学院，21山西师大、鲁东，23华南师大）

›› 简答题

1. 元认知包含哪些成分？（18河北）
2. 简述元认知策略的类型。（19福建师大、华中师大，20重庆三峡学院）
3. 简述元认知策略的教学。（22河南师大）

›› 论述题

1. 论述元认知策略及其教学。（18鲁东，20江苏，23西安外国语）
2. 论述元认知策略对教学的应用。/ 从元认知的视角分析提升学生学习效能的教学策略。（14、16华东师大）
3. 什么是元认知策略？元认知策略对学习策略有哪些影响和意义？（16杭州师大）
4. 结合实际，谈谈为什么元认知水平的提高对于改善学习效果很重要。（17赣南师大）

第四节 资源管理策略及其教学 （简：16西北师大，21内蒙古师大）

考点1 资源管理策略的概念 2min搞定 （名：18辽宁师大，20湖南师大）

资源管理策略是辅助学生管理可用环境和资源的策略。它有助于学生通过适应环境和调节环境来满足自己的需要，对学生的学习动机起着重要作用。

资源管理策略主要包括时间管理策略、努力管理策略、环境管理策略和学业求助策略等。（下面，我们将在考点2～5详细介绍这些策略。）

考点2 时间管理策略 5min搞定

1. 含义

时间管理策略是通过一定的方法合理安排时间、有效利用学习资源的策略。

2. 时间管理策略的教学

（1）**计划时间策略**。比如，设定目标、设定学期计划、规划每周（日）活动、制订每小时的详细计划或者依据事情的重要程度和紧急程度对一天的事情进行排序。

（2）**最优时间策略**。每个人要根据自己的模式，合理安排学习实践。①根据自己的生物钟来安排学习活动。②根据一天内学习效率的变化来安排学习活动。③根据一周内学习效率的变化来安排学习活动。④根据自己的工作曲线来安排学习活动。

（3）**化零为整策略**。可以利用零碎时间读短篇或看报纸、杂志等。

考点3 努力管理策略 10min搞定 （名：11东北师大；辨：20青海师大）

1. 含义

努力管理策略就是为了维持或促进意志努力，而对自己的学习兴趣、态度、情绪状态等心理因素进行约束和调整，实现学习目标的策略。系统性的学习大都需要意志努力。努力管理策略主要包括归因于努力、调整心境、意志控制和自我强化等策略。

2. 努力管理策略的教学

（1）**归因于努力**。韦纳的归因理论将能力、努力、任务难度和运气作为人们在解释成败时的四种主要原因。学习者将成功归因于能力或努力等内部因素时，他会感到满意、自信，从而增强学习动机；学习者将失败归因于缺乏能力或努力时，则会感到羞愧和内疚。当然，能力并不是天生的，也不是一成不变的，而是通过努力不断积累起来的。不论学习成功还是失败，归因于努力都会使学习者产生较强烈的情绪体验，从而促使学习者继续努力，积极地去争取成功。

（2）**调整心境**。调整心境是为了排除学习过程中的消极情绪对学习的干扰，使学习者保持愉悦、活跃、轻松的积极情绪状态。积极的情绪状态能够提高学生的学习效率，消极的情绪状态会降低学生的学习效率。对于学习过程中的紧张、焦虑等消极情绪体验，采用两种调控方式是比较有效的：一是自我提示言语；二是转移法。

（3）**意志控制**。意志控制主要对努力起维持作用，即把既定的努力付出集中在学习任务上，使其不受其他因素的干扰。因此，意志控制对学习具有较强的维持功能。

(4) 自我强化。 自我强化指的是学生在达到自己制定的学习标准时进行自我奖赏。自我强化是一种自我管理、自我监督的过程。

考点 4 环境管理策略（补充知识点） 3min搞定

1. 含义

环境管理策略是指善于选择安静、干扰较小的地点学习，充分利用学习情境的相似性，等等。主要涉及对学习环境的控制，比如，是选择在安静的还是嘈杂的场所学习；冬日里，在冰天雪地的户外还是在温暖舒适的空调房里学习；等等。

2. 环境管理策略的教学

(1) **注意调节自然条件**。如流通的空气、适宜的温度、明亮的光线以及和谐的色彩等。

(2) **设计好学习的空间**。如空间的范围、室内布置、用具摆放等。

考点 5 学业求助策略 10min搞定 （论：13、21河南师大，22沈阳师大）

1. 含义

学业求助策略是指学生在学习过程中遇到困难向他人寻求帮助以克服学习困难，提高学习效率的策略。

2. 类型

根据学生寻求他人学业帮助的动机，奈尔森-黎高将学业求助划分为**执行性求助**和**工具性求助**。

(1) 执行性求助也称非适应性求助， 是指学生遇到学习困难时，直接请求他人给出答案或直接"替"自己解决困难。执行性求助中，学生在乎的是学习结果而不是学习过程，虽然解决了问题，但是学生自己并未参与问题的解决，因此无助于自己学习能力的提高。

(2) 工具性求助也称适应性求助， 是指学生遇到学习困难时，向他人寻求与解决问题有关的信息，借助他人的力量自己解决问题或达成学习目标。工具性求助是非常积极的求助方式，它不仅能提高学生的学习能力，而且能使学生在这种社会互动以及与帮助者的沟通交流中提高自己的人际交往能力。

凯程助记

学业求助策略

求助形式	特点	目的
执行性求助	他人"替"自己解决困难	只想要答案或者希望尽快完成任务，自己不做任何尝试就放弃获得成就的努力，选择依赖而非独立掌握
工具性求助	他人提供思路和工具	为了独立地学习，借助他人的力量以达到自己解决问题或者实现目标的目的

3. 影响学业求助的因素

(1) **学业求助者的态度**。学业求助者的态度与学习者的自我效能感有关。低自我效能水平的学生更有可能认为求助就意味着低能，因此更少求助或回避求助；相反，高自我效能水平的学生遇到困难或失败时，不在乎别人是否把自己视为低能，因此更有可能寻求必要的帮助。

(2) **学习者的归因**。学习者常常根据是否能独立完成任务来判断能力的高低，因此为了避免对自我构成威胁，常常回避求助。

（3）**过去习得经验的影响**。学生的求助经验会影响学生的求助行为，在鼓励求助的教师那里，学生的求助行为是积极的；在抑制求助的教师那里，学生的求助行为是消极的。

（4）**难以识别该策略的运用条件**。有些学生不知道在什么时候、什么条件下使用该策略，他们认为自己无须求助或认定求助无益；也有学生不知道该向什么人求助和选择什么样的求助方式等。

🖌**凯程助记** 影响因素：态度与归因，该策略咋用，找习得经验。

4. 学业求助的过程

（1）判断是否需要求助；（2）决定是否需要求助；（3）考虑如何求助；（4）获得帮助；（5）评价反应。

5. 学业求助策略的教学

（1）**教会学生正确看待学业求助**。学生不愿意使用学业求助策略大多是因为他们认为求助展示了自己的无能，损伤了自尊，因此他们回避求助。

（2）**注意发展学生的学业求助能力**。教师要教会学生正确判断是否需要学业求助、向何人求助以及如何求助才能获得信息等，使学生在真正需要求助时能够运用所学达到解决问题、提高能力的目的。

（3）**要求学生采用工具性求助**。教师要让学生明白，学业求助并不是对所有的问题"不懂就问"，而是要学会采用工具性求助。要明确学业求助的关键在于求得别人的点拨和提示，而不是要求别人直接给出答案或让别人直接解决问题。只有在遇到自己经过深思还不能解决的问题时才应寻求他人的帮助。

（4）**注意营造一种良好的社会性学习环境**。

（5）**强调元认知策略**。在学业求助过程中，学生是否意识到自己的学习状况、学习能力，是否需要求助他人，如何求助，等等，实质上反映了学生在问题情境中对自己学习的监控和调整。可见，学生的元认知水平和元认知策略成为直接影响学生学业求助行为的重要因素。

因此，教师要加强对学生元认知策略的训练。在学业求助前，要对学习情境和自我能力做出准确评估；在学业求助中，要采取恰当的方式促进问题的解决；在学业求助后，应对整个求助行为以及求助结果进行反省和评价。

🖌**凯程助记**

资源管理策略	
时间管理策略	（1）计划时间策略；（2）最优时间策略；（3）化零为整策略
努力管理策略	（1）归因于努力；（2）调整心境；（3）意志控制；（4）自我强化
环境管理策略	（1）注意调节自然条件；（2）设计好学习的空间
学业求助策略	（1）类型：执行性求助和工具性求助。 （2）影响因素：态度与归因，该策略咋用，找习得经验。 （3）求助过程：判断是否需要求助→决定求助→如何求助→获得帮助→评价反应。 （4）教学：正确看待求助→发展求助能力→采用工具性求助→营造学习环境→强调元认知策略 　　　　（先重视态度）（再培养能力）（教具体方法）（对外看环境）（对内元认知）

凯程提示

学完这一章，考生有必要把这些学习策略运用到考研复习中。这不仅可以使考生的学习效率得到提高，还可以帮助考生更好地理解知识。

经典真题

›› 名词解释

1. 资源管理策略（18 辽宁师大，20 湖南师大）　　2. 努力管理策略（11 东北师大）

›› 辨析题　　学习努力是一种管理策略。（20 青海师大）

›› 简答题

1. 简述资源管理策略的类型。（16 西北师大）
2. 简述资源管理策略。（21 内蒙古师大）

›› 论述题　　如何对学生进行学业求助策略的教学？（13、21 河南师大，22 沈阳师大）

第八章 问题解决能力与创造性的培养[1]

考情分析

第一节 有关能力的基本理论
考点1 传统智力理论
考点2 多元智能理论
考点3 成功智力理论

第二节 问题解决的实质与过程
考点1 问题解决的内涵
考点2 问题解决的心理过程

第三节 问题解决能力的培养
考点1 影响问题解决的因素
考点2 有效问题解决者的特征
考点3 问题解决能力的培养措施

第四节 创造性及其培养
考点1 创造性的内涵
考点2 创造性的心理结构
考点3 影响创造性发展的主要因素
考点4 创造性的培养措施

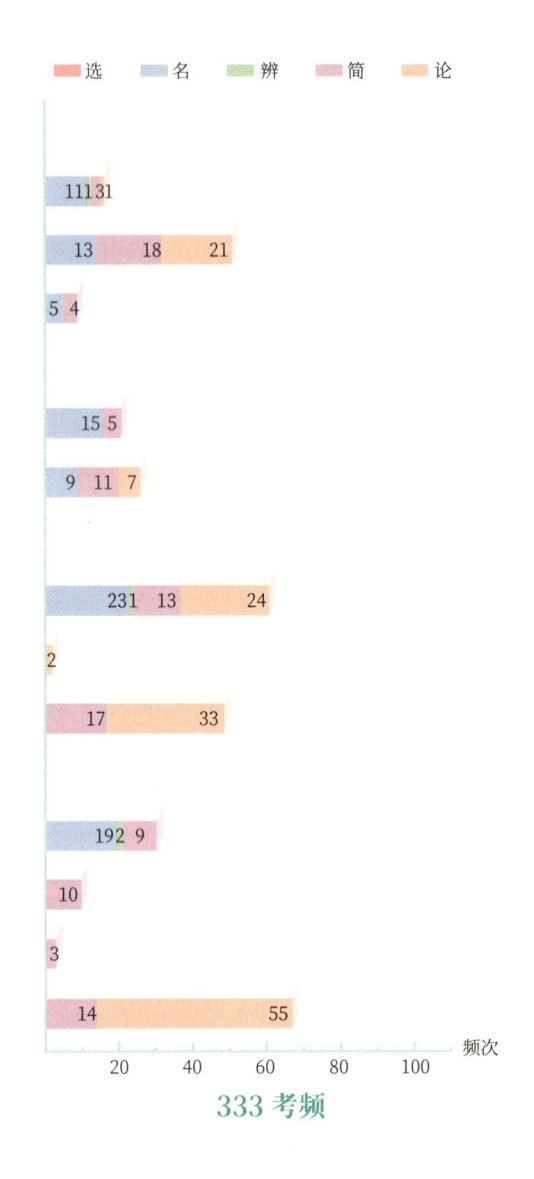

图例：选 名 辨 简 论

333考频

---

[1] 本章主要参考陈琦、刘儒德的《当代教育心理学》(第3版)第十一章。有效问题解决者的特征、创造性的心理结构和培养措施则参考张大均的《教育心理学》(第三版)。

知识框架

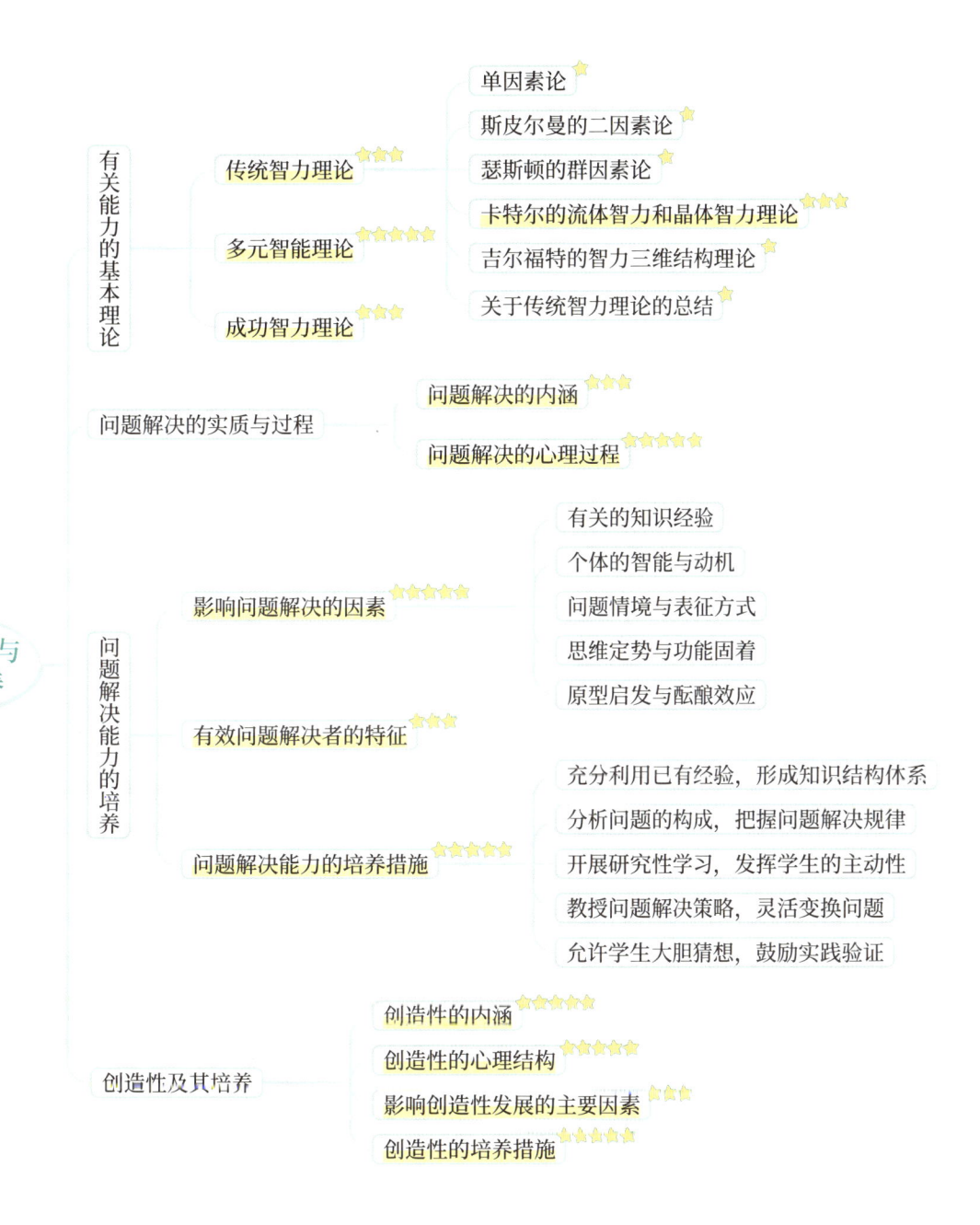

```
                                    ┌─ 单因素论 ☆
                                    ├─ 斯皮尔曼的二因素论 ☆
                    ┌─ 传统智力理论 ☆☆☆ ─┼─ 瑟斯顿的群因素论 ☆
有关能力的基本理论 ─┤                    ├─ 卡特尔的流体智力和晶体智力理论 ☆☆☆
                    ├─ 多元智能理论 ☆☆ ─┼─ 吉尔福特的智力三维结构理论 ☆
                    └─ 成功智力理论 ☆☆   └─ 关于传统智力理论的总结 ☆

                    ┌─ 问题解决的实质与过程 ─┬─ 问题解决的内涵 ☆☆
                    │                        └─ 问题解决的心理过程 ☆☆☆☆☆
问题解决能力与       │                        ┌─ 有关的知识经验
创造性的培养 ──────┤                        ├─ 个体的智能与动机
                    │     ┌─ 影响问题解决的因素 ☆☆☆☆─ 问题情境与表征方式
                    │     │                  ├─ 思维定势与功能固着
                    │ 问题│                  └─ 原型启发与酝酿效应
                    │ 解决│
                    ├─ 能力├─ 有效问题解决者的特征 ☆☆
                    │ 的培│                  ┌─ 充分利用已有经验，形成知识结构体系
                    │ 养  │                  ├─ 分析问题的构成，把握问题解决规律
                    │     └─ 问题解决能力的培养措施 ☆☆☆─ 开展研究性学习，发挥学生的主动性
                    │                        ├─ 教授问题解决策略，灵活变换问题
                    │                        └─ 允许学生大胆猜想，鼓励实践验证

                    └─ 创造性及其培养 ─┬─ 创造性的内涵 ☆☆
                                      ├─ 创造性的心理结构 ☆☆☆
                                      ├─ 影响创造性发展的主要因素 ☆☆☆
                                      └─ 创造性的培养措施 ☆☆☆
```

考点解析

第一节　有关能力的基本理论

考点 1　传统智力理论 ☆☆☆ 30min搞定　（简：16 吉林）

传统智力理论以心理测量为基础，认为智力由因素构成，通过因素分析可以探索这些因素，进而认识智力的内核。

1. 单因素论 ☆

高尔顿、比奈、推孟等人都主张智力是单因素的，他们编制的量表只提供单一分数（智商），只测一种智力。

2. 斯皮尔曼的二因素论 ⭐

（1）这种理论认为智力包括两种潜在的因素：①**一般因素（G因素）**，这是一种假想的、被用于许多不同任务之中的智力能力，影响个体在所有智力测验中的表现。②**特殊因素（S因素）**，这种因素只影响个体在某一种能力测验（词汇、算术计算或记忆测验等）中的表现。

（2）**二者的联系**：先有G因素，然后才有S因素。完成任何作业都需要G因素和S因素的结合。G因素是智力结构的基础和关键，各种智力测验就是通过广泛取样而求出G因素的。

3. 瑟斯顿的群因素论 ⭐

美国心理学家瑟斯顿提出智力结构的群因素论。他认为，智力包括七种彼此独立的心理能力，即语词理解（V）、语词流畅（W）、推理能力（R）、计数能力（N）、机械记忆能力（M）、空间能力（S）和知觉速度（P）。瑟斯顿为此设计了智力测验来测量这七种因素，测验结果与他原来认为各种智力因素之间彼此无关的设想相反，各种因素之间存在着正相关。例如，计数能力与语词流畅的相关系数为0.46，与语词理解的相关系数为0.38，与机械记忆能力的相关系数为0.18。事实证明，各种智力因素并非彼此无关，而是存在相互关联的一般因素，这就与二因素论接近了。

4. 卡特尔的流体智力和晶体智力理论 ⭐⭐⭐

（名：5+学校；简：15上海，16河南，19河北，22河南；论：15上海师大）

（1）根据智力的不同功能，将智力划分为流体智力和晶体智力。

①**流体智力**：基本与文化无关的、非言语的心智能力。这种智力受先天遗传因素影响较大，在青少年之前一直在增长，在30岁左右达到顶峰，随后逐渐衰退，如反应速度、记忆力、计算能力等。流体智力一般是先天的，不大依赖于后天学习。

②**晶体智力**：应用从社会文化中习得的解决问题的方法的能力，是在实践中形成的能力。这种智力在人的一生中都在增长，如知识的广度、判断力、常识等。晶体智力依赖于后天的学习和经验。

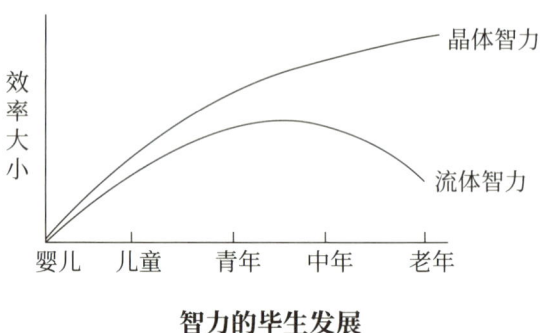

智力的毕生发展

（2）关系。

①人通过在解决问题时投入流体智力来发展晶体智力。

②生活中的许多任务，如数学推理，同时需要流体智力和晶体智力。

（3）贡献。

①这一理论把人与生俱来的素质与后天通过学习而获得的东西区分开来。

②指导教育要适应学生的个体差异。有些学生流体智力高，具备良好的学习基础，所以学习成绩好；有些学生流体智力不高，但经过后天的努力，不断积累晶体智力，也一样获得了好的学习成绩。

5. 吉尔福特的智力三维结构理论 ⭐

美国心理学家吉尔福特提出智力三维结构理论。该理论认为，智力结构应从操作、内容、产物三个维度去考虑。

（1）主要观点。

智力的第一个维度是操作，即智力活动的过程，包括认知、记忆、发散思维、聚合思维、评价五个因素。第二个维度是内容，即智力活动的内容，包括图形、符号、语义、行为四个因素。

第三个维度是产物，即智力活动的结果，包括单元、门类、关系、系统、转换、蕴含六个因素。

把这三个维度组合起来，会得到4×5×6=120种不同的智力因素。吉尔福特把这些构想设计成立方体模型,共有120个立方块，每一个立方块代表一种独特的智力因素。

(2) 评价。

吉尔福特的智力三维结构理论是当前西方比较流行的一种智力理论。它对我们认识智力结构的复杂性，把握各智力要素之间的关系以及启发我们对智力结构进行深入细致的讨论，都有积极意义。

智力的多因素理论目前还未成定论，尚存在争议。但是它们的出现表明学生学业失败未必是因为智力不高，他们的长处完全可能在学校教育范围之外的地方。

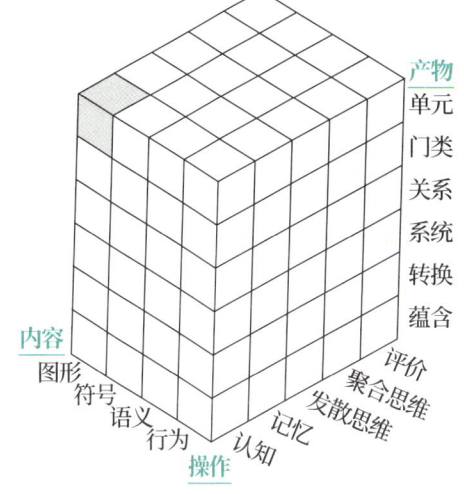

6. 关于传统智力理论的总结

吉尔福特的智力三维结构模型

传统智力理论对社会最大的影响就是建立在其基础之上的智力测验或者说IQ测验。经过多年的发展，如今的IQ测验作为一种很好的标准化方法，已经开发出了适应各类人群的智力量表，并在世界范围内普遍使用，而作为其基础的传统智力理论也由此更加深入人心。因此，虽然传统智力理论受到了研究者的种种批评，但其在固有的基础和理论上的不断发展仍使其占有优势地位。

考点2 多元智能理论

(1) 观点。

美国哈佛大学的霍华德·加德纳提出了多元智能理论。他认为，智力是指在某一特定文化情境或社群中所展现出来的解决问题或制作生产的能力。

①加德纳提出人类至少存在八种智能。（如下表所示）

智能维度	定义	界定	典型人群
语言智能	指学习和使用语言文字的能力	对声音、节奏、单词的意思和语言具有不同功能的敏感性	诗人、剧作家、新闻情报员、记者及演说家
逻辑—数学智能	指数学运算和逻辑思维推理的能力	能有效地运用数字、推理和假设	科学家、会计师、工程师及电脑程序员
空间智能	指凭借知觉辨认距离、判断方向的能力	能以三维空间的方式思考，准确地感觉视觉空间，并把所知觉到的表现出来，对色彩、线条、形状及空间关系敏锐	室内装潢师、建筑师、航海家、侦察员、向导、艺术家及飞行员
肢体—动觉智能	指支配肢体以及完成精密作业的能力	能巧妙地运用身体来表达想法和感觉，能灵活地运用双手灵巧地生产或改造事物	演员、运动员、舞蹈家、外科医生及手艺人
音乐智能	指对音律节奏的欣赏和表达的能力	能觉察、辨别、改变、欣赏、表达或创作音乐	作曲家、乐师、乐评人、歌手及善于感知音乐的观众
人际智能	指与人交往且能和睦相处的能力	善于觉察并区分他人的情绪、动机、意向及感觉，具有有效与人交往的能力	政治家、社会工作者及成功的教师
内省智能	指认识自己并选择自己生活方向的能力	能正确建构自我的能力，知道如何利用这些意识察觉做出适当的行为，并规划、引导自己的人生	神学家、哲学家及心理学家

续表

智能维度	定义	界定	典型人群
自然观察智能	指辨别生物以及对自然世界其他特征敏感的能力	具备对生物的分辨观察力及对自然景物敏锐的注意力	考古学家、收藏家、农夫及宝石鉴赏家

凯程助记 语数空洞（动），因（音）人省察。

②每一种智能代表着一种区别于其他智能的独特的思考模式，但这些智能是相互依赖、相互补充的。例如，一位教师需要具备一定的语言智能、逻辑—数学智能以胜任其学科教学的基本要求，需要一定的肢体—动觉智能帮助他将知识较好地传递给学生，需要具备人际智能与学生、同事形成良好的互动关系，需要具备内省智能帮助他进行教学反思，促进自身专业化发展。

③这八种智能在人身上的不同组合使每个人的智力都有独特性和差异性。因此，很难找到适用于每个人的统一评价标准来评价一个人的聪明程度和智力水平的高低。例如，有的儿童很早就表现出音乐智能的优势，有的儿童却表现出超强的人际智能。

(2) 评价。

以加德纳的理论为指导，人们在课程活动、评价方法和教学方法上都进行了深入的实践探索。这对美国各级学校产生了深远影响，对推动我国教育改革也有着重要的启示。

①改变传统的教育观，教育应满足人发展的独特性和差异性。加德纳提出了一种新的教育观——"以个人为中心的教育"。每名学生都具备这八种智能，但所擅长的智能各不相同。教育要以学生的智能为基础，同时要培养学生的特长。

②改变了教育评价观，揭露标准化的纸笔测验对人的智力评价的片面性，主张建立多元化的评价观。加德纳指出，单纯依靠使用纸笔的标准化考试来区分学生智力的高低，考察学校教育的效果，甚至预言学生未来的成就和贡献是片面的。这样做实际上过分强调了语言智能和逻辑—数学智能，否定了其他同样为社会所需要的智能，使学生身上的许多重要潜能得不到确认和开发，造成他们当中相当数量的人在学校找不到自己的优势。

③改变了教师的教学观，多元智能指导教师从多种途径增进学生对学科内容的理解。例如，在科学课上，当教师教授"什么是回声"时，教师可以带领学生讨论回声（语言智能），可以让学生计算回声的速度（逻辑—数学智能），可以展示回声声波的动画图（空间智能），可以让学生调查回声在日常生活中的用途（自然观察智能），可以让学生把回声处理成音乐元素（音乐智能），还可以请学生利用回声原理做玩具（人际智能与肢体—动觉智能），更可以请学生借助回声课来思考认识科学知识的价值（内省智能）。可见，教师可以采用八种智能视角开展教学活动，帮助学生利用各自擅长的智能来理解所学内容。

④改变了课程编制观，多元智能指导课程编制应从多种角度展示，防止学生学习途径和方式的单一性。例如，我国当下主张中学开展选修课程和校本课程，促进学生按照自己的兴趣进行选课。再如我国的教材编制，教材不仅说明这个知识是什么，还明确提示教师可以开展哪些活动、制作哪些作品、进行哪些探究、播放哪些配套视频等，来促进学生利用不同智能加强对课程内容的理解。

总之，加德纳的多元智能理论既注重神经生理学证据，又不忽视社会文化作用，使其更具说服力。

考点 3　成功智力理论 ⭐⭐⭐ 10min搞定　（名：5+学校；简：16杭州师大，19太原师范学院，20青岛，23新疆师大）

（1）含义：斯腾伯格提出了成功智力理论。成功智力是为了完成个人的以及自己群体的或者文化的目标而去适应环境、改变环境和选择环境，即智力是适应、选择和塑造环境背景所需的心理能力。

（2）理论基础：人的智力是由分析能力、创造能力、实践能力三种能力组成的。

①**分析能力**：用于解决问题和判定思维成果的质量。斯腾伯格采用成分亚理论来解释分析能力。成分亚理论是对智力的内在成分的划分，主要解释影响智力水平的基本信息加工过程或成分，包括元成分、操作成分和知识获取成分。

②**创造能力**：帮助个体从一开始就形成好的问题和想法。斯腾伯格采用经验亚理论来解释创造能力。经验亚理论是将智力与经验联系起来，解释与信息加工成分有关的不同水平的先前经验。

③**实践能力**：将思想及其分析结果以一种行之有效的方法加以实施。斯腾伯格采用情境亚理论来解释实践能力。情境亚理论是将智力与个体的日常生活情境相联系，解释个体与周围环境相互作用的基本方式。

（3）成功智力理论对教学的启示。

①**教师要关注每一种学习行为对发展智力的三个方面的作用**。教师不仅要强调智力的学术性方面，也要强调智力的实践性方面，还要考虑学生的文化背景的影响。

②**教师要帮助学生认识、利用并发挥自己的智力优势**。教师应让学生明白自己擅长或不擅长智力的什么方面，从而利用或改进它们。教师还可以让学生在学习中进行合理选择，以充分利用自己的智力，最终实现自己的目标。

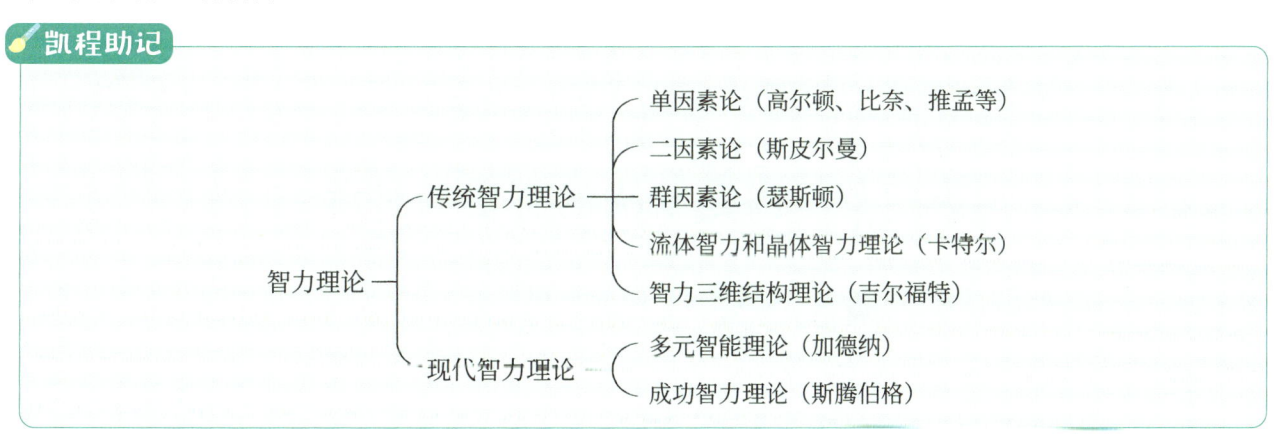

凯程助记

智力理论
- 传统智力理论
  - 单因素论（高尔顿、比奈、推孟等）
  - 二因素论（斯皮尔曼）
  - 群因素论（瑟斯顿）
  - 流体智力和晶体智力理论（卡特尔）
  - 智力三维结构理论（吉尔福特）
- 现代智力理论
  - 多元智能理论（加德纳）
  - 成功智力理论（斯腾伯格）

经典真题

一、关于传统智力理论

>> **名词解释**

1. 流体智力（12东北师大，14江苏师大，16浙江师大，18温州、天津，21苏州，22湖南科技，23湖州师范学院）

2. 晶体智力（22苏州，23湖南师大）

>> **辨析题**

卡特尔认为流体智力是在实践中获得的，因此，在人的一生中流体智力都是在生长的。（14山东师大）

>> **简答题** 简述流体智力与晶体智力的关系。（16、22 河南，19 河北）

>> **论述题** 分析比较流体智力与晶体智力及其对教育的启示。（15 上海师大）

二、关于多元智能理论

>> **名词解释**

加德纳的多元智能理论/多云智能理论（10 江苏师大，11 华南师大，13 四川师大、江西师大，14 上海师大、17 中央民族，18 天津师大、海南师大，19 江苏，20 湖南科技，22 宁夏、青海师大，23 沈阳）

>> **简答题**

简述加德纳的多元智能理论（11 江西师大，12 杭州师大，12、14 广西，13 山西师大、湖南，15、17 青岛，16 内蒙古师大，18 南宁师大、扬州、河北、鲁东，20 湖南理工学院、安庆师大，21 黄冈师范学院，22 集美、延安）

>> **论述题**

1. 论述加德纳的多元智能理论。（11、12、13 广西师大，12 浙江，13 华中师大、湖南，15、17 青岛，16 安徽师大、安徽，17 南宁师大，18 中央民族、扬州、集美，19 福建师大、华东师大、中国海洋，20 哈师大，21 深圳）

2. 论述多元智能理论给学校教育带来的启示。/ 论述加德纳的多元智力理论及其启示。（23 湖北、南京信息工程、华东师大）

三、关于成功智力理论

>> **名词解释** 成功智力理论（11、14 天津师大，14 河北，20、21 湖州师范学院）

>> **简答题** 简述斯腾伯格的成功智力理论。（16 杭州师大，19 太原师范学院，20 青岛，23 新疆师大）

第二节　问题解决的实质与过程

● **考点 1　问题解决的内涵** ★★★ 3min搞定　（名：10+ 学校；简：5+ 学校；论：5+ 学校）

1. 问题

（1）**含义：** 问题是这样一种情境，个体想做某件事，但不能马上知道完成这件事所需采取的一系列行动。

（2）**分类：** ①**结构良好问题**，指具有明确的初始状态、目标状态和解决方法的问题。如求三角形的面积公式。②**结构不良问题**，指没有明确的初始状态、目标状态和解决方法的问题，即没有明确的结构和解决途径。如针对当地的环境污染问题写一篇论文。

2. 问题解决

（1）**含义：** 问题解决是指个体在面临问题情境而没有现成方法可以利用时，将已知情境转化为目标情境的认知过程。

（2）**特点：** ①所解决的是新的问题，即初次遇到的问题。②在问题解决中，个体要把所掌握的规则重新组合形成高级规则，以适用于当前问题。③问题一旦解决，个体的能力或倾向随之发生变化。如能力会得到增长。

考点2 问题解决的心理过程 ★★★★★ 10min搞定　（名：5+学校；简：5+学校；论：5+学校）

1. 理解和表征问题阶段　（名：12北师大、天津）

（1）**识别有效信息**。解决问题的第一步是确定问题是什么，即找出相关信息而忽略无关的细节。

（2）**理解信息含义**。除了能识别问题的相关信息，学生还必须准确地表征问题。这就要求学生要有某一问题领域特定的知识，还要求学生能理解问题中每一个句子的含义，避免误解问题的表述。

（3）**整体表征**。将问题的所有句子综合在一起，达成对整个问题的准确理解。此外，对于许多问题，用图形的方式来表征问题可能是更为有效的方法之一。

（4）**问题归类**。明确所问的问题，并且将问题归入某一类型中，激活特定图式，从而引起对有关信息的注意，并预期正确答案。

2. 寻求解答阶段

运用一定的问题解决策略来解决问题。问题解决一般有两种途径：算法式和启发式。

（1）**算法式**：指为了达到某一个目标或解决某个问题而采取的一步一步的程序。算法式就是严格执行算法程序来获得问题的解答。

（2）**启发式**：根据目标的指引，试图不断地将问题状态转换成与目标状态相近的状态，只试探那些对成功趋向目标状态有价值的操作。其主要有手段—目的分析法、爬山法、逆向反推法、联想法、类比思维法等（如下表所示）。

名称	定义	优点	缺点	应用领域+举例
手段—目的分析法	将目标划分成许多子目标，将问题划分成许多子问题后，寻找解决每一个子问题的手段，最终达到问题解决	稳当，应用范围广	搜索问题空间时常受到较多约束	广泛应用于各个领域。举例：写毕业论文时将各阶段任务划分成几个子任务
爬山法	是手段—目的分析法的一种变式，以渐进的步子向目标状态靠近，是一种向前的工作方式	可以评定每一步是否接近目标	常常达到中间状态，有时可能会倒退	在不确定手段与目标的差距时应用。举例：医生治疗慢性病患者时，通过病情是否好转来决定下一步的用药剂量
逆向反推法	从目标状态出发，考虑如何达到初始状态的问题解决方法	无须考虑目标状态同当前状态之间的差距	应用范围有限，并且要求解决者具备相应的问题领域内的知识	当问题空间中从初始状态可以引出许多途径，而从目标状态返回到初始状态的途径相对较少时，用逆向反推法就相对容易些。举例：迷宫问题
联想法	联想解决过的相同或类似的问题的思路来解决当前问题的方法，包括相似联想、接近联想、对比联想和因果联想等多种形式	应用广泛，容易转化为具体学科的思维方法	容易被表面特征所迷惑	在解决具体领域问题时常用，通过自我提问以激活过去的相关解题经验。举例：联想小鸟展翅飞翔，制造了飞机
类比思维法	当面对某问题情境时，个体可以运用类比思维，先寻求与此相似的情境的解答	跨领域，有利于发明创造	很容易受到问题表面相似程度的影响	在解决不熟悉的问题时常用。举例：通过研究蝙蝠的导航机制，发明了声呐技术

3. 执行计划或尝试某种解答阶段

当表征某个问题并选好某种解决方案后，下一步就是执行计划、尝试解答。如果解决方案主要涉及某些算法的使用，就要注意避免在使用算法的过程中产生错误。

4. 评价阶段

当选择并完成某个解决方案后，还应对结果进行评价，以确定对问题的分析是否正确、选择的策略是否合适、问题是否得到解决等。

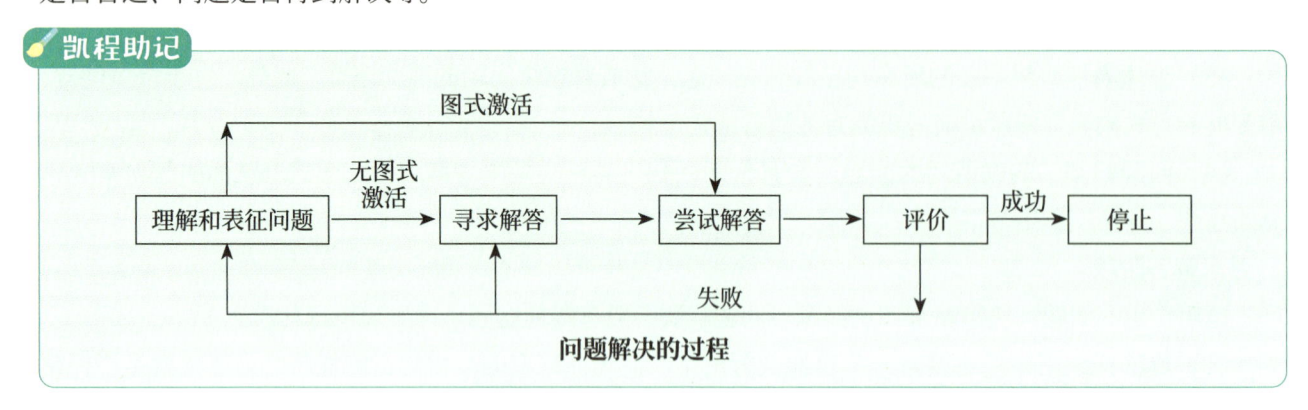

> **凯程助记**
>
> 问题解决的过程：理解和表征问题 → （无图式激活）寻求解答 →（图式激活）尝试解答 → 评价 → 成功 → 停止；失败则返回寻求解答。

第三节 问题解决能力的培养

（论：21 杭州师大、云南师大，23 中央民族）

考点 1 影响问题解决的因素 15min 搞定

（名：20 吉林师大；简：10+ 学校；论：10+ 学校）

1. 有关的知识经验

有关的知识经验是影响问题解决的个人因素。如果个体有与问题相关的背景知识，则可以促进问题的表征。只有依据有关的知识才能为问题的解决确定方向、选择途径和方法。知识经验不足常常是不能有效解决问题的重要原因。

2. 个体的智能与动机

（1）**智能**。个体的智力水平是影响问题解决的极其重要的因素。因为智力中的推理能力、理解能力、记忆能力、信息加工能力和分析能力等成分都影响着问题解决。

（2）**动机**。动机是促使问题解决的动力因素，对问题解决的思维活动有重要影响。动机的性质和强度会影响问题解决的进程。

①一定限度内，动机强度和问题解决的效率成正比，动机太强或太弱都会降低问题解决的效率。

②适宜的动机强度最有利于问题的解决。动机强度与问题解决的效率之间并不总是呈正相关，而是一条倒 U 型曲线。

3. 问题情境与表征方式

（1）**问题情境**。

问题情境是指呈现问题的客观情境（刺激模式），也就是问题呈现的知觉方式，是个体面临的刺激模式与其已有知识结构所形成的差异。

①**问题情境中物体和事物的空间排列不同，会影响问题的解决**。一般来说，解决某一问题所必需的物体比较靠近，它们都在人的视野之中，问题就容易解决，反之则困难。

②**问题情境中的刺激模式与个人的知识结构越接近，问题就越容易解决。**

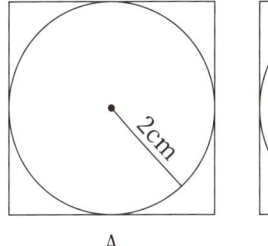

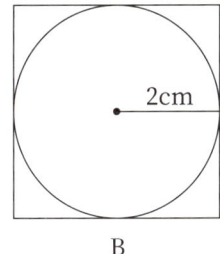

举例：已知一个圆的半径是2cm，求圆的外切正方形的面积，用A、B两种方式呈现图形，图A中不容易看出圆的半径与正方形的关系，问题解决就较困难；而图B中，人们很容易看出圆的半径与正方形的关系，问题较易解决。

③**问题情境中所包含的物件或事实太少或太多都不利于问题的解决**。太少可能遗漏事实，太多则会产生干扰。

举例：由于"心理眩惑"作用，右图"镶嵌图形"下侧的箭形部分（虚线）不易被看出。

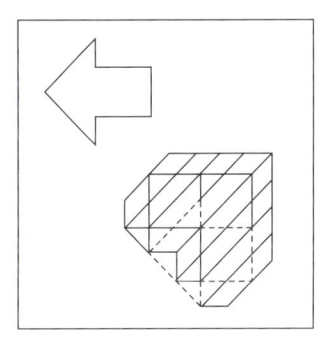

（2）表征方式。 (名：12北师大、天津)

表征是指信息在头脑中的呈现方式，它是影响问题解决的重要因素。它说明问题在头脑中是如何表现的。问题表征方式反映对问题的理解程度，涉及在问题情境中如何抽取有关信息，包括目标是什么、目标和当前状态的关系等。问题表征方式不同，就会产生不同的解决方案，直接影响问题的解决。如果不能恰当地进行问题表征，在一个错误的问题空间搜索，就会导致问题解决的失败。

举例：在解应用题时，学生往往可以采用画图的方法，便于自己理解问题、表征问题，形成问题空间。

4. 思维定势与功能固着 (辨：21南京师大；论：17贵州师大)

（1）思维定势。 (名：5↓学校)

①**含义**：思维定势指由先前的活动所形成的并影响后继活动趋势的一种心理准备状态，即个体经由学习而积累起来的习惯倾向。

举例：将10盆花排成5排，并且每一排放4盆花。大部分人受到"方阵定势"的影响，习惯于正方形连法，即受到"方阵定势"的影响而不能得出结果。如果跳出思维定势，就很容易找到其他解法，如可采用五角星连法。

②**影响**：思维定势在问题解决中有积极作用，也有消极影响。当问题情境不变时，思维定势对问题的解决有积极的作用，有利于问题的解决；当问题情境发生变化，思维定势对问题的解决有消极影响，阻碍主体用新方法来解决问题，不利于问题的解决。

（2）功能固着。 (名：5↓学校)

①**含义**：功能固着指个体看到某个制品有一种惯常的用途后，很难看出它的其他新用途。初次看到的制品的用途越重要，就越难看出它的其他用途。它使人难以发现事物功能的新异之处，从而妨碍以新的方式来解决问题。

举例：对于电吹风，一般人认为它只是吹头发用的，其实它还有多种功能，比如可以做衣服的烘干器；砖的主要功能是用来建造房屋等，然而我们还可以用它来做凳子。

②**影响**：功能固着影响人的思维，不利于新假设的提出和问题的解决。

5. 原型启发与酝酿效应 （名：12四川师大）

(1) 原型启发。

①**含义**：原型启发指在其他事物或现象中获得的信息对解决当前问题的启发。其中，对解决问题具有启发作用的事物或现象叫作原型。

举例：人类受飞鸟和鱼的启发发明了飞机和轮船；受蒲公英随风飞行的启发发明了降落伞。

②**影响**：在问题解决过程中，由于原型与要解决的问题之间存在着某种共同点或相似之处，因此原型启发有很大的作用。

(2) 酝酿效应。 （名：16山西师大，21安徽师大，23鲁东）

①**含义**：酝酿效应又称直觉思维指当一个人长期致力于某一问题而又百思不得其解的时候，如果他暂时停下对这个问题的思考去做别的事情，几个小时、几天或几周之后，他可能会忽然想到解决这一问题的办法。

举例：阿基米德为了检验皇冠里是否掺入银而冥思苦想，起初他尝试了很多办法，但都失败了。有一天，他在澡盆里洗澡时看到水往外溢，同时感觉身体被轻轻地托起，他恍然大悟，于是运用浮力原理解决了问题。

②**影响**：酝酿效应与定势有关。当一个人考虑解决问题的途径时，走到了一条不通的"死胡同"后，离开这种情境一会儿，用另外的方式来进行探索，就有可能找到有效的方法，使问题得到解决。酝酿效应实际上是顿悟的产生，使人们打破了原来固有的思路，从一个新的角度思考问题，从而使问题得以解决。

> **凯程提示**
>
> 1. 思维定势作用的好坏要视具体情境而定，不可一概而论。注意区分功能固着与思维定势。功能固着强调的是事物有什么功能或作用；思维定势强调的是人的思维有什么惯用的方式。
>
> 2. 原型之所以能起到启发作用，是因为原型与要解决的问题之间存在着某些共同点或相似之处。某一事物能否充当原型，起到启发作用，不仅取决于该事物的特点，还取决于问题解决者的心理状态。因此，原型启发常常发生在酝酿时期。

考点2 有效问题解决者的特征 15min搞定 （论：15河南师大，21南京师大，22华南师大）

专家比新手往往更能有效地解决问题。有效问题解决者的特征如下：

1. 在擅长的领域表现突出

专家一般在解决自己擅长领域的问题时较为出色，而不是在所有领域。也就是说，专家长期积累的经验只能在具体领域中发挥作用。但这种专业知识的积累非常缓慢，是一个长期的过程。

2. 以较大的单元加工信息

专家之所以能更有效地组织信息，是因为他们能将信息转换成为更大的、可以利用的单元。如象棋大师与新手在下棋时，象棋大师能分析并记住大量的信息（指的是能回忆出一些复杂的实战棋局），他们有出色的分析能力，可以把当前有意义的信息加工成为自己熟悉的图式。

3. 能迅速处理有意义的信息

专家比新手更能有效地搜索和表征问题。当数学家在解决数学应用题时，他们能轻而易举地确认相关信息，选择恰当的策略。因为他们以前解决过大量的类似问题，这些经验可以使其迅速找到解决问题的方法与策略。

4. 能在短时记忆和长时记忆中保持大量信息

专家在解决问题时，其观念和行动的产生都是高度自动化的，这种自动化操作能使专家以更有效的方式运用自己的短时记忆来解决问题。

5. 能以深层方式表征问题

专家通常将他们的注意力放在问题的基本结构而非表面特征上。如物理学家经常根据物理问题所涉及的力学原理进行分类，而不是像新手那样根据问题的表面特征进行分类。专家更倾向于把问题分解为子目标，并通过顺向推理的方式来最终解决问题。

6. 愿意花费时间分析问题

专家愿意花费更多的时间和精力来确认和表征问题，一旦问题得到了理解，在选择解题策略时就会耗时甚少。如学生在学习数学公式时花费时间了解公式的意义和推理过程，一旦他理解了以后，之后做题就是代入公式解题，而不再思考公式本身的意义。

7. 能更好地监视自己的操作

专家在解决问题之前更可能产生其他假设，在解题过程中更可能迅速抛弃不恰当的解决方法。他们能更为精准地判断出问题的难度，在问题解决的各个阶段，能始终保持反思，给自己提出一些恰当的疑问。这表明专家能更好地监督自己解决问题的过程。

总之，要想使学生有效地解决问题，必须促使他们拥有丰富的、组织良好的专门领域知识。

考点3　问题解决能力的培养措施 ★★★★ 10min搞定 （简：5+ 学校；论：20+ 学校）

1. 充分利用已有经验，形成知识结构体系

培养学生的问题解决能力，首先要促使学生尽快熟练掌握专业知识，完善学生的知识结构。在知识传授时不仅要重视陈述性知识的讲解，更重要的是要重视程序性知识的传授。

2. 分析问题的构成，把握问题解决规律

问题解决需要一个过程，掌握问题解决的基本程序有利于问题解决。在教学中教给学生一些通用的解决问题的方法和思维策略，会有效地提高他们问题解决的能力。

3. 开展研究性学习，发挥学生的主动性

研究性学习是指在教师的指导下，学生以类似于科研的方式，主动选择学习，并对社会生活中的某些问题加以研究，从而获取知识、增长见识、发展能力的一种学习方式。通过学生的自主探究，使学生的积极主动性在问题解决中得以发挥。

4. 教授问题解决策略，灵活变换问题

帮助学生习得多种解决问题的策略，是培养学生问题解决能力的有效方式。其中，启发式策略最能有效地提高解决问题的效率，因为一般的启发式策略能适用于较广的范围和领域，并可以转化为具体学科的思维方法。

5. 允许学生大胆猜想，鼓励实践验证

教师应让学生了解思维定势、功能固着、酝酿效应等对问题解决的影响，克服其阻碍作用，让学生打开思路，从多种角度提出问题解决的策略，并鼓励学生进行积极的尝试和实践，在实践中验证自己的猜想。

凯程助记

问题解决
- 含义：个体面临新问题时，将已知情境转化为目标情境的认知过程
- 问题分类：结构良好问题、结构不良问题
- 心理过程：理解、表征问题—寻求解答—执行计划—评价结果
- 影响因素：经验智能与动机，问题情境与表征，思维定势与固着，原型启发与酝酿（口诀）
- 有效问题解决者的特征——在擅长领域里迅速处理有意义信息，以较大单元加工信息，以深层方式表征信息，还要保持大量信息，花时间监视自己（口诀）
- 培养措施
  - 充分利用已有经验，形成知识结构体系
  - 分析问题的构成，把握问题解决规律
  - 开展研究性学习，发挥学生的主动性
  - 教授问题解决策略，灵活变换问题
  - 允许学生大胆猜想，鼓励实践验证

经典真题

一、关于问题解决及其心理过程

>> **名词解释**

1. 问题解决（11 南京师大，11、15 重庆师大，15 闽南师大，16 四川师大、延安，17、20 中国海洋，18 浙江师大、贵州师大、信阳师范学院，20 沈阳师大、北华，21 成都，23 辽宁师大）

2. 问题解决的心理过程（11 南京师大，11、15 重庆师大，16 四川师大、延安，17 中国海洋，18 浙江师大、贵州师大，20 沈阳师大）

>> **简答题**

简述问题解决的心理过程。（10 哈师大，10、13 山东师大，14 安徽师大、江苏师大，19 青海师大、河北，21 长江，22 上海师大、宁波，23 重庆师大）

>> **论述题**

1. 论述问题解决的含义及心理过程。（10 华东师大，14 安徽师大，15 内蒙古师大，18 湖北师大、天津）
2. 如何理解问题解决？结合实际教学谈谈问题解决的过程。（23 内蒙古师大）

二、关于问题解决的影响因素和能力培养

>> **名词解释**

1. 酝酿效应（16 山西师大，21 安徽师大，22 湖南师大，23 鲁东）
2. 原型启发（12 四川师大）
3. 思维定势（16、17 杭州师大，17 西北师大、集美，19 广州，20 青海师大、中央民族、温州，21 太原师范学院，22 山西师大）
4. 功能固着（15、18 湖南师大，18 渤海，19 广州，20 山西师大、安庆师大，21 赣南师大，22 曲阜师大）

>> **辨析题** 定势会阻碍问题的解决。（21 南京师大）

>> 简答题

1. 简述影响学生问题解决的因素。（10 湖北，11 辽宁师大、杭州师大，15 曲阜师大，16 扬州，17 陕西师大、河南师大，18 四川师大、山东师大，19、20 吉林师大，20 淮北师大，23 南京信息工程）

2. 简述问题解决能力的培养措施。（10 扬州，11、16、20 辽宁师大，15 江西师大、安徽师大，17 聊城，18 湖南、西安外国语，20 四川师大，21 齐齐哈尔，22 杭州师大、浙江海洋、青海师大，23 首师大、江苏师大、大理）

3. 影响问题解决的主观因素有哪些？（23 合肥师范学院）

>> 论述题

1. 结合实际，论述影响学生问题解决的因素。（10 西南，11 河南师大，11、16 沈阳师大，11、19 扬州，12 江苏师大，12、20 西华师大，14、17、18 福建师大，15 渤海，15、16 江苏，16 湖南，17 辽宁师大，20 闽南师大，22 华中师大、鲁东）

2. 影响问题解决的因素有哪些？据此谈谈如何在教学实践中提高学生的问题解决能力。（21 杭州师大、云南师大，22 南京师大）

3. 论述问题解决能力的培养措施。（10 华东师大，11 山东师大、扬州，12 华中师大、福建师大，12、18 江苏师大，12、20 闽南师大，13、17 天津师大，15 广西师大、山西师大，16 中国海洋，16、23 河南师大，17 哈师大、曲阜师大、辽宁师大、集美，19 鲁东，20 江西师大、延边，21 安徽师大、杭州师大、云南师大、渤海、沈阳、重庆三峡学院，22 华东师大、陕西师大、西华师大，16、23 河南师大）

4. 论述问题解决的实质、影响因素及培养问题解决能力的办法。（23 中央民族）

5. 新课标提倡问题教学法，请结合某一学科说一说学生问题解决的心理过程。（23 中国海洋）

三、关于新手与专家问题解决的差异

>> 论述题

结合教学实际，分析专业教师和新手教师的差异（有效问题解决者的特征）。（21 南京师大，22 华南师大）

第四节　创造性及其培养

考点 1　创造性的内涵　2min搞定　（名：10+ 学校）

创造性是指根据一定的目的和任务，运用一切已知信息，开展能动的思维活动，产生出某种新颖、独特、具有社会或个人价值的产品的品质。这里的"产品"包括思想的和物质的两个方面，它既可以是一种新概念、新设想、新理论，也可以是一个新技术、新工艺、新产品。

考点 2　创造性的心理结构　10min搞定　（简：5+ 学校；论：23 闽南师大）

1. 创造性认知品质　（论：15 扬州）

创造性认知品质指创造性心理结构中与认知加工有关的部分，它是创造心理活动的核心。它包括创造性想象、创造性思维和创造性认知策略。

（1）**创造性想象**：指在人脑中对已有表象进行选择、加工和改组，形成独特的新形象的心理过程。

没有创造性想象的参与，就很难创造出新事物。（名：21东华理工）

（2）**创造性思维**：指用超常规方法，重新组织已有知识经验，产生新方案和新成果的心理过程。创造性思维的特点如下：（简：23天津师大）

①**流畅性**：指在限定时间内产生观念数量的多少。在短时间内产生的观念多，思维流畅性大；反之，思维缺乏流畅性。

②**灵活性**：指摒弃以往的习惯思维，开发不同思维方向的能力。

③**独创性**：指产生不寻常的和非常规的反应的能力，此外还有重新定义或按新的方式对我们的所见所闻加以组织的能力。

④**综合性**：指创造性思维是各种思维的综合，是抽象思维与形象思维、发散思维与聚合思维、逻辑思维与非逻辑思维相互作用而出现的整体思维功能。

⑤**突发性**：指创造性思维往往在时间上以一种豁然开朗标志着某一突破的获得，主要表现形式是灵感和顿悟。

（3）**创造性认知策略**：指有效进行创造性思维和想象的方法和操作程序。常用的创造性认知策略有幻想法、头脑风暴法、分合法等。创造性认知策略可以通过学校教育传授给学生。在创造性认知策略中，我们应该倍加重视元认知策略，因为元认知策略可以告诉我们创造性认知策略是否合理、有效。

2. 创造性人格品质

创造性人格品质指具有创造性的人所具有的个性品质，对创造性的发挥起着极其重要的推动作用。它包括创造性动力特征、创造性情意特征和创造性人格特质等。其主要表现为创造动机、创造情感和创造意志等。

（1）**创造性动力特征**。创造性动力特征主要表现为创造动机，它反映的是个体从事创造活动的目的和意图。根据对创造活动的不同影响，创造动机可分为外部动机和内部动机。外部动机是指个体的创造性活动受外界奖赏（如获得物质利益、他人表扬或自我保护）的需要驱动；内部动机是指个体的创造性活动受他的好奇心、探究欲望、认识兴趣所驱使，受所探究问题的感染和吸引，以获得新颖、独特的问题解决方法为目的。内部动机会比外部动机导致更高水平的创造性，且过高的外部动机会阻碍创造性水平的发挥。

（2）**创造性情意特征**。创造性情意特征主要包括创造性情感和创造性意志两个方面。其中创造性情感主要表现为对创造具有积极的情感体验，有较高的创造热情和强烈的创造欲望；创造性意志是指人们自觉调节创造行动，克服创造活动中的各种困难以实现创造目标的心理品质。

（3）**创造性人格特质**。高创造者所具有的共同的人格特征为：a. 强烈的好奇心和求知欲，乐于接受新事物，对智力活动和游戏有较高的兴趣；b. 想象丰富，好幻想，富于直觉；c. 勇于探索，渴求发现，不满足于现有结论，具有挑战精神和冒险精神；d. 独立，自信，不盲从，不轻信；e. 自制力强，专注于自己感兴趣的问题；f. 富有幽默感。

3. 创造性适应品质

创造性适应品质指个体在其创造性认知品质和创造性人格品质的基础上，通过与社会生活环境的交互作用，表现出来的对外在社会环境进行创造性的操作应对、对内在创造过程进行调适的创造性行为倾向。其具体表现为创造的行为习惯、创造策略和创造技法的掌握运用等。

（1）**创造的行为习惯**。创造性适应品质发展较好的个体总是具有较高水平的发散思维策略，他们面对问题常常表现出以下思维习惯：a.想出许多观念，即"我能想出多少个办法"（流畅性）；b.想出多种多样的观念，即"有多少种想法"（灵活性）；c.想出与众不同的观念，即"努力想出一些别人想不到的东西"（独特性）；d.为观念增添细节，使其变得更好，即"我应该怎样改进这个观念"（精细性）。

（2）**创造策略和创造技法的掌握运用**。有助于创造策略与技法的掌握运用的方法主要包括：a.头脑风暴法、开放式提问法等有助于发散思维的策略；b.替换、重组、倒置、续接、扩大、缩小等有助于创造性想象的形态组合策略；c.创设情景、挑战与对策、分析与设计等有助于促进个体主动探索的解决问题策略；d.类推、比喻、象征、对比、特征罗列等有助于掌握和运用创造策略的技巧。

总之，创造性心理结构的三要素既相互独立，不可替代，又相互联系。任何只强调其中一种因素而忽略其他因素的做法，都将严重阻碍个体创造性的发展和发挥。

考点3　影响创造性发展的主要因素[①]（必要补充知识点）

⭐⭐⭐ 8min搞定　（简：13 四川师大，17、18 重庆师大；论：20 陕西师大，22 哈师大）

1. 个人因素

（1）**智力因素**。智力是创造力的必要条件，但不是充分条件。智力影响着个体的创造力，一个人的智力决定了这个人是否具有创造力。一般认为，低智商的人是不会产生创造力的；但是一个高智商的人不一定具有高创造力，高智商的人既可能有高创造力，也可能有低创造力。从创造力的角度讲，一个低创造力的人智商可能高，也可能低；但是高创造力的人一定不会是低智商。

（2）**知识基础**。知识也是影响创造力的因素之一，个体的知识储备是创造的前提和基础，没有一定的知识作为基础，就谈不上创造。但是具有了知识也不一定就具有创造力，僵死、混乱的知识不仅不利于创造，反而会阻碍创造。因此，对待知识一定要灵活和善于变通，只有这样，才能有利于创造。

（3）**认知风格**。已有研究发现，系统型认知风格会对个体创造力产生负面影响，而直觉型认知风格对个体创造力的作用不显著，场域独立性和创造力之间存在显著的正相关关系。

（4）**人格特征**。人格特征虽然对创造活动不起直接决定作用，但是为创造活动提供了心理状态和背景，而个体在创造活动时的心理状态和背景是否良好又对创造活动起着重要作用。高创造力的人一般具有某些典型的人格特征，如强烈的好奇心、独立自信、坚持不懈等。

（5）**动机**。动机是个体进行创造活动的驱动力，创造活动离不开动机的维持和激发。从动机的来源来看，动机可分为内部动机和外部动机。研究表明，内部动机更利于创造活动的产生和发展。当个体是被完成创造活动本身所带来的满足感和挑战感而激发，而不是被外在的压力等其他因素激发时，最有创造力。

2. 环境因素

（1）**家庭**。家庭环境、父母的教养方式、父母的榜样行为等对个体的创造力发展起着重要的作用。有利于儿童创造力发展的家庭因素主要有以下几个方面：①家庭比较民主，父母对孩子不专制；②家庭对儿童的好奇心、探求精神和行动给予鼓励和支持；③父母信任孩子的能力，给予引导并提供独立锻炼的机会；④儿童与父母相处无拘束，儿童不怕犯错误，有安全感；⑤父母具有独立性和创造性，儿童在家庭中受父母潜移默化的影响。

（2）**学校**。学校教育对个体的创造力发展也起着至关重要的作用。教师的态度、课堂气氛、课程设置、

[①] 此处参考何先友翻译的《教育心理学》。

教学模式、学校环境等都对学生的创造性有着深刻的影响。其中，教师对学生的创造力发展起着核心主导作用，可以说，其他因素都是通过教师这一因素起作用的。一方面，教师本身的创造性对学生产生潜移默化的影响；另一方面，教师在学生将创造潜能转化为现实的过程中起着重要作用。另外，学校有关创造性的课程和活动的设置以及学校整体的创新氛围都会对学生的创造力发展产生重要作用。

(3) 社会文化环境。除了学校和家庭，社会文化环境也影响着个体的创造性。

①**民主型开放环境更能推动创造性的发展**。如果社会环境是倡导和鼓励独立自主、创新精神的民主型开放环境，儿童的创造力就普遍发展较好；如果社会环境是强调专制、服从的封闭式环境，儿童的创造力则普遍比较缺乏。

②**个体的创造力发展必然会受到科技与学术环境的影响**。实践表明，只有国家的政策鼓励了科学创造，才能更好地促进个体的创造活动。物质条件和科学的人才管理制度等都会影响个体的创造力发展。

考点4　创造性的培养措施 20min搞定

（简：20 天津师大、云南师大、天津外国语，21 阜阳师大；论：30+ 学校）

1. 营造鼓励创造的环境

环境主要包括社会环境、学校教育教学环境和家庭环境三个方面。营造有利于学生创造性发展的学校环境是促进学生创造性发展的必要条件。

(1) 倡导民主式的教育和管理。

(2) 改革考试制度，为学生创造宽松的学习环境。

(3) 增加自主选择课程的机会和有针对性的课程设计。

(4) 为学生提供创造性的人物榜样。

2. 培养创造型的教师队伍

(1) 转变教师的教育教学观念，使教师能够理解并鼓励学生创造。

(2) 教给教师必要的创造技法和思维策略。

(3) 教师应不断学习关于创造性的心理学知识，用心理学的理论指导自己的实践。

3. 培育创造意识，激发创造动机

简单地说，创造意识就是指一个人想不想创造，这不仅会影响他的创造动机的强弱，而且会影响他的创造能力的发挥。一般来说，没有强烈的创造意识，就无法增强创造的动机和欲望，无法养成创造的思维习惯。因此，培养创造意识至关重要。

4. 开设创造课程，教授创造技法

教学是培养学生创造性的重要途径。因此，开设创造性课程已成为国内外培养学生创造性的有效途径。在创造性课程的教学中，注重教授学生基本的创造技巧与方法是培养创造性的有效措施。促进创造性发展的方法：

(1) **头脑风暴法（又叫智力激励法）**：通过多人集体讨论，在相互激励、相互启发、相互感染的集体氛围中，摆脱固有观念的束缚，跳出僵化的思维习惯，激发想象力和思考力，从而引起创造性思维，形成创新思路。

(2) **直觉思维训练与头脑体操法**：直觉思维也是创造性思维的一种，是一种跳跃式的思维，不经过明显的中间推理过程就能得出结论；头脑体操法是一种训练直觉思维的有效方法，即当问题出现时，马上凭直觉去想一个正确答案，此时，问题解决者也可能是"知其然而不知其所以然"的。

（3）**分合法**：这是戈登提出的一套团体问题解决的方法，即把原本不相同、不相关的元素加以整合，使熟悉的事物变得新奇，使新奇的事物变得熟悉的过程。

（4）**系统探求法**：通过对问题的解决进行系统设问、特性举例等来打破传统思维的束缚，培养和提高学生的创造性思维。

（5）**联想类比法**：由一个事物想到另一个事物，如接近联想、类似联想、对比联想、因果联想、遥远联想等。

（6）**组合创新法**：按照一定的技术需要将两个或两个以上的技术因素，通过巧妙的组合去获得具有统一整体功能的新技术产品的过程。

（7）**对立思考法**：从事物的对立面来思考问题，得出新的观点。

（8）**转换思考法**：在没有直接解决问题的通路时，走间接的通路巧妙绕过问题的解决障碍而实现问题解决的办法，即"换个角度想想""另辟蹊径"等。

5. 发展和培养创造性思维

创造性思维是创造性的核心。创造性思维的培养应注意以下几个方面：

（1）加大思维的"前进跨度"，培养思维的跳跃能力。

（2）加大思维的"联想跨度"，使学生敢于把习惯上认为毫不相干的、表面上看来微不足道的问题联系起来或进行移植。

（3）加大思维的"转换跨度"，引导学生敢于否定原来的设想，善于打破固有的思路。

（4）给学生大胆探索与推测的机会。

6. 塑造创造性人格

创造性人格是创造性的重要组成部分，培养学生的创造性人格是培养创造性的重要内容。为培养学生的创造性人格，心理学家提出的建议有：（1）保护好奇心；（2）解除对错误的恐惧心理；（3）鼓励独创性与多样性。此外，自信与乐观、忍耐与有恒、合作与严谨等，也是创造性人格培养的重要方面。

凯程助记

创造性的内涵	产生出某种新颖、独特、具有社会或个人价值的产品的品质
创造性的结构	创造性认知品质、创造性人格品质、创造性适应品质
影响因素	（1）个人因素：智力、知识、认知风格、人格特征和动机。 （2）环境因素：家庭、学校及社会文化环境
创造性的培养	（1）营造创造环境；（2）培养创造型教师；（3）培育创造意识；（4）开设创造课程；（5）培养创造性思维；（6）塑造创造性人格（教师在一定的环境和课程里培养学生的创造意识、思维和人格）

凯程提示

创造性也叫创造力，不是单一的能力，而是以创造性思维为核心的多种能力的综合。

创造性与智力的关系：高创造性者，智商不一定很高；高智商者，创造性可高可低；低智商者，创造性一定低；低创造性者，智商可高可低。（简：21合肥师范学院）

经典真题

›› 名词解释

1. 创造性（10 扬州，13 山西，14 西北师大，14、16 吉林师大，15 浙江师大，18 天津师大、集美、深圳，19 沈阳师大、河北师大、华南师大，20 宁波，22 闽南师大，23 曲阜师大）
2. 创造性思维（15 温州，17 首师大，18、19 辽宁师大）

›› 辨析题

1. 人的创造力与知识水平成正比。（13 陕西师大）
2. 智力水平高的人创造力也高。（17 山东师大）

›› 简答题

1. 简述创造性思维的特征。（15 内蒙古师大，17、21 首师大，18 广东技术师大，19 陕西师大、汕头，21 延安，22 西华师大）
2. 简述创造性的心理结构。（10 首师大，12 河北师大，13 曲阜师大、苏州，14 华南师大，18 湖北师大，19 淮北师大，21 江苏师大、深圳，23 宁波）
3. 简述创造性及其培养。（12 中南，13 辽宁师大，15 西华，16 陕西师大，18、21 南宁师大，19 大理，20 天津师大、云南师大，21 北华、阜阳师大）
4. 简述创造性思维的培养方法。（20 天津外国语）
5. 简述影响创造性发展的主要因素。（13 四川师大，17、18 重庆师大）
6. 简述创造性认知品质的内容和概念。（22 安徽师大）

›› 论述题

1. 论述创造性的培养。（10 东北师大、河南师大，10、17 沈阳师大，11 曲阜师大、江苏师大，11、13 浙江师大，11、15 福建师大，11、15、18 华中师大，11、19、21 江西师大、山西，12 广西师大、渤海，12、15、20 扬州，13 中南、西南、湖南，13、15 辽宁师大，14 淮北师大，15 天津师大、华东师大、哈师大、湖南科技、苏州，15、16 中央民族，15、17 重庆师大，16 鲁东，17 杭州师大、广西民族、中国海洋、青岛，19 西华师大，20 安庆师大、赣南师大，23 齐齐哈尔）
2. 结合实际，试述中小学生的创造性及其培养。（20 华东师大，23 苏州科技、鲁东）
3. 论述创造性发展的影响因素及如何培养学生的创造性。（20 陕西师大，22 哈师大，23 江西师大）
4. 论述创造性思维的概念和特征以及培养措施。（23 湖南科技）
5. 结合实例，谈谈创造性心理结构及其培养措施。（23 闽南师大）
6. 创造力是什么？在学校教育中，如何培养学生的创造性？（23 湖州师范学院）

第九章　社会规范学习与品德发展

考情分析

第一节　社会规范学习与品德发展的实质
- 考点1　社会规范学习的含义与特点
- 考点2　品德发展的实质

第二节　社会规范学习的心理过程
- 考点1　社会规范的遵从
- 考点2　社会规范的认同
- 考点3　社会规范的内化

第三节　品德的形成过程与培养
- 考点1　道德认知的形成与培养
- 考点2　道德情感的形成与培养
- 考点3　道德行为的形成与培养
- 考点4　影响品德发展的因素

第四节　品德不良的矫正
- 考点1　品德不良的含义与类型
- 考点2　品德不良的成因分析
- 考点3　品德不良的矫正

第五节　纪律、态度的学习
- 考点1　纪律的形成与教育
- 考点2　态度的形成与改变

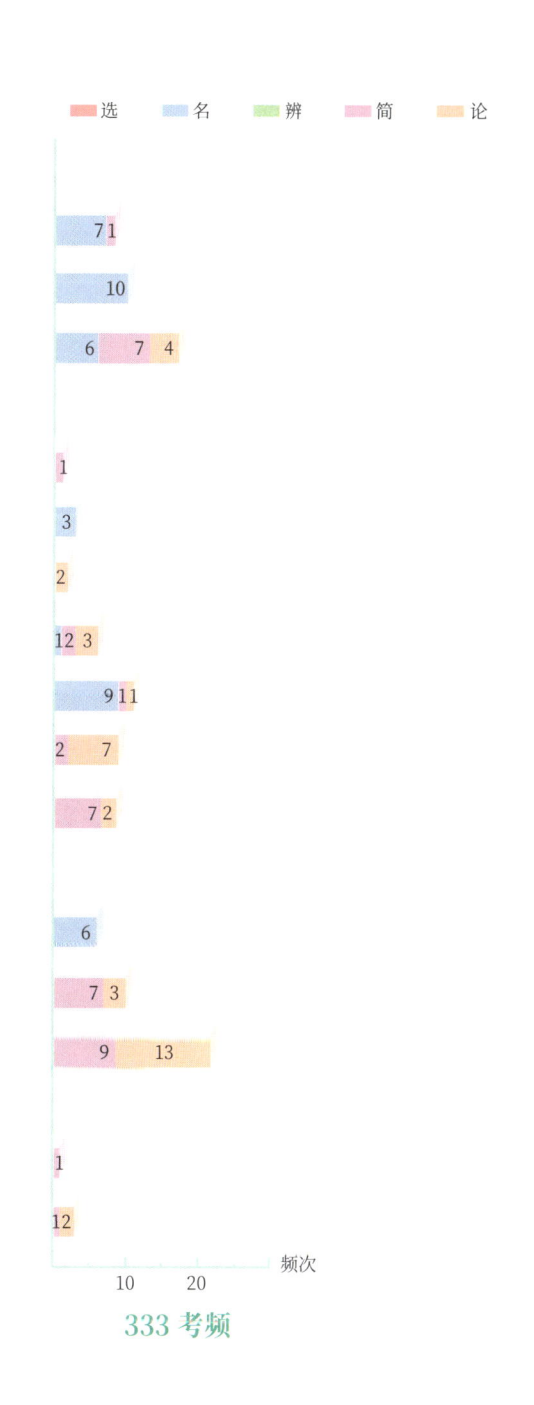

333 考频

① 本章主要参考陈琦、刘儒德的《当代教育心理学》(第3版)第十三章。

知识框架

- 社会规范学习与品德发展
  - 社会规范学习与品德发展的实质
    - 社会规范学习的含义与特点
    - 品德发展的实质
  - 社会规范学习的心理过程
    - 社会规范的遵从
    - 社会规范的认同
    - 社会规范的内化
  - 品德的形成过程与培养
    - 道德认知的形成与培养
    - 道德情感的形成与培养
    - 道德行为的形成与培养
    - 影响品德发展的因素
  - 品德不良的矫正
    - 品德不良的含义与类型
    - 品德不良的成因分析
    - 品德不良的矫正
  - 纪律、态度的学习
    - 纪律的形成与教育
    - 态度的形成与改变

考点解析

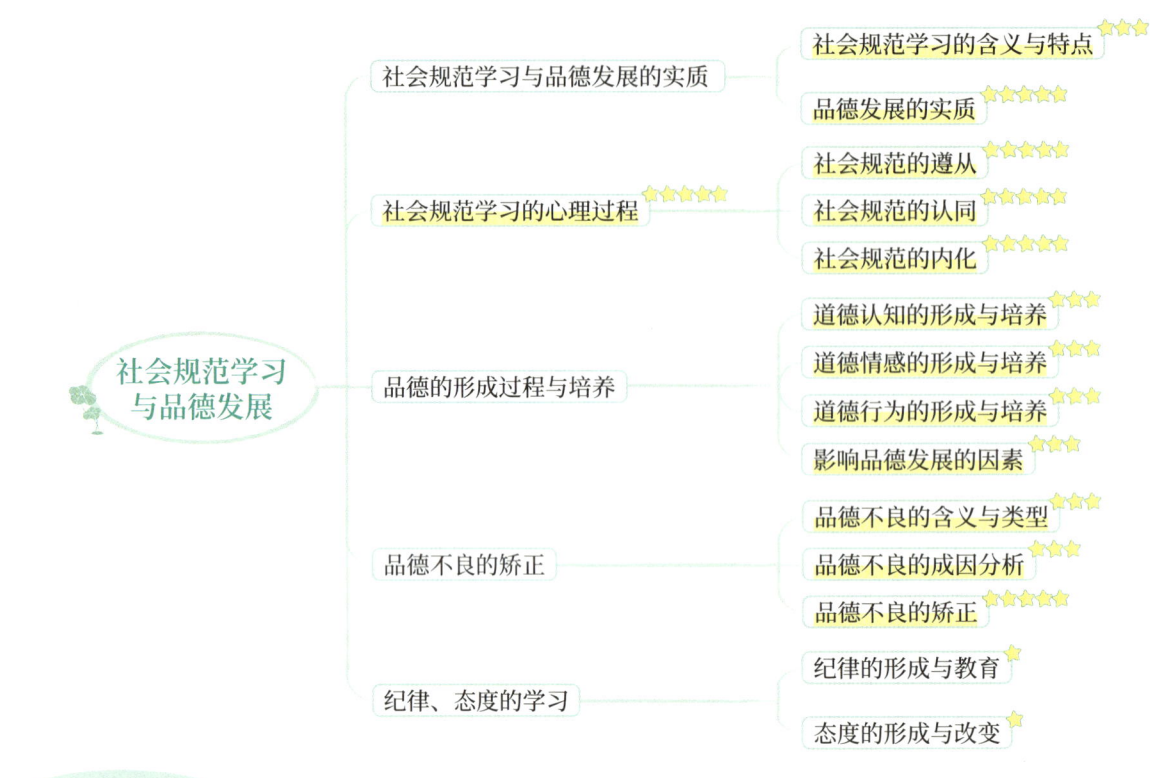

第一节　社会规范学习与品德发展的实质

考点1　社会规范学习的含义与特点　3min搞定　（名：5+学校；简：23四川师大）

1. 社会规范学习的含义

社会规范学习指的是个体接受社会规范，内化社会价值，将外在的行为要求内化为主体内在的行为需要，从而建构主体内部的社会行为调节机制的过程。

这一含义可以从以下几个方面详细解释：(1) 社会规范学习是个体不断社会化，积累社会经验的过程。(2) 社会规范学习是个体积极主动适应社会的过程。(3) 社会规范学习是一个内隐的过程。(4) 社会规范学习是个体从遵从到认同，再到内化的渐进过程。

2. 社会规范学习的特点

（1）**情感性**。在社会规范学习中，情感过程渗透在认知学习和行为方式学习的所有方面，可以说没有情感，就没有规范的内化。

（2）**约束性**。规范不仅会约束学生的认知和评价，还会约束学生的行为方式。社会规范学习的约束性不是强制的，是学生学习的主动性与被动性相结合的体现。

（3）**延迟性**。社会规范学习的目的在于使学生形成良好的行为习惯，促进其身心健康发展。社会规范学习效果的显现需要较长时间，具有延迟性。

考点 2　品德发展的实质 ★★★★ 5min搞定　（论：10辽宁师大）

1. 品德的含义 （名：5+学校）

品德作为个体社会行为的内在调节机制，是合乎社会规范要求的稳定的心理特性，是道德行为产生的内因，又称德性。品德的心理结构包括道德认知、道德情感和道德行为。

2. 品德发展的实质 （简：13陕西师大，17云南师大）

品德发展的实质是个体对社会生活（规范）的适应。详细说明如下：

（1）**品德发展是个体的品德心理结构不断完善和协调发展的过程**。品德心理结构指道德认知、道德情感和道德行为。这三者的结合需要相互协调和配合，才能促成良好品德的形成。

（2）**品德发展表现出阶段性特点**。不同年龄阶段的个体表现出不同的品德特点。在国外关于品德发展的阶段性特征的理论中，皮亚杰和科尔伯格的道德认知发展理论最具代表性。

（3）**品德发展是个体对社会规范的学习和内化过程**。品德结构及其行为的价值取向的选择，是规范行为产生的内因。品德结构是个体通过学习和实践活动而不断建构起来的一种心理结构。

（4）**品德发展过程就是个体不断社会化的过程**。个体社会化是个体适应社会的前提。品德作为个体社会行为的内在调节机制，是合乎社会规范要求的稳定的心理特性，是道德行为产生的内因。

凯程助记

社会规范学习	含义：社会规范学习是个体接受—内化—建构社会行为调节机制的过程。 特点：（1）情感性；（2）约束性；（3）延迟性
品德发展	含义：品德是合乎社会规范要求的稳定的心理特性。 实质：完善心理结构、阶段性、内化、社会化。（关键词） （1）品德发展是个体的品德心理结构不断完善和协调发展的过程。 （2）品德发展表现出阶段性特点。 （3）品德发展是个体对社会规范的学习和内化过程。 （4）品德发展过程就是个体不断社会化的过程

经典真题

>> **名词解释**

1. 社会规范学习（12浙江师大、首师大，13山西师大，14华南师大，15重庆师大，20江苏师大，21中国海洋）

2. 品德（13、14宁波，15西北师大、淮北师大、湖南师大，17首师大，18曲阜师大，21延安，22山东师大）

3. 品德发展（22宝鸡文理学院）

>> **简答题**　简述社会规范学习。（23四川师大）

第二节 社会规范学习的心理过程

（简：5+ 学校；论：16 北师大，18 安徽师大，19 华南师大）

考点 1　社会规范的遵从

1. 含义

社会规范的遵从一般指行为主体对他人或团体提出的某种要求既不违背，也不反抗，遵照执行的一种现象。遵从是社会规范学习的初级接受水平，也是规范认同和内化的基础。

2. 类型

遵从现象可以分为从众与服从两种类型。

（1）**从众**：指主体对于某种行为要求的依据或必要性缺乏认识与体验，跟随他人行动的现象。

（2）**服从**：指主体对于某种行为本身的必要性缺乏认识甚至有抵触时，由于某种权威的命令或现实的压力，仍然遵从这种行为要求的现象。

3. 特点

遵从是规范内化的初级阶段，具有一定的盲目性、被动性、工具性和情境性。

4. 影响社会规范遵从的因素

（1）**群体特征的影响**。一个群体的规范越标准、越集中、越明确，群体成员对社会规范的认同感就越强。群体规范还以舆论的形式对人的行为产生影响。

（2）**外界压力的影响**。外界压力是诱发个体社会规范遵从的主要外因。外界压力越大，个体越容易服从外界环境与权威。

（3）**个性特征的影响**。一般来说，缺乏主见、独立性差、场依存型认知方式的人，更容易表现出遵从。另外，不同国籍和种族的人，其文化背景不同，遵从性也不同。

考点 2　社会规范的认同　（简：16 浙江工业）

1. 含义

社会规范的认同指行为主体在认识、情感与行为上和社会规范趋于一致，从而自愿接受社会规范的现象。社会规范的认同是社会规范的一种较高接受水平。

2. 类型

社会规范的认同可分为偶像认同与价值认同两种基本类型。

（1）**偶像认同（即榜样认同）**：指个体出于对某人或团体的崇拜、仰慕等趋同心理而产生的认同现象。（名：22 沈阳）

（2）**价值认同**：指个体出于对规范本身的意义及必要性的认识而产生的对规范的认同现象。

3. 特点

（1）**自觉性**。无论是偶像认同还是价值认同，均出于主体自愿。

（2）**主动性**。无论是偶像认同还是价值认同，均是主动发起的、有选择性的，而不是被动地取决于情境。

（3）**稳定性**。无论是偶像认同还是价值认同，个体内部的心理因素不会随情境而改变。

4. 影响社会规范认同的因素 (简: 23鲁东)

(1) **榜样的特点**。只有能引起主体注意，激起主体认同需求和趋同情感的人或事，才能成为榜样。

(2) **规范本身的特性**。主体产生价值认同的前提是能认识到规范本身的含义和价值。所以，规范本身的特性同样会影响主体对社会规范的认同。

(3) **强化方式**。强化方式对社会规范认同产生影响。如果认同行为受到奖励，会促进社会规范认同；如果认同行为受到惩罚，则会降低社会规范认同。

考点3 社会规范的内化 10min搞定 (名: 11辽宁师大, 21沈阳师大)

1. 含义

社会规范的内化是指主体随着对规范认识的概括化与系统化，以及对规范体验的逐步累积与深化，最终形成一种价值信念作为个体规范行为的驱动力。社会规范的内化是社会规范接受的高级水平，是品德形成的最高阶段。

2. 特点

社会规范的内化行为是一种高水平的接受和遵从态度，因而具有社会需求性和稳定性。

3. 影响社会规范内化的因素

(1) **对规范价值的认识**。这是在对规范的实践后果进行伦理学判断的基础上产生的关于规范行为的是非、善恶、美丑的价值判断。个体的认知能力、社会实践机会、社会阅历、立场、态度以及所处的历史条件或情境都会直接影响其对规范价值的认识。

(2) **对规范价值的情感体验**。这是主体对规范价值的社会意义和作用的一种唤醒或激活状态的反馈感受，这种感受是主体规范学习的内部动力。

凯程助记

阶段	遵从	认同	内化
含义	主体对他人或团体提出的某种要求既不违背，也不反抗，遵照执行	主体在认识、情感、行为上与社会规范趋于一致，从而自愿接受社会规范	主体形成一种价值信念作为个体规范行为的驱动力
特点	盲目性、被动性、工具性、不稳定性（情境性）	自觉性、主动性、稳定性	社会需求性、稳定性
类型	从众：跟随他人，服从：权威、压力	偶像认同：出于对某人或团体的崇拜；价值认同：出于对规范本身的意义的认识	—
影响因素	①群体特征；②外界压力；③个性特征	①榜样特点；②规范本身；③强化方式	对规范价值的认识、情感体验
地位	初级水平	较高水平	高级水平

经典真题

>> **名词解释**
1. 社会规范的内化（17 辽宁师大，21 沈阳师大、温州）
2. 社会规范学习（12 浙江师大，13 山西师大，14 华南师大，15 重庆师大，20 江苏师大，21 中国海洋）

>> **简答题**
1. 简述社会规范学习的心理过程。（11 中南，13 安徽师大，14 北师大，15 山东师大，19 上海师大，20 合肥师范学院，21 东北师大）
2. 简述影响社会规范认同的影响因素。（23 鲁东）

>> **论述题** 举例论述社会规范学习的心理过程。（16 北师大、天津，18 安徽师大，19 华南师大）

第三节 品德的形成过程与培养

（论：23 洛阳师范学院、上海师大）

品德或道德品质指个人根据一定的道德行为准则行动时所形成和表现出来的某些稳固的特征。

品德并不是先天就有的，而是在一定的社会与教育环境中习得的，经历着一个外在准则规范不断内化和内在观念外显的复杂过程。品德的心理结构主要包括道德认知、道德情感和道德行为三个成分。

考点 1 道德认知的形成与培养 15min搞定

1. 道德认知的含义

道德认知是对道德行为准则及其执行意义的认识，是社会的道德要求转化为个人内在品质的首要环节，是道德品质形成的基础和前提。道德认知又包括道德知识的掌握、道德评价能力的发展和道德信念的产生三个基本环节。

2. 道德认知发展的理论

（1）皮亚杰的道德认知发展理论。（简：16 首师大，21 山西师大，22 华东师大；论：13 首师大）

①**前道德阶段——无律阶段（0～5岁）**。在皮亚杰看来，5岁幼儿以自我为中心来考虑问题，对引起事情的原因只有朦胧的了解，其行为直接受行为结果支配。他只做规定的事情，因为他想避免惩罚或者得到奖励。因此，这一阶段的儿童既不是道德的，也不是非道德的。随着年龄的增长他才能对行为做出判断。

②**他律道德阶段（5～8岁）**。这一阶段儿童的道德认知一般是服从外部规则，接受权威（父母、老师等）指定的规范，他们只根据行为后果来判断对错。（名：22 集美）

③**自律道德阶段（9～11岁）**。这一阶段的儿童不再无条件服从权威，能够认识到规则不是绝对的，可以怀疑和改变，违反规则并非总是错误的，也不一定非要受惩罚。这一阶段的儿童判断行为时不仅考虑后果，还会考虑动机和意图。但是儿童的判断仍是不成熟的，要到十一二岁后才能独立判断。

皮亚杰认为，儿童的道德认知发展是从他律道德向自律道德转化的过程。

（2）科尔伯格的道德认知发展阶段理论（见第二章第三节"科尔伯格的道德认知发展阶段理论"）。

---

① 本节综合陈琦、刘儒德的《当代教育心理学》（第3版）第十三章与张大均的《教育心理学》（第三版）第八章编成。

3. 道德认知的培养

道德认知的培养不仅包括使学生获得准确的道德知识，发展积极正确的道德评价，还包括使学生形成牢固的、积极的道德信念。道德认知的培养方法有：

(1) **小组道德讨论**。让学生在小组中就某个有关道德的典型事件进行讨论，以提高他们的道德判断水平。在实践过程中，教师具有重要作用，教师应该了解学生道德发展的有关理论，启发学生积极地思考，做出判断，进行交流辩论。教师也要鼓励学生考虑其他人的意见，协调彼此之间的分歧。

(2) **认知冲突法**。这种方法是指教师和处于不同认知发展水平的儿童共同参与对道德故事的讨论，让主体在论辩中为自己的道德认知寻找依据，在认知冲突中感悟自己和他人的认知的合理性，矫正不全面或错误的认识，从而提高自己的道德认知水平。

(3) **短期训练法**。这种方法对儿童道德认知的影响是短暂的，很难使儿童的道德认知在结构、水平上发生长期的、持久的变化，但短期训练能够有效改变儿童的道德判断定向。

(4) **言语说服**。教师经常要通过言语讲解和说服来使学生理解和接受一定的道德观念与道德准则（社会规范）。有效说服的技巧有：①单面论据与双面论据；②以理服人与以情动人。

考点 2 道德情感的形成与培养 15min搞定

1. 道德情感的含义

道德情感是伴随着道德认知产生的，是人的道德需要是否得到实现所产生的情感体验。它既可以表现为个体根据道德观念来评价他人或自己的行为时产生的情感体验，也可表现为在道德观念的支配下采取行动时所产生的情感体验。

2. 道德情感发展的理论

(1) **精神分析学派弗洛伊德对道德情感的研究**。（名：22宁波）

弗洛伊德认为，个性是一个整体，由彼此相关的本我、自我和超我构成。这三个部分相互作用形成的内在动力，支配了个体的行为。个体道德行为的原动力来自超我的支配。

① **本我**。本我是最原始的、与生俱来的无意识的结构部分。它由先天的本能、欲望组成，不能与外部世界直接接触，只能通过自我得以实现，遵循快乐原则，即人的动物性。本我处于人格结构的最底层。

举例：婴儿饿的时候会哭泣，口唇吸吮，要喝奶。

② **自我**。自我是意识的结构部分，它处在本我和外部世界之间，根据外部世界的需要而活动，遵循现实原则。它的心理能量大部分消耗在对本我的控制和压抑上。自我处于人格结构的中间层，属于人格中理智且符合现实的部分。

举例：我非常想吃东西，但我不能偷拿别人的东西吃，会被警察抓进监狱。

③ **超我**。超我是人格道德的维护者，是从儿童早期体验到的奖赏和惩罚的内化模式中产生的，即儿童的某些行为因被奖赏而得以促进，另一些行为却因被惩罚而受到阻止。这些带来奖赏和惩罚的经验逐渐被儿童内化，当自我控制取代了环境或父母的控制时，就可以说超我已经得到了充分的发展。超我处于人格结构的最高层，是人格中最文明、最具道德的部分，遵循道德原则。

弗洛伊德认为，充分发展的超我由"良心"和"自我理想"两个部分组成。其中，良心是儿童受惩罚而内化了的经验。儿童若再次产生这些行为，或想要实行这些行为时，就会感到内疚或自认"淘气"。

自我理想则是儿童获得奖赏而内化了的经验。儿童若再次产生这些行为，或想要实行这些行为时，就会感到成功和自豪。

举例：当你因犯错而感到内疚时，便体现了良心对你的惩罚。

④三者关系。

a. **三者处在相抗衡的状态之中**。弗洛伊德认为，自我的力量需要足够强大，才能使本我、自我和超我三者达到相对的平衡。健康人的自我会防止本我和超我过分操纵其人格。自我的目的是找到一条途径同时能满足本我和超我的需求。

b. **三者是密切联系的**。如果三者的密切配合使人满足基本需要，则可以实现人的理想和目的，若三者失调甚至被破坏，则会产生神经症等失常状态，从而破坏人格的发展。

（2）**精神分析学派埃里克森对道德情感的研究**。埃里克森后来发展了弗洛伊德的理论，他更多地从文化对个体个性的影响上考虑道德情感的发展。他认为儿童的道德情感与人格发展经历了八个阶段。（此内容在第二章第三节"埃里克森的心理社会发展理论"中做了详细介绍，此处不再赘述。）

（3）**人本主义情感取向的道德教育研究**。人本主义学派强调道德情感在道德教育中的重要作用，认为情感构成行为模式的动力系统。价值教育作为道德教学的代表，其主要目的在于增强学生的六种能力：沟通、移情、问题解决、批判、决策和个人一致。教师要做到真诚、接受和信任、移情性理解、主动倾听。

（4）**有关道德情感中移情的研究**。（名：23 吉林师大；简：14 福建师大；论：14 首师大）

移情就是对事物进行判断和决策之前，将自己置于他人位置考虑他人的心理反应，理解他人的态度和情感的能力。移情是道德培养中最具动力特征的因素，是亲社会行为的动机基础，对侵犯行为和违法犯罪行为有显著的抑制作用。

3. 道德情感的培养

（1）**通过道德知识来引发道德情感**。提高个体的道德认知，丰富个体的道德观念，满足个体的道德需要，引发个体的情感体验。

（2）**通过实践活动来引发道德情感**。提供丰富多样的社会实践活动，引起个体情感的共鸣，促进道德实践与道德观念的融合。

（3）**通过培养羞愧感来增强道德情感**。通过创设情景加深个体对羞愧感的体验，以此来减少个体犯错误的动机和行为，增强道德情感。

（4）**通过培养移情能力来增强道德情感**。

①**表情识别**：通过对方的表情来判断对方的态度、需求以及情绪、情感体验。这可以通过照片、图片等来训练。

②**情境理解**：理解当事人的处境，从他的处境去感受他的情绪体验，考虑他需要的帮助。这可以采用故事讨论的形式，让学生分析故事中人物的处境和体验。

③**情绪追忆**：针对一定的情境，通过言语提示唤醒学生与此有关的感受，并对这种情绪体验产生的情境、原因、事件进行追忆，加强情绪体验与特定情境之间的联系。这样可以用自己切身的体验来理解他人的感受。

④**角色扮演**：让个体暂时置身于他人的社会位置，并按这一位置所要求的方式和态度行事，以增进

个人对他人社会角色及自身原有角色的理解，从而更有效地扮演自己的角色。

（5）**通过自我调节来调控道德情感**。个体通过自发地预测自己行为的结果，并依靠信息反馈进行道德情感的自我评价和调节。

考点3 道德行为的形成与培养 ★★★ 15min搞定 （简：17宁波；论：19首师大，21天水师范学院，23华南师大）

1. 道德行为的含义

道德行为是道德认知和道德情感的集中体现，是个体面对一定的道德情境时，充分调动自己的道德认知，并产生强烈的道德情感，经过内心冲突及外部情况的影响而产生的行为。它是衡量个体道德品质的客观指标。

2. 道德行为发展的理论

新行为主义认为，品德发展没有固定阶段，是儿童学习外部环境和受强化的结果。新行为主义的品德理论包括斯金纳的品德理论和班杜拉的道德行为形成理论。

（1）**斯金纳的品德理论**。斯金纳坚持从强化理论来阐述道德行为。他认为，儿童品德形成是操作行为受强化而建立条件反射过程。斯金纳特别重视外部环境对道德行为的强化作用。他认为，环境包含了满足人们基本需求的条件，这些条件对于个体行为起到了非常重要的强化作用。道德教育塑造道德行为就是通过对环境的控制和改变来实现的。斯金纳强调道德行为形成是行为操作而不是主观能力，是行为效果而不是行为动机。

（2）**班杜拉的道德行为形成理论**。班杜拉认为，品德学习是通过观察学习完成的。不同的成人及同辈榜样是导致儿童大部分道德行为获得和改变的主要原因。儿童道德行为的习得受到观察者内部因素和外部因素的影响。内部因素主要指观察者的动机或认知水平，外部因素主要指榜样的示范性特征及其后果。在儿童的道德行为形成过程中，观察者本人、环境和行为三者是相互作用的。

3. 道德行为的培养

（1）**创设良好的情境，潜移默化地进行熏陶**。（情境）让个体处在良好的情境中，通过他人的行为对其产生潜移默化的影响，以此来培养其良好的道德行为。

（2）**树立道德榜样，规避不良道德行为**。（榜样）为个体树立可以效仿的道德榜样，让个体能够通过模仿来规避不良的道德行为，培养良好的道德行为。

（3）**养成良好的道德习惯，践行道德行为**。（习惯）通过简单反复、模仿、有意练习与坏习惯做斗争等有意识的训练来培养良好的道德行为习惯。

（4）**制定集体公约，促使学生形成积极的态度**。（公约）由于各个成员参与了规则的讨论和制定，每个人都对规则负有责任，这会增加规则的约束力。同时，群体中意见高度一致，行为取向一致，这会形成一种无形的规范力。

（5）**使用角色扮演法，培养自我教育的能力**。（自我教育）角色扮演法是一种在教师指导下的学生通过角色扮演而亲验仿真式的教学方法，是使个体暂时置身于他人的社会位置，并按这一位置所要求的方式和态度行事，以增进个体对他人社会角色及自身原有角色的理解，从而有效地履行自己的角色的技术方法。

凯程助记

要素	内涵	相关理论	培养方法
道德认知	个体对道德行为准则及其执行意义的认识	(1) 皮亚杰的道德认知发展理论。 (2) 科尔伯格的道德认知发展阶段理论	(1) 小组道德讨论。(2) 认知冲突法。 (3) 短期训练法。(4) 言语说服
道德情感	人的道德需要是否得到实现所则产生的情感体验	(1) 精神分析学派弗洛伊德的本我、自我和超我。 (2) 精神分析学派埃里克森的人格发展理论。 (3) 人本主义情感取向的道德教育研究。 (4) 有关道德情感中移情的研究	(1) 通过道德知识来引发道德情感。 (2) 通过实践活动来引发道德情感。 (3) 通过培养羞愧感来增强道德情感。 (4) 通过培养移情能力来增强道德情感。 (5) 通过自我调节来调控道德情感
道德行为	个体面对一定的道德情境时，充分调动自己的道德认知，并产生强烈的道德情感，经过内心冲突及外部情况的影响而产生的行为	(1) 斯金纳的品德理论。 (2) 班杜拉的道德行为形成理论	(1) 情境。 (2) 榜样。 (3) 习惯。 (4) 公约。 (5) 自我教育

凯程提示

考生一定要清楚，有道德认知和道德情感，不一定会产生相应的道德行为；但如果一个人产生了良好的道德行为，那么他肯定拥有真正的美德。

考点4 影响品德发展的因素 5min搞定（名：21新疆师大；简：5† 学校；论：14 山西）

1. 影响品德形成的外部因素

（1）家庭环境。

家庭环境对品德发展的影响可分为客观因素和主观因素两个方面。

客观因素方面的研究结论包括以下几点：

①家庭经济状况和居住条件同儿童与青少年的品德之间不存在显著的相关。

②在家庭结构和主要社会关系中，父母之间感情破裂而导致的分居或离婚，对子女品德的发展有严重的不良影响，主要社会关系也对儿童与青少年的品德发展有一定的影响。

③家长职业类型与文化程度的不同，对子女的品德发展有明显的影响。

主观因素方面的研究结论包括以下几点：

①家长是儿童模仿学习的榜样，家长品德不良，会对儿童品德的发展产生不良影响。

②家长对子女的教养态度及期望在很大程度上影响着儿童人格的发展。良好的养育态度和对子女寄予积极期望对儿童品德的发展有积极的影响。

③家长作风和家庭气氛也会影响儿童的品德发展。和善的作风有利于儿童的良好品德的发展，过于严厉的作风则会使儿童产生敌对和反抗行为。在和睦、平常和紧张三种不同的家庭气氛条件下，儿童的品德发展情况存在着显著的差异。

(2) 学校集体。

①班集体的影响。 班集体是构成学校集体的基本单位，学校集体的特点也是通过班集体的特点表现出来的。a. 班集体信念对集体成员的品德形成起作用；b. 班集体情感对集体成员的道德情感有很大影响；c. 班集体坚定的意志行动不仅直接增强了集体成员形成良好品德的决心，而且提高了他们为形成良好品德而克服困难的自觉性，并使集体成员统一行动，保持和维护良好的道德风尚，自觉约束自己的行为；d. 班集体的行为习惯水平会对集体成员的品德形成产生影响。

②学校德育的影响。 学校德育是根据一定社会的思想政治观点、道德行为规范和学生的身心发展规律，有目的、有计划地塑造儿童与青少年心灵的教育活动。它主要通过三条途径实现：a. 学科教学；b. 学校、年级、班级或团队活动；c. 课外和校外活动。

③学校集体中其他因素的影响。 a. 教师的领导方式；b. 集体舆论；c. 校风和班风。

④校园文化的影响。 近年来，在校园文明建设过程中，人们深切地感受到，学校文化环境，包括教室、操场、食堂、宿舍等的设备、卫生、装饰布置等硬件和软件建设，对学生的精神面貌和行为方式具有重要的影响。这是值得关注和深入研究的课题。

(3) 社会化。

社会化是指个体加入社会系统，通过与社会环境的相互作用，由自然人向社会人转化的过程。个体正是在和社会环境相互作用的过程中，学会适应环境进而形成相应的人格特征的。因此，品德的形成和发展无疑是在社会化的过程中进行的。

2. 影响品德形成的内部因素

(1) 道德认识。

人的行为总是被人的认识支配，人的道德行为也不例外地受到人的道德认识的制约。道德认识不是与生俱来的，而是在实践中逐渐形成的对社会公认的品德准则、社会行为的是非善恶标准的了解与掌握。但作为独特的个体，学生在同化外界信息时呈现出不同的特点，受不同认知特性的制约，每个人的道德认识会呈现出不同的水平与程度。

(2) 个性品质。

个性对品德发展的作用主要体现为个性倾向性和个性心理特征对品德发展的影响。

①个性倾向性。 个性倾向性在思维发展上起动力（或动机）作用。其中每一种具体成分所起的作用又有不同的表现形式。有的本身就是动力因素，如动机、兴趣、理想、信念，它们制约着学生品德发展的方向和水平；有的与品德平行发展，但关系密切，如自我意识，它是整个品德结构中的监控结构，有助于提高品德发展的策略性和自我评价能力；有的与品德交叉发展，如人生观和世界观等，它们给予品德发展以倾向性、出发点，促使道德行为的习惯化。

②个性心理特征。 各种稳固的品德特征与能力、气质、性格等个性心理特征的影响也是分不开的。气质虽然不能决定个体品德的发展，但它影响着某些品德形成的快慢和难易程度。气质直接影响着品德结构、品德过程，特别是品德行为的强度、速度、灵活性、平衡性和指向性。重视气质对品德的影响，是成功进行品德培育的一个重要方面。人的性格和品德有相似的结构，且统一在一个人完整的个性中。性格可以表现品德，也可以发挥动机的作用，推动个体品德发展。因此，性格培养可以巩固已形成的品德心理特征，也可以改造或矫正不良品德。

（3）适应能力。

在社会化过程中，个体通过社会角色地位的不断变化来掌握相应的社会规范和行为模式，然后形成稳定的道德品质。从社会对个体品德的要求出发，适应能力有两大方面：一是自我教育能力；二是社会生活和工作能力。由于人与人之间存在差异，因而人的适应能力各不相同，其品德表现也各不相同。

经典真题

›› 名词解释

1. 道德情感（12、16 南京师大，19 内蒙古师大、广东技术师大，20 青岛）
2. 移情（14 福建师大，21 重庆师大，23 吉林师大）
3. 自我意识（21 新疆师大）
4. 品德（13、14 宁波师大，15 西北师大、淮北师大、湖南师大，17 首师大，18 曲阜师大，21 延安）
5. 角色扮演（10、12、17 福建师大，20 辽宁师大）
6. 他律道德阶段（22 集美）
7. 自我概念（22 宁波）
8. 榜样认同（22 沈阳）

›› 简答题

1. 简述皮亚杰的道德认知发展理论。（16 首师大，21 山西师大）
2. 简述移情。（14 福建师大）
3. 简述影响品德形成的内部因素。（12 扬州）
4. 简述影响品德形成的因素。（19 四川师大，21 西安外国语，22 山西师大，23 广东技术师大）
5. 简述品德发展的实质。（13 陕西师大）
6. 简述品德培育的基本方法。（17 北华，20 重庆师大）
7. 简述家庭环境对学生品德发展的主客观影响因素。（22 中国海洋、四川师大）
8. 简述品德发展的一般规律。（23 海南师大）

›› 论述题

1. 论述皮亚杰的道德认知发展理论，并联系实际加以评价。（10 苏州）
2. 论述皮亚杰的道德认识发展理论对教育的影响。（13 首师大）
3. 论述移情的内涵和作用。（14 首师大）
4. 分析品德形成和改变的一般条件。（16 河北师大）
5. 论述影响品德形成的因素。（14 山西）
6. 结合中西方教育研究成果分析品德发展的实质。（18 辽宁师大）
7. 试论述品德培养的主要策略。（11 四川师大，13 西北师大，19 首师大，20 陕西理工、渤海）
8. 结合实例说明家庭环境和学校对学生品德发展的影响。（22 内蒙古师大）
9. 论述品德发展的一般规律。（23 洛阳师范学院）
10. 论述道德行为的形成及其培养途径。（23 华南师大）
11. 阐述学生品德的影响因素并举例说明如何促进学生的品德发展。（23 上海师大）

第四节 品德不良的矫正 (论：21阜阳师大、集美)

考点1 品德不良的含义与类型 5min搞定 (简：17华中师大)

1. 含义 (名：5+学校)

品德不良是指学生经常违反道德要求或犯有较为严重的道德过错。他们最初的表现是一般的过错行为，这些过错行为虽然在其严重性和稳定性上还没有达到违法的程度，但是如不及时加以矫正，就会沉积为严重的道德过错，从而形成不良品德，甚至走上违法道路。

2. 类型

（1）**作弊行为**。考试作弊属于学习领域最普遍的品德不良的表现之一。该现象长期存在，并且一直受到社会的广泛关注。

（2）**诚信缺失及文明礼仪缺失**。这是青少年在社会生活领域中品德不良的主要表现。

（3）**责任意识淡薄**。责任在整个道德规范体系中居于最高层次。一个人能否形成一定的责任意识，能否勇于承担一定的社会责任，关键要看青少年阶段所受教育的情况。责任意识淡薄的主要表现有：①注重个人意识，对集体、社会责任意识淡漠；②自私、冷漠、懦弱，缺乏正义感；③行为上表现出怕负责任或逃避责任。

考点2 品德不良的成因分析 10min搞定 (简：5+学校；论：5+学校)

1. 学生品德不良的客观原因

（1）**家庭方面**。

①养而不教，重养轻教。家长忽视对子女的教养问题，就会导致对子女的行为无法约束。

②宠严失度，方法不当。家长要么溺爱、迁就子女，要么对子女要求过高、过严，且缺乏正确的教育方法，这些都会导致学生品德不良。

③要求不一致，互相抵消。家长对子女的要求前后不一致，或者不同家庭成员向儿童提出一些不一致甚至相互矛盾的要求，都会抵消教育作用。

④家长生活作风不良，缺乏表率作用。一些家长不注意在孩子面前起表率作用，甚至自身存在恶习，成为孩子的反面榜样。

⑤家庭结构的剧变。如父母离异或去世，都可能使儿童心灵受到创伤而引起性格变异。

（2）**学校方面**。

①只抓升学率，忽视了对学生思想品德的教育。

②有的教师对学生不能一视同仁。对学习成绩差或者有明显缺点的学生，教育方法简单粗暴，对他们冷淡，甚至歧视他们，使他们失去了自尊心和自信心，在一定程度上助长了他们的缺点和错误的形成。

③少数教师的不良品德直接对学生的品德产生了不良影响。

（3）**社会方面**。

社会环境中也会有很多消极影响。例如，社会上的不良风气和错误思想会误导学生；社会上也存在有各种恶习的人，当青少年受到坏人的挑唆时，就会引起品德不良。所以，我们应该建设良好的社会风气，滋养青少年的成长。

2. 学生品德不良的主观原因

（1）**错误的道德认知**。中小学生正处于品德形成的过程中，他们的道德认识还不明确、不稳定，一些学生不理解或不能正确理解有关的道德要求和道德准则，而且缺乏独立的道德评价能力，常常不能明辨是非、分清善恶。

（2）**异常的道德情感**。品德不良的学生因长期处于某种错误观念的支配下而常常造成道德情感上的异常状态。他们往往对真正关心他们的老师、家长怀有戒心，甚至处于某种对立情绪中。

（3）**薄弱的道德意志**。有些品德不良的学生对是非善恶的判断往往是清楚的，但常常因为意志薄弱，正确的认识不能战胜不合理的欲望而发生不良行为。"明知故犯"的学生常常是意志薄弱者。

（4）**不良的道德习惯**。某种偶然的不良行为，多次重复后，就形成了某种不良习惯。这些不良习惯就会在类似情境中再现，不良习惯又支配不良行为，如此恶性循环，就必然导致学生品德不良。

考点3　品德不良的矫正　★★★★★　10min搞定　（简：5｜学校；论：5｜学校）

1. 提高道德认知，消除意义障碍

转变以灌输为主的道德认知模式，以事实为基础，开展开放式民主辩论活动，澄清模糊认识，消除错误观念。通过认知疗法和道德辩论，消除不正确的道德认知，提高道德判断能力。

2. 注重移情体验，消除情感障碍

通过移情训练增强个体的移情能力。基于正确的教育观将违规学生身上所有向善的可能性激发出来，再通过集体活动激发其自身的自尊心与道德自尊感。

3. 锻炼意志力，消除习惯惰性障碍

通过劳动教育，磨炼顽强意志；通过军训，学会用纪律约束自己；通过合理愿望教育，学会区分并克制自己的不合理愿望；通过妙用精神鼓励和延迟奖励，培养远大理想以及为他人的快乐而克制私欲的情操。

4. 关注情感需求，杜绝简单粗暴的教育行为

教师不能歧视、打击有违规行为的学生，应给予其特殊的关爱，经常了解这类学生的所需所想，建立师生间的合作、依赖关系，沟通内心世界。

5. 关注学生个别差异，杜绝整齐划一的道德教育

由于各个学生都有自己的生活环境、成长经历、个性特点和精神世界，因而对于他们的教育必须区别对待、有的放矢，采用不同的内容和方法来教育。

> **凯程助记**
> 德育的知、情、意、行、差异。
>
> **凯程提示**
> 请考生关注品德不良的成因分析、矫正，并以简答题的方式来记忆。

经典真题

>> **名词解释**　品德不良（14扬州，15集美，15、18华南师大，19山东师大，21江苏师大、山西）

>> 简答题

1. 如何矫正品德不良的学生？（10、20 辽宁师大，11 山西师大，17 内蒙古师大、宁夏，22 贵州师大）
2. 简述品德不良的成因分析。（11 安徽师大，15 宁波，17 渤海，19、21 湖南科技，20 辽宁师大、聊城）
3. 简述品德培育的基本方法。（17 北华，20 重庆师大）
4. 如何控制学生的伤害他人行为？（23 山西）

>> 论述题

1. 联系实际谈谈如何矫正学生的不良品德行为。（21 阜阳师大、集美，22 江西师大）
2. 论述品德不良的矫正与教育。（10、11、13 江苏师大，11 山西师大、安徽师大，12 河南师大，17 浙江师大、华南师大、宁夏，19 海南师大、湖南科技）
3. 论述学生不良行为的产生原因和矫正方法。（20 福建师大，21 阜阳师大，22 浙江海洋）
4. 试论述品德不良的内部因素。（20 河南师大）

第五节 纪律、态度的学习①

（特殊院校考点，如浙江师大 333 大纲知识点）

考点 1 纪律的形成与教育 15min搞定 （简：21 重庆师大，23 湖南）

1. 纪律的含义

纪律就是一定的集体为了维护集体的利益，并保证工作的顺利进行而制定的、要求每个成员遵守的各种规范和规则。

2. 自觉纪律的心理结构

自觉纪律是学生纪律性水平高的表现，其心理结构的主要成分是纪律认识、纪律态度、纪律意志和纪律习惯。

（1）**纪律认识**：主要指个体的纪律意识水平，是对纪律重要性及纪律内容的理解，包括对纪律的感性观念、对纪律的理性理解、纪律评价及纪律信念。纪律认识的最高层次是纪律信念，表现为个体确信纪律的必要性与正确性，并要求自己和他人坚决遵守。

（2）**纪律态度**：主要指自愿遵守、主动执行、积极维护。

（3）**纪律意志**：是学生执行纪律的意志表现，表现为按纪律要求积极行动，或为了遵守纪律而抑制某些违反纪律的行动；是一种约束和控制自己的能力，能促使学生选择正确的动机，排除外部的干扰，控制不良的情绪，最终坚决地执行纪律。

（4）**纪律习惯**：良好的纪律习惯是从强制性的被动遵守转变为自觉纪律的关键；稳定的纪律习惯可以使学生遵守纪律的行动容易实现，同时，其受阻也会引起消极体验；纪律习惯是自觉纪律行为的一种动力。

3. 纪律形成的内在矛盾 （简：21 重庆）

（1）**外在纪律规范与学生认识之间的矛盾**。

学习纪律的第一个环节应该是让学生在正确了解、理解纪律的基础上形成正确的纪律观。一般来说，学生理解纪律等行为规范要经历四种水平：①具体性理解。此时，学生的纪律认识处于感性观念时期，

① 本节主要参考张大均的《教育心理学》（第三版）第八章。

这是形成正确的纪律意识的最初基础。②知识性理解。学生将纪律作为一种知识来理解，他们可以背诵纪律，但不能把纪律要求转化为自己的纪律认识。③认同性理解。学生认同和接受了纪律规范的约束，但只是被动遵守。④内化性理解。纪律要求成为学生自己的内在行为准则。不同的学生对纪律的理解水平可能不同，因此，在进行纪律学习时，恰当地解决外在纪律规范与学生认识水平之间的矛盾就至关重要。

（2）纪律认识与纪律态度之间的矛盾。

学生认识了纪律，了解其意义和要求后，并不意味着一定会遵守纪律。只有将纪律认识与积极的纪律情感相结合，学生才会形成正确的行为态度。因此，要让学生形成正确的态度，就必须消除情感障碍，消除对纪律的消极态度。

（3）遵守纪律与个人动机之间的矛盾。

有时纪律与个人动机发生冲突，当个人动机相当强烈时，往往会使一些学生产生违反纪律的行为。这种冲突的解决依赖于学生的动机斗争与意志力。此时，引导学生预见自己的行为后果，可以帮助学生在内心战胜个人的动机。

（4）遵守纪律与辨别能力低之间的矛盾。

学生所学的纪律一般是脱离具体情境的经过抽象的纪律知识，要将这些纪律知识向丰富多彩、充满矛盾的现实生活过渡，就会出现守纪的态度与实际辨别能力低之间的矛盾。解决此类矛盾的措施有：一是重视纪律情境，使学生在不同的情境中领悟纪律的实质；二是重视自我纪律评价能力的发展，使学生对纪律的评价从现象到本质、从片面到全面、从自我到群体、从他人到自己，不断发展。

（5）遵守纪律与不良习惯之间的矛盾。

习惯是逐渐形成的，是不需要任何意志与外在监督就能自动实现的行为方式。处于成长发展之中的学生都或多或少有一些不良习惯。这些不良习惯与守纪的要求之间会产生矛盾，妨碍自觉纪律的形成。

4. 良好纪律的形成与培养

（1）情境化策略。

情境化的"情境"实质上是人为优化了的环境。从纪律教育的目标及内容来看，就是精选相应的社会或自然界的典型事例，创设以真实、生动、鲜明的形象为主体的具有浓厚情感色彩的教育场景。这种人为的优化环境，具有"认知与情感、行为的统一"和"运用基本事实说明基本概念和原理"的直接意义。

（2）自我建构策略。

如果说情境化教育重视外部教育力量的运用，那么自我建构重视的就是个体内部教育力量的运用。纪律的自我建构过程其实也是学生的自觉纪律得以形成与培养的过程。因此，在具体教学中，可采用诸如角色扮演法、共同讨论法、参与规章制度制定等方法，促使学生在自我体验、自我监控、自我剖析、自我生成的建构过程中培养良好的纪律习惯。

考点 2　态度的形成与改变　15min搞定

1. 态度的含义

态度是人对客观对象、现象是否符合主体需要而产生的心理倾向，其实质是对外部客体和主体需要之间关系的反映。

2. 态度的心理结构

（1）态度的心理结构由认知成分、情感成分、行为意向成分构成。

①**认知成分：** 指个体对态度对象所持的认识和评价，是态度得以形成的基础。对于同一对象，不同

个体态度中的认知成分是不同的，有些态度基于正确的信息和信念，而有些可能基于错误的信息和信念。

②**情感成分**：指个体对态度对象的情绪或情感性体验，表现为人对态度对象的喜爱或憎恶、亲近或冷漠等。它通常被认为是态度的核心成分，对态度起着调节和支持作用。

③**行为意向成分**：指个体对态度对象可能产生某种行为反应的倾向，表现为接近或回避、赞成或反对等倾向。它构成态度的准备状态，制约着行为的方向性。行为意向不等于行为本身，有行为意向并不等于一定会发生实际行为。

(2) 态度成分之间的关系。

①**各有特点，协调一致**。以认知成分为态度的基础，其他两种成分是在对态度对象的了解、判断基础上发展起来的；情感成分对态度起着调节和支持作用；行为意向成分则制约着行为的方向性。例如，如果某个学生认为"学习是快乐的事情"，那么他就非常喜欢学习，愿意规划时间去学习。

②**也存在不协调的情况**。研究发现，情感成分与行为意向成分之间的相关性比较高，而认知成分与情感成分、认知成分与行为意向成分之间的相关性比较低。其原因是虽然认识改变了，情感却没有转变过来，或者认识到了，却没有那样去做。

3. 态度的形成与改变的条件 (论：16 河北师大，18 浙江师大)

态度教学不同于认知教学、技能教学。态度教学既可以使学生形成新的态度，也可以使学生改变已有的态度。影响态度形成与改变的条件可分为主观条件和客观条件。

(1) 主观条件。

①**对态度对象的认识**。在进行态度教学前，学生的认知结构中首先要有关于新态度对象的观念或认识。比如，要使学生形成对"互敬互谅"这种规范的态度，那么学生必须先了解"互敬互谅"的意义。

②**认知失调**。假如人类需要维持自己的观念或信念的一致，从而获得心理平衡，那么当个体处于认知失调状态时，就会努力改变自己的观念或信念来求得新的平衡。因此，认知失调成为进行态度教学的必要条件。

③**有形成或改变态度的意向**。具备前两类条件并不能确保学生就能形成或改变某种态度。在特定条件下，学生可能会没有或者失去形成、改变态度的意向。意向是一种习惯性倾向，有着持久的影响，对于态度教学来说是非常重要的。

④**对教育者的信任度**。家庭教育、学校教育、社会教育是人形成或改变态度的主要影响源，其中学生对教育者的信任度是关键。

(2) 客观条件。

①**所传递信息的可信度**。态度的形成或改变更多是在沟通中完成的，其基础就是对信息的认知与理解。信息的真实性及价值性决定着主体对所传递信息的信任度。

②**榜样人物的选择**。许多态度是由模仿他人的行为而习得的。在观察他人态度的形成与改变时，学生获得了关于榜样行为、行为情境以及行为结果的知识，从而获得替代强化，影响自身态度的形成与改变。为此，在进行态度教学时，榜样的选择就显得至关重要。

③**外部强化**。外部强化也可导致态度的形成或改变。外部强化可分为两种：一种是直接强化，即一般所说的奖励或惩罚；另一种是间接强化，即特定的环境氛围、群体的舆论、群体成员的评价等以潜移默化的方式影响着人的态度的形成与改变。

4. 态度的形成与改变的方法

教师可以综合运用一些方法来帮助学生形成或改变某种态度。通常可应用的方法有提供榜样法、说服性沟通法、角色扮演法等。

（1）**提供榜样法**。在学校情境中，教师应根据学生心目中有关榜样的特点，按照班杜拉的社会学习理论来选择榜样、设计榜样、示范榜样行为，以及运用有关的奖惩，引导学生学习某种合乎要求的态度。

（2）**说服性沟通法**。在实际教育情境中，教师常常通过言语说服的方法来改变学生的态度。这种方法又称为说服性沟通法。在说服过程中，教师要向学生提供对其原来态度的支持性和非支持性的论据，使学生获得与教师要求的态度有关的事实和信息，或深化已有态度，或形成新的态度，或改变原来的态度。有效的说服技巧主要有以下几种：选择证据、情理服人、逐渐缩小态度差距。

（3）**角色扮演法**。角色扮演法是一种在教师指导下的学生通过角色扮演而亲验仿真式的教学方法，是使个体暂时置身于他人的社会位置，并按这一位置所要求的方式和态度行事，以增进个体对他人社会角色及自身原有角色的理解，从而有效地履行自己的角色的技术方法。

经典真题

›› 简答题

1. 简述纪律形成的内在矛盾。（21 重庆）
2. 简述培养学生良好态度和品德的方法。（10 重庆）
3. 简述自觉纪律的形成过程。（23 湖南）

›› 论述题 结合态度形成与改变的条件，试述形成与改变态度的方法。（16 河北师大，18 浙江师大）

第十章 心理健康及其教育[①]

考情分析

第一节 心理健康概述
　　考点1　心理健康的实质、标准
　　考点2　中小学生常见心理健康问题
　　考点3　心理健康与心理素质的关系
第二节 心理健康教育的目标与内容
　　考点1　心理健康教育的目标
　　考点2　心理健康教育的主要内容
第三节 心理健康教育的途径与方法
　　考点1　心理健康教育的途径
　　考点2　青少年心理健康教育的方法

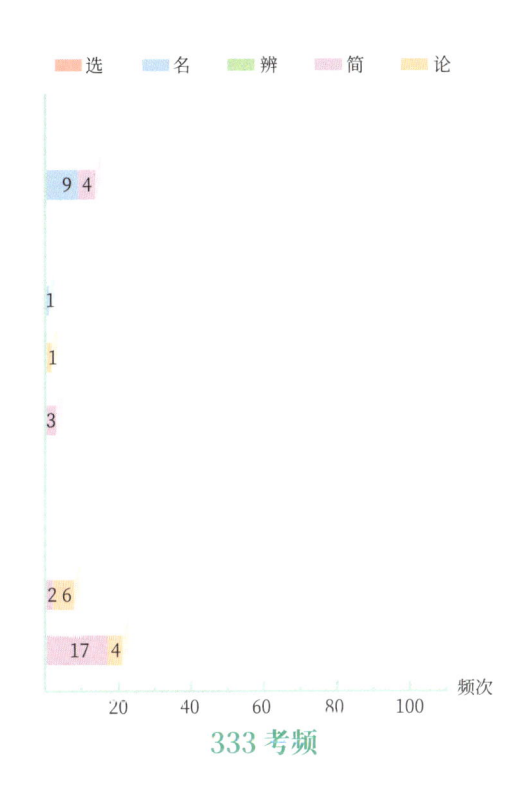

333考频

知识框架

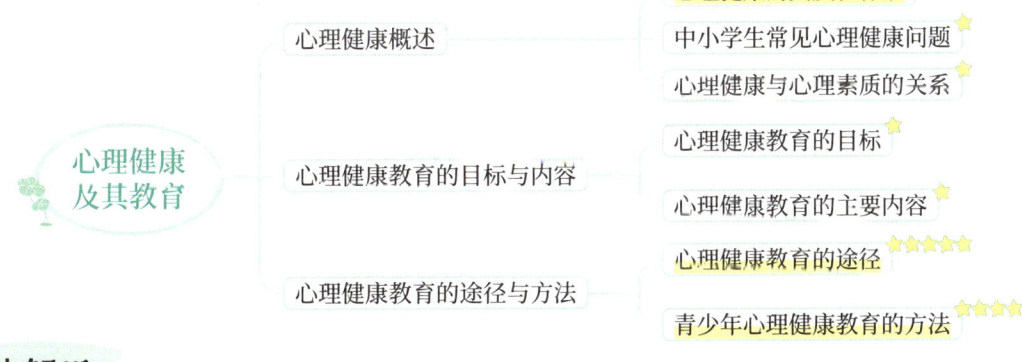

心理健康及其教育
- 心理健康概述
  - 心理健康的实质、标准 ☆☆☆☆☆
  - 中小学生常见心理健康问题 ☆
  - 心理健康与心理素质的关系 ☆
- 心理健康教育的目标与内容
  - 心理健康教育的目标 ☆
  - 心理健康教育的主要内容 ☆
- 心理健康教育的途径与方法
  - 心理健康教育的途径 ☆☆☆☆☆
  - 青少年心理健康教育的方法 ☆☆☆☆☆

考点解析

第一节　心理健康概述[②]

维护学生心理健康的根本途径是培养他们健全的心理素质。培养学生健全的心理素质是学校心理健康教育的基本目标。中小学心理健康教育是根据中小学生生理、心理发展特点，运用有关心理教育方法

[①] 本章主要参考张大均的《教育心理学》(第三版)。
[②] 本节全部参考张大均的《教育心理学》(第三版)第十四章。

和手段来培养学生良好的心理素质，促进学生身心全面和谐发展和素质全面提高的教育活动，是素质教育的重要组成部分。

考点1　心理健康的实质、标准 ★★★★ 10min搞定

1. 心理健康的实质（名：5+ 学校）

广义的心理健康是个体一种良好而持续的心理状态，表现为个体具有生命的活力、积极的内心体验、良好的社会适应，并能有效地发挥个体的身心潜能和积极的社会功能。

狭义的心理健康是指个体在生活、适应上所表现出的和谐状态，或者说是指一个人没有困扰足以妨碍其心理效能和心理发展的状态。

2. 心理健康的标准（简：14 华中师大，17 曲阜师大，21 扬州，23 鲁东；论：20 湖州师大）

目前公认的关于现代心理健康的综合标准：适应与发展和谐统一的人即心理健康的人。这一标准可具体化为以下几点：

（1）**自知、自尊和自我接纳**。对自己有正确的认识，并能接纳自己；在对事尽力、对人尽心的过程中体验自我价值；不过于掩饰自己，不刻意取悦别人，以保持自己适度的自尊。

（2）**人格结构的稳定与协调**。各项心理机能健全并有较高的整合水平，如人格结构中本我、自我、超我处于动态平衡，理想自我与现实自我差距适度，认识与情感协调，行动、手段与目标相适应；由于形成了稳定的内部调节机制，个体具有独立的抉择能力，行动上表现出自主性。

（3）**对现实的有效知觉**。在认识与解释周围的事物时，能持客观态度，重视证据；对他人的内心活动有较敏锐的觉察力，不会总是误解他人的言行；很少有错误的知觉。

（4）**自我调控能力**。有控制自己行为的能力，能承担个人责任和社会责任，对自己的抉择和行动负责；必要时能遏制自己的非理性冲动；有调节自己心理冲突的能力；有成长的意愿，能有效地调动自己的身心力量，在有关领域实现较高水平的目标。

（5）**与人建立亲密关系的能力**。有正确的人际交往态度和有效的人际沟通技能，关心他人，善于合作；不为满足自己的需要而苛求于人；人际关系适宜，有知心朋友，有亲密家人。

（6）**生活热情与工作高效率**。热爱生活，乐于工作；有从经验中学习的能力、创造性地解决问题的能力，工作有成效；有独立谋生的能力与意愿；能在学习、工作、娱乐活动的协调中追求生活的充实和人生的意义。

凯程助记

心理健康首先表现在自我认识[第（1）点]和人格稳定[第（2）点]上，这两点是总述心理健康的状态；接着具体表现在如何做事上，如如何看待周围的事物[第（3）点]和如何自我调控[第（4）点]；还表现在情感方面的亲密关系[第（5）点]和生活热情[第（6）点]上。如下图所示：

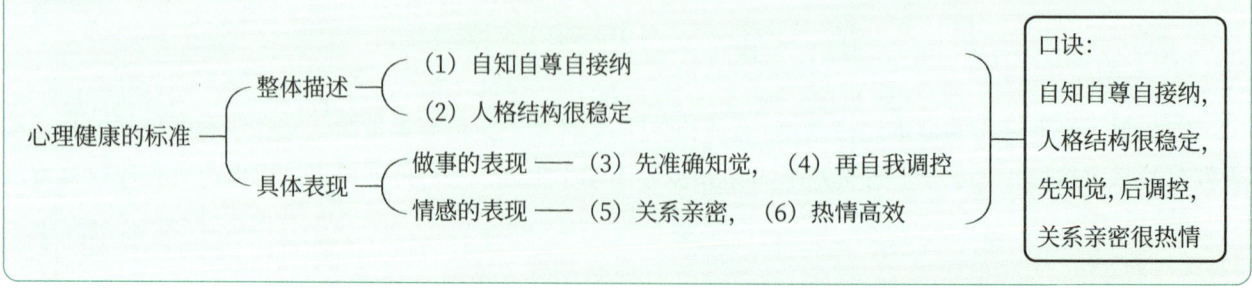

心理健康的标准
- 整体描述
  - （1）自知自尊自接纳
  - （2）人格结构很稳定
- 具体表现
  - 做事的表现——（3）先准确知觉，（4）再自我调控
  - 情感的表现——（5）关系亲密，（6）热情高效

口诀：
自知自尊自接纳，
人格结构很稳定，
先知觉，后调控，
关系亲密很热情

考点 2 中小学生常见心理健康问题 ★3min搞定 (简：16深圳；论：21华东师大)

从学生心理健康问题的内容、成因及其所涉及的生活领域来分析，中小学生心理健康问题主要表现在以下几个方面：

(1) **学习问题**。包括厌恶学习、逃学、学习效率低、阅读障碍、计算技能障碍、考试焦虑、学校恐惧症、注意缺陷及多动障碍等。

(2) **人际关系问题**。包括亲子关系、师生关系、同伴关系等方面的问题，如社交恐惧、人际冲突等。

(3) **学校生活适应问题**。包括生活自理困难、对学校集体生活不适应、对高学段学习生活不适应等。

(4) **自我概念问题**。包括缺乏自知、自信，自我膨胀，沉湎于自我分析，理想自我与现实自我的差距过大，自贬的思维方式，等等。

(5) **与青春期性心理有关的问题**。包括青春期发育引起的各种情绪困扰，以及异性交往中的问题，如性困惑、性恐慌、性梦幻、性身份识别障碍等。

凯程助记　学习与生活，人际与自我，关注青春期。

考点 3 心理健康与心理素质的关系 ★5min搞定

(1) **从根本上说，心理素质和心理健康都是人的心理现象，但二者处在人的心理现象的两个不同层面**。心理素质是一种稳定的心理品质，而心理健康则是一种积极、良好的心理状态。

(2) **从心理素质的功能来看，心理素质的高低与心理健康的水平有直接关系**。一般情况下，心理素质健全且水平高的人，较少产生心理问题，其心理处于健康状态；相反，心理素质不健全或水平低的人，容易产生心理问题，其心理极有可能处于不健康状态。也就是说，心理健康是心理素质健全的功能状态和外显标志之一。

(3) **从心理测量和评定的角度看，心理素质和心理健康的测评指标往往具有重合性**。心理素质的测量常常包含许多心理健康的指标，而心理健康的测量标准也包含许多心理素质的成分。

(4) **从心理素质的内容要素与功能作用的统一性意义来看，心理健康只是心理素质的表现层面，即功能性层面**。大多数研究者都把心理健康看作心理素质的一个重要方面。心理素质包含从稳定的内源性心理品质到外显的行为习惯的多层面的自组织系统，而心理健康作为外显的表现与心理状态，是心理素质的一种功能性反应，因此也可通过人的心理健康状况去了解人的心理素质。

总的来说，心理素质与心理健康的关系是"本"与"标"的关系。

凯程助记　四维度——从根本上，从功能上，从测评上，从意义上——最后归纳为"本"与"标"的关系。

第二节 心理健康教育的目标与内容 (简：14、15西北师大；论：16华南师大)

考点 1 心理健康教育的目标 ★3min搞定 (简：14、15西北师大，15扬州；论：16华南师大)

(1) **心理健康教育的总目标**。

提高全体学生的心理素质，培养他们积极乐观、健康向上的心理品质，充分开发他们的心理潜能，促进学生身心和谐可持续发展，为他们健康成长和幸福生活奠定基础。

(2) 心理健康教育的具体目标。

①提高能力。使学生学会学习和生活，正确认识自我，提高自主自助和自我教育能力，增强调控情绪、承受挫折、适应环境的能力。

②加强培养。培养学生健全的人格和良好的个性心理品质。

③摆脱障碍。对有心理困扰或心理问题的学生，进行科学有效的心理辅导，及时给予必要的危机干预，提高其心理健康水平。

(3) 心理健康教育的主要任务。

全面推进素质教育，增强学校德育工作的针对性、实效性和吸引力，开发学生的心理潜能，提高学生的心理健康水平，促进学生形成健康的心理素质，减少和避免各种不利因素对学生心理健康的影响，培养身心健康、具有社会责任感、创新精神和实践能力的德智体美全面发展的社会主义建设者和接班人。

考点 2　心理健康教育的主要内容 〔论：16 华南师大〕

（1）普及心理健康的知识与技能。普及心理健康知识，树立心理健康意识，了解心理调节方法，认识心理异常现象，掌握心理保健常识和技能。

（2）心理健康教育的重点是认识自我、学会学习、人际交往、情绪调适、升学择业以及生活和社会适应等方面的内容。

> **凯程提示**
>
> 关于此部分内容，很多教材的编写依据 2002 年《中小学心理健康教育指导纲要》，但各校出真题依据 2012 年《中小学心理健康教育指导纲要（2012 年修订）》，两版的细节内容存在大量不一致，故凯程参考最新版编写。

经典真题

>> **名词解释**

1. 心理健康（13 北师大、天津，13、14 华南师大，16 重庆、三峡，17 广西民族，18 浙江师大，19 大理，21 东华理工）

2. 心理素质（22 淮北师大）

>> **简答题**

1. 简述青少年心理健康教育的目标与内容。（14、15 西北师大，15 扬州）
2. 简述心理健康标准。（14 华中师大，17 曲阜师大，21 扬州）
3. 简述《中小学心理健康教育指导纲要（2012 年修订）》提出的心理健康发展的总目标。（14 西北师大）
4. 简述青少年心理健康教育的目标。（23 鲁东）

>> **论述题**

1. 论述青少年心理健康教育的目标与内容。（16 华南师大）
2. 论述心理健康标准。（20 湖州师范学院）
3. 联系实际论述为什么要重视青少年健康教育及如何实施。（12 西南，15 华中师大）

第三节 心理健康教育的途径与方法

考点1 心理健康教育的途径

（1）**专题训练**。专题训练过程一般由"判断鉴别—训练策略—反思体验"三个彼此衔接的基本环节构成。判断鉴别是通过多种形式的心理检测和评估，让学生了解自己某方面心理素质发展的现状，激发接受训练的积极动机。训练策略就是针对该课主题和在判断鉴别中所发现的问题，提出若干解决该问题的具体而有效的方法和技巧，通过组织学生参与讨论和操作活动来感受、理解，进而选择。反思体验就是对训练中的心理感受、情感体验、行为变化、活动过程及效果等进行反思、强化、内化，强化训练效果，促进自我认知与评价。反思环节一定要强调"三自"，即自觉、自发、自控。

（2）**咨询与辅导**。开展心理咨询和心理辅导，对个别存在心理问题或出现心理障碍的学生及时进行认真、耐心、科学的心理辅导，帮助学生解除心理障碍。心理辅导最简单的定义是"助人自助"。

（3）**学科渗透**。学科渗透是指教师在进行常规的学科教学时，自觉地、有意识地运用心理学的理论、方法和技术，让学生在掌握知识、形成能力的同时，完善各种心理品质，特别是情感、意志、个性品质等方面。在学科教学、各项教育活动、班主任工作中，都应注重对学生心理健康的教育，这是心理健康教育的主要途径。

考点2 青少年心理健康教育的方法

根据教育内容、情境和青少年的特点，青少年心理健康教育有多种多样的组织形式和教育方法。概括起来，主要有以下几种：

（1）**认知法**。这种方法主要靠调动学生的感知、记忆、想象、思维等心理过程来达到教学目标。它可以派生出阅读，听、讲故事，观看幻灯片、图片、录像、电影，欣赏音乐、美术、舞蹈等艺术作品，案例分析、判断和评价，等等。

（2）**游戏法**。竞赛性游戏能够调动学生参与活动的积极性，培养学生的竞争意识和团结合作精神；非竞赛性游戏可缓解学生的紧张和焦虑情绪，再现原有的生活体验，使学生获得新的体会与认识。

（3）**测验法**。通过智力、性格、态度、兴趣和适应性等各种问卷测验，帮助学生自我反省、自我分析，了解自己某方面心理素质的发展现状，形成正确的自我认识和自我评价。

（4）**交流法**。开展学生间的交流活动，让学生各自介绍自己的心理优势或个体经验，促进其他同学对训练策略的认识、领悟和掌握。交流有多种组织形式：既可以是口头的，也可以是书面的；既可以让交流者在课前有所准备，也可以要求他们在课堂上临场发挥；既可以是个人交流，也可以是小组或团体交流。

（5）**讨论法**。通过师生、学生间广泛、深入的思想交流，引导学生积极思考，步步深入，提高认识，转变思维方式和看问题的角度，掌握科学的行动步骤。讨论法可分为全班讨论、小组讨论、辩论、脑力激荡、配对交谈、行动方案研讨等多种形式。

（6）**角色扮演法**。教师提供一定的主题情境并讲明表演要求，让学生扮演某种人物角色，演绎某种行为方式、方法与态度，达到深化学生的认识、感受和评价"剧中人"的内心活动和情感的目的。

（7）**行为改变法**。通过奖惩等强化手段帮助学生建立某种良好的行为，或消除、矫正其不良行为。此法可分为代币法、契约法、自我控制法等多种形式。

（8）**实践操作法**。让学生亲自动手，完成某种操作任务。常用于验证某种心理效应，以达到加深学生体验和增强其认同感的目的。

> **凯程助记**
> 心理健康教育的途径：专题训练、咨询辅导、学科渗透。
> 心理健康教育的方法：认知游戏可测验，交流讨论可扮演，行为改变看实践。

> **凯程提示**
> 教育心理学的学科特点：首先，教育心理学中的一些知识点掌握起来有难度；其次，细碎的知识点很多，请考生耐心学习；最后，教育心理学对我们的学习有很大的指导意义。

经典真题

›› 简答题

1. 简述青少年心理健康教育的途径。（11 闽南师大、河北师大，12 西南，14 曲阜师大，14、21 杭州师大，15 华中师大，16 深圳，17 河南，18 吉林师大、上海师大，18、21 河南师大）
2. 简述青少年心理健康教育的方法。（21 河南师大）
3. 简述中小学生主要存在的心理健康问题以及如何开展心理健康教育。（16、20 深圳，20 山西）

›› 论述题

1. 举例说明心理健康教育的途径。（13 鲁东，21 华东师大，22 中国海洋）
2. 论述心理健康及其培养方法。（14 扬州）
3. 学校应如何开展心理健康教育？（20 深圳、山西）
4. 列举 2 种或 2 种以上中小学生常见的心理健康问题，并说出作为教师对其心理健康教育的对策。（22 深圳）
5. 现在学校的心理健康教育出现了以下几个问题，根据心理健康教育的基本任务和基本特点，结合材料分析并提出对策。（材料略）（22 浙江师大）
6. 心理健康的意义和标准是什么？请列举学校开展心理健康教育的途径。（22 内蒙古师大）
7. 如何理解心理健康教育，影响心理健康的因素有哪些？（23 内蒙古师大）

参考文献

主要参考文献：

［1］陈琦，刘儒德．当代教育心理学（第3版）［M］.北京：北京师范大学出版社，2019.
［2］张大均．教育心理学（第三版）［M］.北京：人民教育出版社，2015.

其他参考文献：

［1］燕良轼．教育心理学［M］.上海：华东师范大学出版社，2018.
［2］Anita Woofolk．教育心理学［M］.何先友，等译．北京：中国轻工业出版社，2008.
［3］冯忠良，伍新春，姚梅林，王建敏．教育心理学（第三版）［M］.北京：人民教育出版社，2015.
［4］彭聃龄．普通心理学（第4版）［M］.北京：北京师范大学出版社，2012.